ちくま

統計学入門

盛山和夫

筑摩書房

本書をコピー、スキャニング等の方法により無許諾で複製することは、法令に規定された場合を除いて禁止されています。法令に規定された場合を除いて禁止されています。請負業者等の第三者によるデジタル化は一切認められていませんので、ご注意ください。

まえがき

　本書は，統計学をはじめて勉強する人に，統計的なデータ分析の基本的な知識を伝えることをめざしています。今日の社会では，統計は学術研究や企業と官庁のさまざまな実務の中で用いられるだけではなく，新聞やテレビのスポーツや経済の報道などを通じて，すべての人がさまざまな統計数値や分析結果に囲まれて生活しています。したがって，統計分析を使って仕事をする人にとってはいうまでもありませんが，そうでない多くの人にとっても，日常生活で接している統計的な報道や記事が何を表しているのかが基本的に理解できるとともに，ときには批判的に読解できるような力を身につけることがますます望まれるようになってきているといえるでしょう。

　本書は，統計学を単なるデータ分析の技術としてでもあるいは数学の一分野としてでもなく，統計的分析を通じてさまざまな実践的課題に答えていこうとする実践的学問だととらえています。それは，政策決定や企業活動や保健衛生など，現代社会の諸側面において統計が果たす役割がいかに重要なものであるかを踏まえるならば，統計学は，計算の技術にとどまるのではなく，社会の中でその技術がどのように使われているかそして使われるべきかという問題をも視野に入れた学問だと考えられるからです。このため，本書では，統計的

な分析法の基礎的な知識を解説することに第一の目的をおくと同時に、統計的データや統計的知識が社会の中で使われている状況を正しく理解することにも重点をおいています。この意味において本書は、文系であるか理系であるかに関わりなく、そして研究や行政やビジネスにおいて統計的分析を用いた仕事に就く可能性があるかどうかに関わりなく、すべての社会人にとっての基礎教養としての統計学であることをめざしています。

　ただ、統計学はさまざまな統計的計算の技術であることも事実ですから、数字や数式が苦手だという人にとっては、いくら基礎教養だと言われても、統計学がとっつきにくいものであることに変わりはないでしょう。実際、計算方法を表すためにはもちろん、それを説明するためにも、数式を使用することは避けられません。本書は、苦手だという人にも読んでいただきたいと考えていますので、できるだけ分かりやすく説明することを心がけましたが、読者にも一つだけお願いしたいことがあります。分かりにくい数式が出てきたらいったん読むスピードを緩めて、必ずその式や記号の意味を確認しながら自分でノートか何かに書いてみて下さい。そうすれば少しは分かりやすくなるのではないかと思います。

　私はこれまで社会階層の研究を中心に統計的分析を用いてきました。その過程で、統計学からは計算の技術だけではなく、学問論・認識論につながる研究の方法論の基礎も学んだように思います。本書ではそれらをもとに、さらに私自身の社会学者としての研究経験を加味した形で統計学を紹介して

みました。中で使っている具体的なデータのいくつかは1955年以降10年ごとに実施されているSSM調査という階層に関する統計データですが，この利用を認めていただいた1995年SSM研究会と，社会学の中で一緒に統計分析を学んできたそのメンバーの友人たちに，謝意を表したいと思います。

　なお本書の執筆にあたっては，秘書の松本恭子さんと院生の齊藤康則君に原稿入力と面倒な図表の作成を引き受けていただきました。さらに松本さんには，原稿の最初の読者として分かりにくい説明や曖昧な文章を丁寧に指摘していただき，説明のしかたを改善していく上で大変お世話になりました。お二人に厚く感謝します。

2004年1月

盛　山　和　夫

目　次

まえがき …………………………………………………………… 3

1　統計学とは何か

1. 社会の中の統計学 ………………………………………… 15
2. 統計から分かる日本の人口 ……………………………… 19
3. 学術のための統計と社会のための統計 ………………… 25
    コラム　炭素 14 年代測定法 ………………………… 27

2　量的データと質的データ

1. 根深い対立 ………………………………………………… 32
2. 社会・人間の探求と自然の探求 ………………………… 35
3. 統計データと統計的分析 ………………………………… 46
    コラム　首相の衆議院解散権 ……………………… 39

3　分布を読む

1. 度数と比率 ………………………………………………… 53
2. 要約統計量 ………………………………………………… 58
3. 散らばり度の指標 ………………………………………… 69

  4. スケール・フリーな散らばり度の指標 ………………… 71
  コラム $\sum$ の計算 ……………………………………… 59

4 関連を測定する

  1. クロス表 ………………………………………………… 77
  2. クロス表の関連度 ……………………………………… 83
  3. 相関係数 ………………………………………………… 88
  4. 順位相関 ………………………………………………… 92

5 データはどう収集されるか

  1. 母集団と標本 …………………………………………… 98
  2. 要因のコントロール …………………………………… 106
  3. 全数調査 ………………………………………………… 111

6 確率で考える

  1. 確率とは何か …………………………………………… 118
  2. 確率の定義 ……………………………………………… 122
  3. 独立 ……………………………………………………… 129

7 確率変数とその分布

  1. 確率変数 ………………………………………………… 134

   2. 二項分布 …………………………………… 142

   3. 正規分布 …………………………………… 151

      コラム 大数の法則の実験 …………………… 136

8 検定という考え方

   1. 真の値と観測値 ……………………………… 161

   2. 比率の検定 …………………………………… 166

   3. 比率の差の検定 ……………………………… 176

   4. 平均の検定 …………………………………… 179

      コラム 標準正規分布の主要な上側確率 …… 175

      コラム 有意水準 ……………………………… 187

9 クロス表の読み方と検定

   1. クロス表の読み方 …………………………… 188

   2. クロス表の独立性の検定 …………………… 196

   3. 「関連がない」ことの意味 ………………… 204

10 回帰分析

   1. 相関係数の検定 ……………………………… 211

   2. 1変数による回帰分析 ……………………… 217

   3. 重回帰分析 …………………………………… 222

4. 検定 ……………………………………………………… 231

11　計量モデルの意味

　　1. さまざまな多変量解析 ……………………………………… 240
　　2. モデルと対象世界 …………………………………………… 245
　　3. 多変量解析の具体例 ………………………………………… 259

12　生存時間分析

　　1. 離婚のデータ ………………………………………………… 269
　　2. 平均寿命 ……………………………………………………… 279
　　3. 生存時間分析の方法 ………………………………………… 285

13　因果関係を考える

　　1. 「なぜ」に答える統計分析 ………………………………… 297
　　2. 疑似相関と偏相関係数 ……………………………………… 305
　　3. クロス表における要因のコントロール …………………… 308
　　4. 要因分解法 …………………………………………………… 315
　　5. 答えの仮説とデータの分析 ………………………………… 318

14　統計のウソにだまされない

　　1. サンプリングと質問文 ……………………………………… 322

2. 数値に関する誤解と誤用 ……………………………… 328
  3. 数値から推測できること ……………………………… 334
  4. 高齢化の負担はどれだけ増大するか ………………… 341

15 社会における統計

  1. 社会的統計データをめぐる問題状況 ………………… 352
  2. 調査する側の責任 ……………………………………… 360
     コラム 世代ごとの保険料負担額と年金給付額 …… 364

参考文献 …………………………………………………… 377

付録 主要な確率分布における上側確率や
  パーセント点の求め方——エクセルを使って ……… 381

文庫版へのあとがき ……………………………………… 395

索引 ……………………………………………………… 399

統計学入門

1 統計学とは何か

1. 社会の中の統計学

1.1 統計学の意味

統計学とは、統計に関する学問です。まず、身近にどんな統計があるか考えてみましょう。私たちが毎日目にしているものを思いつくままに挙げてみても次のようなものがあります。

- 天気予報、とくに予想気温や降水確率
- 株価・為替相場
- 百貨店の売り上げ、経常収益、失業率など、さまざまな経済統計
- プロ野球の球団勝敗表、打率10傑、防御率データ

ほかにも、内閣支持率などの世論調査、テレビの視聴率、CDの売り上げランキングのようなものもあります。現代の社会は、統計なしには成り立たないといってもいいでしょう。統計は数字をあつかいますから、どうしても数学の一分野というイメージを持つ人が多いかもしれませんが、それは正しくありません。いま見たように、統計というのは、自然現象だけではなく、政治、経済、社会、文化などの社会的お

よび人間的な現象を含む，非常に広い範囲の経験的な現象について作成されています。ここで「経験的」というのは，「基本的に観測できる」という性質のことを意味していますが，私たちは自然，人間，社会のさまざまな現象を統計データとしてまとめ，それによって世界についての知識を深めようとしているわけです。したがって，統計学とはいわゆる文科と理科の区別を超えて，さまざまな学問や実務にまたがって関係している学問だといえます。

統計学 statistics という言葉自体が，そのことを表していることは知っていますか。この名称はドイツ語の Staat，英語でいえば state（国家）の学という意味で18世紀に Statistik として作られ，そのあと英語化されたものです。人口を中心として経済活動や富などに関する官庁統計を整備して，そこから国家の状態についての正しい知識をうることを目的として始まったもので，直訳すれば，国家学ないし国勢学とでもいうことになるでしょう。もっとも，人口学との関係から急速に医学や生物学を経て自然科学の諸分野にひろまっていき，数学の確率論を基礎にした数理統計学が発達していきましたから，今では国家学というふうに限定するわけにはいきません。けれども，もともとは国家あるいは社会についての学として始まったということは記憶にとどめておいた方がいいでしょう。

1.2 国勢調査

まさに統計学の語源を象徴する統計が国勢調査です。国勢

調査のことを英語では census と言います。これはもともとラテン語で、古代ローマ帝国の時代にあった戸籍調査を意味しています。聖書の「ルカ伝」にも、「その頃、天下の人を戸籍に著かすべき詔令カイザル・アウグストより出づ。この戸籍登録は、クレニオ、シリヤの総督たりしときに行はれし初のものなり。さて人みな戸籍に著かんとて、各自その故郷に帰る。」とあって、イエスが生まれたのは、父ヨセフがその妻マリアとともに、居住地であるナザレの町からベツレヘムへ戻ったときだったという記事がそのあとに載っています。

このような戸籍調査は、古代中国でも行われていましたし、日本でも大化の改新のあと、律令制を確立していく中でまず西暦670年に庚午年籍が作られ、その後690年には庚寅年籍が作られています。これは、口分田制や租庸調の基盤として奈良時代にはほぼ6年ごとに更新されていたようですが、公地公民の原則が廃れて、荘園制が発達するとともに行われなくなってしまいました。

近代になると、近代国家としての体制を整える上で国勢調査は不可欠のものとみなされるようになってきました。近代的な国勢調査は、1790年、独立してまもないアメリカ合衆国ではじまりました。そのとき、主な目的の一つに、州ごとの下院議員の数を割りあてるために人口数を把握することが挙げられていますから、国勢調査が民主的な政治の基盤をなしていたことが分かります。日本でも明治になって国勢調査の必要性が早くから認識されていましたが、現実に実施されたのは意外に遅く、1920年（大正9年）になって、やっと第1

回目の国勢調査が行われました。遅延してしまった大きな理由は、民法の家族制度をめぐる議論を中心に、家や家族や世帯をどのように法律的に定義してどのように計測すべきかについて、学者や政治家のあいだで論争が絶えなかったからです。そのうえ、日露戦争などで政府に国勢調査を行う余裕がなかったという事情もありました。しかしその後は終戦の1945年を除いて、5年ごとにきちんと実施されています。

　国勢調査はこのように、まさに統計 statistics を代表するものだといえるでしょう。むろん、国家の権力性や国民国家のイデオロギー性を問題にする立場からは、これに批判的な見方も出されています。とくに、国家が国民から税を徴収したり兵役負担を課したりするための基礎資料という面に注目すると、国勢調査はあたかも国家が国民を権力的に支配するための道具でしかないような印象が生まれるかもしれません。しかし、そういう面も完全には否定できないものの、国勢調査をその面だけからみるのは適切ではないでしょう。やはり、国家が人々にとって有益な経済政策や社会政策を進めていく上で、必要な統計データの基本をなしていると考えていいと思います。

　たとえば衆議院選挙の選挙区割りは、国勢調査で明らかになった地域ごとの人口に基づいて見直されることになっています。また、行政上の目的のために行われているさまざまな調査やマスコミが行う世論調査など、ほとんどの調査は標本調査という形で行われていますが、その際、国勢調査での人口分布に基づいて調査設計が行われています。このように、

国勢調査はすべての社会的な調査の中核をなしているといえるでしょう。このことは、他の国々でも同様です。

2. 統計から分かる日本の人口

統計から何が分かるかということを考えるために、まず具体的な人口統計を見てみましょう。表 1.1 は、1950 年から 2000 年までの日本の人口統計の主要部分をまとめたものです。この表のデータは、政府がまとめた「国勢調査」（総務省）と「人口動態統計」（厚生労働省）とに基づいています。

2.1 人口の実態

表 1.1 をみると、この 50 年間の日本の人口の大きな変化が如実に分かります。まず、総人口そのものは、1950 年の 8320 万人から 2000 年の 1 億 2693 万人へと、約 1.53 倍も増えています、これは案外知られていないことかもしれません。

表1.1 日本の人口統計

年	総人口 (1,000 人)	65歳以上人口 (1,000 人)	出生数 (1,000 人)	死亡数 (1,000 人)	平均寿命(歳) 男　　女	合計特殊出生率
1950	83,200	4,109	2,338	905	59.6　63.0	3.65
60	93,419	5,398	1,606	707	65.3　70.2	2.00
70	103,720	7,393	1,934	713	69.3　74.7	2.13
80	117,060	10,647	1,577	723	73.4　78.8	1.75
90	123,611	14,895	1,222	820	75.9　81.9	1.54
2000	126,926	22,005	1,191	962	77.7　84.6	1.36

(出所：「国勢調査」、「人口動態統計」)

さらに、65歳以上のいわゆる高齢者人口の方がもっと急激に増加していることも分かります。1950年の411万人から2000年の2201万人まで、実に5.36倍の増大です。これに伴って、高齢者人口比率（65歳以上人口÷総人口）も1950年の4.9％から2000年17.3％へと増加して、よくいわれるように「高齢社会化」が着実に進行していることがよく分かります。

出生（統計データのときは「しゅっしょう」と読む）数と死亡数は、厚生労働省の毎年の「人口動態統計」にまとめられているものです。子供が生まれると、病院が発行する出生（しゅっせい）証明書を役所にもっていき「出生届」を提出しなければなりません。また、家族の誰かが亡くなれば、医師の「死亡診断書」で「死亡届」を提出します。これらは住民票と戸籍に記録される一方で、性別を始めとする基本的なデータ（出生であれば母親の年齢など、死亡であれば出生年、死亡原因など）が厚生労働省に集められます。これらが「人口動態統計」となるわけです。

出生数は、1950年からほぼ着実に減少して半分になってしまいました。いわゆる「少子化」といわれる現象が明らかです。途中1970年に少し増えていますが、これはどうしてでしょう。実は70年頃からの数年間は、団塊の世代を含む戦後のベビー・ブーマーたちが母になっていく時期で、出産適齢期の女性たちが多かったというのが主な原因です。次に死亡数の方は、いったん減少して近年再び増大しています。これは、人々の健康状態が悪化したからではありません。高齢者が増えてきて、言葉は悪いですが「死亡適齢期」の人口が

増大したことを反映しているだけです。

次に，平均寿命と合計特殊出生率について説明しましょう。先ほど，出生数については「出産適齢期」の人々の数の影響があり，そして死亡数については「死亡適齢期」の人々の数の影響があると説明しましたが，平均寿命と合計特殊出生率というのは，そうした「人口の年齢構成」の影響を取り除いた上で，寿命の長さや出生の大きさを見ようとする統計的な指標です。

平均寿命は，その年に亡くなった人の平均年齢ではありません。この計算には，その年の年齢別死亡率を使います。年齢別死亡率は，国勢調査と住民基本台帳から作成したその年の性別・年齢別人口の推計値でその年の当該の性別年齢別死亡数を割ったものです。これをもとにして，その年に生まれた赤ちゃんが，その年の性別・年齢別の死亡率パターンにこれからもずっとしたがって，やがて年をとって亡くなっていくものと仮定したときの，仮想的な死亡年齢の平均を表すものです。

合計特殊出生率（Total Fertility Rate: TFR）も同様です。

表1.1をみると，この50年間で，平均寿命が著しく延びていった反面，合計特殊出生率は逆に著しく低下していったことがよく分かります。亡くなっていく年齢が遅くなっていくと同時に，子供が生まれてくる度合いが減っていった。これが「少子高齢化」といわれることの基本的な理由です。つまり，単に，子供数が減って高齢者が増えたという表面的なことだけではなくて，今日の人々の出生と死亡の構造的パター

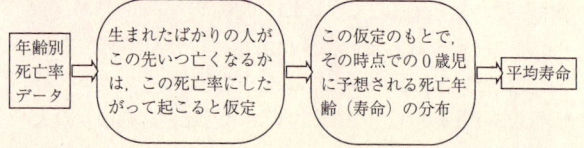

ンの中に、子供数が減り続けることと高齢者が長寿に恵まれ続けることが組み込まれているということです。

2.2 将来の人口構成

出生データや死亡データを用いると、将来の人口構成が予想できます。表1.2に、平成14年度での推計値を示しておきました。将来の人口は、厳密には、これから先の女性の年齢別の出産パターンや男女の年齢別死亡率がどうなると予想するかに依存して決まるものですが、25年先くらいの予想に関しては多少の違いはあまり大きく影響しません。

ときどき、「将来の出生率の予想を高めに見積もったために、高齢化の度合いの予想が甘かった。出生率が低下したのだから、高齢化はもっと厳しくなるはずだ」といわれることがありますが、これは必ずしも正しくありません。表1.2にあるように、将来の出生率を1.62とかなり高めに見積もるか、それとも、1.12とかなり低めに見積もるかによっては、65歳以上人口比率は、2025年で28%と29.5%、2050年でも、33.1%と39.0%の違いしかないのです。少しは違いがありますが、ビックリするような違いではありません。どちらにしても、「かなり激しい高齢化」は必ずやってくるということで

表1.2 日本の将来推計人口

		低位推計	中位推計	高位推計
合計特殊出生率の仮定		1.12	1.39	1.62
2025	総人口 (1,000人)	117,755	121,136	124,044
	0〜14歳 (1,000人)	11,500	14,085	16,325
	65歳以上 (1,000人)	34,726	34,726	34,726
	65歳以上比率 (%)	29.5	28.7	28.0
2050	総人口 (1,000人)	92,031	100,593	108,246
	0〜14歳 (1,000人)	7,486	10,842	14,008
	65歳以上 (1,000人)	35,863	35,863	35,863
	65歳以上比率 (%)	39.0	35.7	33.1

出所:『日本の将来推計人口——平成14年1月推計』
国立社会保障・人口問題研究所

す。

　将来の高齢者比率は,出生率が違ってもあまり大きな違いはない。この理由は,図1.1から分かりますが,次のようにまとめられます。

(1) 25年後の65歳以上人口は,現在の40歳以上人口のうち,25年後に生存している人々からなっている。この人口数は,死亡率に大きな変化がない限り,ほぼ確実に推計される。
(2) それ以外の年齢のうち,25年後に25〜64歳までの人々も,現在すでに生まれている人々からなっており,この将来人口数もほぼ確実に推計できる。
(3) 以上の二つは,出生率の変化にはまったく影響されない。

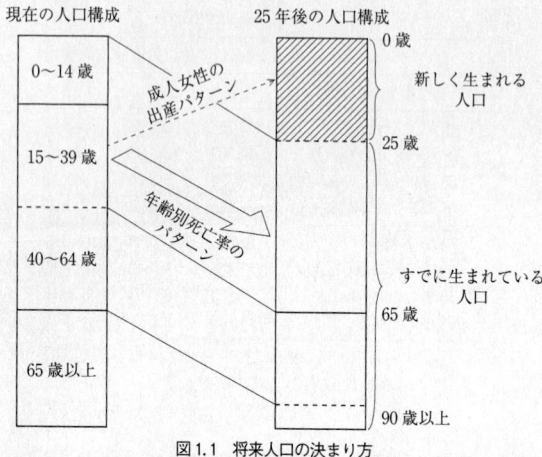

図1.1 将来人口の決まり方

(4) 25年後に0〜24歳までの人々だけが、出生率の影響を受ける。この年齢層の人口は出生率が1.12か1.62かで、約1.5倍の違いが生じる。

(5) しかし、全体の総人口に占める24歳以下の人々の割合は小さいため、65歳以上人口比率の大きさには、わずかの違いしか生じない。

50年後の将来人口については、出生率の違いはもう少し大きな差を生じさせますが、基本的には同じようなことです。

以上のように、現在の人口構成や出生・死亡についての統計データを活用すると、数十年後までの将来の日本社会の人口構成がかなり正確に予想できます。この予想をもとにし

て，年金についてどういう制度を設けるとどのくらいの費用が必要になるか推計できます。それ以外にも，新しく入学してくる小学生の数，一定の大学進学率を想定したときの大学入学者の数なども分かります。これらの計算が，年金制度の改革や学校・大学の設置計画にきわめて重要な役割を果たすことは，あらためていうまでもありません。

3. 学術のための統計と社会のための統計

統計学を学ぶことの意義を理解するためには，統計がどんな目的に利用されているのかを理解することが大切です。

統計はさまざまなところでさまざまな目的のために利用されますが，大きくわけると「学術のための統計」と「社会のための統計」という区分ができます。

3.1 学術のため

今日，非常に多くの学問分野で統計データと統計的分析はなくてはならないものになっています。たとえば気象学，とくに気象予報では日本全国あるいは世界各地に設置されている観測装置から送られてくる膨大なデータをオンラインで集め，スーパーコンピューターによって分析して，予想天気図などを作成するときに重要な役割を果たしています。

次に医学。病院に行くと，検温，血圧測定，血液検査，レントゲンなど多くの検査を受けますが，これらの検査の大部分は，医学研究の重要な資料として活用されます。（ただし，

遺伝子など個人の人格やプライバシーに関わるデータは，本人の了解なしには採取したり，分析に使ったりはできません。）

医学・薬学における新薬の開発にも統計的方法が不可欠です。誰でも知っているように，新しい薬が最終的に認可されるためには，プラセボといって偽の薬を投与したグループと比較して，本当の薬を投与したグループに統計的に有意な効き目が観測される必要があります。

また考古学での遺物の年代測定には炭素14年代測定法などの物理学的統計法則が活用されていることもよく知られています。

純粋に物理化学的な分野でも，統計データがさまざまに研究の発展に寄与しています。2002年度のノーベル物理学賞を受賞した小柴氏の研究の舞台であるスーパー・カミオカンデという研究施設は，地中深く設置された巨大な水タンクのまわりに，きわめて微小な光でも検出できる光電子倍増管を1万2000本もぎっしりと並べて，水タンクの中をニュートリノなどの高速の粒子が通過したときに現れるチェレンコフ光という光を観測するものです。1万2000個もの観測装置からのデータを統計的に処理することで，通過した粒子の質量やエネルギーや方向などを測定しています。

3.2 社会のため

学術的な統計学の利用以上に重要なのが，社会における統計の利用です。すでに国勢調査と人口動態統計については紹

介しました。そのほかにも政治，経済，社会福祉などの多くの分野で，統計はきわめて重要な役割を果たしています。

今日の経済にとって，GDPを中心とする国民経済計算という統計計算がきわめて重要です。これは，ある社会において生産されたり供給されたりした財やサービスの量を貨幣価値の大きさで表しており，私たちの実際の生活状況をマクロ的に把握するものであるとともに，企業活動にとってはもちろんのこと，政府が予算を決めたり経済政策を決めたりする

コラム　炭素14年代測定法

炭素の元素は原子核に陽子と中性子を6個ずつ持っている炭素12がほとんどですが，中には中性子の数が多い炭素13と炭素14とがごくわずかあります。このうち，炭素14は放っておくと次第に窒素に変わっていきます。1個の炭素14元素がいつ窒素に変わってしまうかは確率的にしか決まっていませんが，たくさんの炭素14元素を考えると，5,368年でその半分が崩壊することが分かっています。植物などは光合成によって二酸化炭素の形で大気中のこの炭素14を取り込みます。大気中では，宇宙から降りそそぐ粒子によって新しく作られるので，炭素14の割合はほぼ一定に保たれ，生きている植物の炭素14の割合は大気中と同じになります。しかし，光合成をやめてしまった植物に含まれる炭素14は自然崩壊によって次第に減っていくことになります。ということは，植物の化石の中の炭素14の割合を知ることができれば，それが生命活動をやめたのが何年前かが計算できることになるのです。

上で欠かせない資料となっています。この計算を行うためには，厖大な統計データの収集が必要ですが，社会の多方面において実際に人々がどのような経済活動を営んでいるのかを正確に測定するために，各種の統計収集が定期的に政府によって実施されています。たとえば，人々の消費生活状況や消費者物価指数のためのウェイトを測定するための「家計調査」，失業率など雇用状況を測定するための「労働力調査」，製造業の生産活動を測定するための「工業統計調査」などです。ほかに貿易量に関する通関統計や金融の動きについての日銀資金循環統計などがありますが，こうした各種の統計データの基礎の上に，GDPのようなマクロな経済統計指標が計算できるのです。

政治の分野で統計といえば，選挙と世論調査があります。選挙を統計とみるのは少し違和感があるかもしれません。しかし選挙とは，投票した人の数すなわち得票数という統計的な合計値が最大であるような候補者を選出するということです。また選挙や議会における多数決という制度も，社会における政治的な決定のために票数という統計データを利用しているものだと理解できます。

世論調査は選挙と違って，それ自体が直接に政治的な決定を構成するものではありません。しかし，選挙の直前には，選挙予測や選挙戦略のための世論調査が盛んに実施され，選挙のないときでも内閣支持率や政党支持率の調査が定期的に行われていて，その動向は実際の政治過程に非常に大きな影響を与えています。

統計を利用して社会的地位のために人々を社会的に選ぶやり方という点では、入試や学業成績をあげないわけにはいきません。入学試験というのは、試験問題に対する解答の正答率を反映した試験得点という統計データをもとにして、入学の可否を決定するしくみです。有名な科挙のように古くからあった制度ですが、大々的に行われるようになったのは近代社会になってからです。学校への入学だけでなく、公務員の採用、医師、弁護士、会計士などの専門職資格の賦与など、今日の社会は試験で溢れかえっています。

　このように、現代社会においては、学術研究のためだけでなく、社会を構成し運営していくための道具として、統計が不可欠のものになっています。こうした統計の役割の重大さを考えると、それが正確であることやその扱いが適切であることが大変重要であることが分かるでしょう。たとえば入学試験にミスがあると公正さが失われてしまいます。経済統計やその解釈に間違いがあると、経済政策に失敗しかねません。さらにそうしたミスが頻発すると、試験という制度や官庁統計に対する人々の信頼が失われることになります。それは今日の社会のしくみそのものへの不信へとつながりかねません。外国では、選挙で不正があったりして政治が混乱し、クーデターや暴動など収拾しがたい事態に発展することもあります。したがって、統計データを基盤にして運営されている社会において、統計データへの信頼がなくなってしまうことは大変由々しいことだと考えなければならないでしょう。

3.3 統計学を学ぶ意義

このように見てくると、統計学を学ぶことには二つの意味があるといえます。一つは、将来、学術研究の担い手として研究を行っていく上での必要な知識を身につけるということです。今日、理系の学問はもとより、経済学、政治学、社会学などのほか、歴史学、考古学、さらには文献学や文学や哲学など、ありとあらゆる文系の学問にとっても統計的手法は大変重要なものになっています。むろん、すべての学問で、統計学を知らなければ研究ができないとまでいうのは言い過ぎでしょう。しかし、多くの学問において、統計学は必須のものですし、かりにそうでない学問であっても、知っていれば必ず研究にプラスになることは確かです。

そしてもう一つは、今日の社会において、一人の日常生活者としてはもちろんのこと、それだけではなく社会への積極的な参加者である市民あるいは国民として、社会のしくみを構成して運営していくための重要な道具である統計についての知識を身につけるという意味です。どんな金融商品が安全かつ有利なのかとか、どんな大学へ進学することが自分にとってプラスになるかというように、個人的な利害関心から統計が大事であることはいうまでもありません。しかし、それと同時に、政治や選挙はもちろんのこと、経済現象、社会保障、教育など、至るところで、われわれの社会を運営する基礎として統計が利用されているという事実を深く知ることも大切です。統計を正しく上手に利用することによってより良い社会の仕組みを作りあげていく、そうした観点にとって、

統計学を学ぶことの意義はきわめて大きいといえるでしょう。

2 量的データと質的データ

1. 根深い対立

　統計データを集めたり統計的な分析をしたりすることは，現象を統計データという量的なものを通じて理解しようとしていることを意味しています。ところが，とくに社会や人間に関わる現象や出来事を統計によって量的に捉えることについては，以下に述べるようにこれまでかなり深刻な意見の対立が存在してきました。

　一方の側には，統計を用いることを非常に高く評価し，社会現象を量的に捉えることは，自然科学と同じように，社会について客観的で法則的な認識を打ち立てるうえで必要不可欠なことだと考える立場があります。第二次大戦後，経済学で数学モデルが次々と展開されるとともに，政府統計の整備によって経済現象の量的測定が大幅に進展した時代は，経済学以外の領域においても，統計的な社会調査が大々的に推進されたり，計量的な実験心理学が大きく発展していった時代でした。その当時の多くの研究者の間には，社会についての学問も自然科学に匹敵するような厳密な科学へと進化させることができるだろうという，強い期待がありました。

　他方の側には，それとは反対に，社会現象や人間の研究に量的な方法や数学的思考を持ち込むことへの根強い反発が存

在しています。たとえば19世紀の末に，ドイツの哲学者ディルタイは，物理化学的な自然を相手にするときの「説明 Erklären, explanation」とは異なって，人文学の研究の方法は「理解 Verstehen, understanding」だと主張しました。彼はこれを「精神 Geist」の学問だとして，「精神科学 Geisteswissenschaften」と呼んでいます。(「Wissenschaft」はここで「科学」と訳されていますが，より正確には「学問」のことです。)

このように，人文学の研究方法と自然科学のそれとは根本的に異なっていると考える人たちは，どうしても，社会や人間の研究には，数量的なアプローチはそぐわないとみなす傾向があります。また，そうした人でなくても，多くの人に，科学は客観的かもしれないが温かみや深みに欠けるというイメージがあります。法則的な認識は，一人ひとりの持っている個別的な人格性を無視することになりはしないか。たしかに自然の探求は，観測に基づく客観的な因果法則の定立と説明をめざす普遍化的な量的アプローチでいいのかもしれないが，しかし，社会や人間の探求には，解釈に基づく主観的な個性記述的な理解をめざす個別的な質的アプローチでなければならない。このように考える人々は少なくありません。

この二つの立場は，20世紀を通じて今日に至るまで，さまざまな学問や思想において，和解することが難しい深刻な対立を生んできました。さらにそれは，科学技術の発達を基本的に人類にとっての善だとみなす考えと，いやそれは人類にとっては原子爆弾や環境破壊のような悪をもたらす元凶だと

みなす考えとの対立にも反映しています。

　また量的な研究の価値を疑う立場からは，さらに科学そのものの客観性への懐疑が提出されています。しばらく前に「サイエンス・ウォーズ」という「事件」が話題になったことがあります。これは次のような「科学をめぐる争い」が表面化して多くの議論を巻きおこした「事件」でした。

　今日の一部の哲学者や文学者のあいだには，次のような主張がみられます。それは，科学というものは客観的な真理を探究していると思われているけれども，本当は客観的でも何でもなく，客観性や真理というもっともらしいスローガンを表面に立てて，実は政治的なイデオロギーや利害関心を主張しているだけの，きわめて権力的な営みでしかないのだというものです。これを「反科学論」といいます。この主張の背景には，客観性というものはありえないし，「真理」という概念には意味がないという現代科学哲学のある風潮が存在しています。当然のことながら，それに対して多くの科学者達によって，とんでもない，それは科学を不当に貶めるものだ，という憤りに満ちた激しい反論がなされています。とくに，アメリカの物理学者である A. ソーカルが，反科学論的なパロディ論文を反科学的な学派の専門誌に投稿して掲載されたことが大きな反響を引き起こしました。これが「サイエンス・ウォーズ」といわれる論争の基本にある対立です。

　統計研究は，こうしたさまざまな学問分野にまたがって展開されている，「科学 vs. 反科学」あるいは「量的 vs. 質的」という，大規模な対立の最前線に置かれているといっていで

しょう。というのも、統計研究は社会や人間についての科学的な探求を代表して担う方法だとされることが多いので、それに対抗する考え方、つまり、社会や人間には自然科学とは異なったアプローチが必要だと考える立場からすれば、攻撃すべき最大の標的になっているからです。

しかし私は、この根深い対立は一部に真実もあるとはいえ、大部分は誤解と偏見に基づいていると考えています。では、どのような捉え方をすればいいのでしょうか。そしてこのような対立の中で、統計を用いることをどのように意義づけたらいいのでしょうか。

2. 社会・人間の探求と自然の探求

2.1 法則定立は主目的ではない

まず、社会や人間についての探求には、自然科学と共通するところとそれとは異なるところとの二面性があるのだ、ということを理解すべきです。これは、「すべての面で共通する」と考えるのでもないし、逆に「すべての面で異なっている」と考えるのでもありません。

自然科学との共通性だけに注目する人の多くは、社会や人間についての探求も自然科学的な探求の仕方を模範にすべきだと考えています。そのような人たちは、自然科学の方法とは、「客観的に観測されたデータから法則を取り出すこと」だ、と考える傾向があります。この法則のイメージとしては、惑星の動き方についてのケプラーの3法則や気体の圧

力・温度・体積に関するボイル＝シャルルの法則，あるいは遺伝に関するメンデルの法則などが念頭にあります。これらは，たくさんのデータをもとにして発見された，数量的な法則として大変有名なもので，科学の発達史の中での「偉業」として語られています。そのため，こうした法則を発見することこそが，科学の目的だと考える人が多いのはやむをえません。

　しかしこの考え方は，自然科学の理解としても正しくはありません。なぜなら自然科学の重要な発見というものは，決してこのような統計的な法則の発見だけではないからです。発見の多くは，むしろ，観測しうるものの背後にあると推定される理論からなっているというべきでしょう。たとえば「物体の間には質量の積と比例し，距離の2乗に反比例する引力が存在する」というニュートンの法則は，データの観測だけから得られたものではありません。というのも，「引力」という現象は，決して直接に観測できるものではなく，地上から見た月や惑星の時間的な位置の変化の仕方というデータを説明するために，ニュートンが思いついたものだからです。データをいくら眺め回しても，データの中には「引力」という現象は見つかりません。また，メンデルはエンドウ豆の形の分布のしかたが遺伝の法則に従っていると考え，この法則を支配するものとして遺伝子が存在すると考えましたが，メンデルの時代にはまだ遺伝子が観測できるような状況にはありませんでした。メンデルにとっても，推測が重要な役割を果たしたのです。その前にダーウィンが進化論を考え

ついたときも、彼はガラパゴス島において「進化」を観測したのではなく、異なる島には同じ種類だけれども微妙に異なる生き物がいることを観測したにすぎません。「進化」という概念は、この観測データを説明するために持ち込まれたものです。しかも、進化論は量的な法則の形をとってはいません。したがって、「客観的に観測されたデータから法則を取り出す」ことが科学の目的だというのは、自然科学についての誤解に基づく「極端な経験主義」だと言わざるをえません。

2.2 思念からなる社会

さらに、社会や人間の現象には、自然の現象には存在しない特性があるということもはっきりと認めるべきでしょう。それは人々の「思念」、要するにわれわれの意識、思考、観念、精神、あるいは理論や思想という現象です。そんなことは当たり前だ、という人が多いかもしれません。たしかに、人間に思念があることはみんな知っています。ところが、社会現象の最も基本的な部分を形づくっているのも人々の思念だということについて、必ずしもよく理解されているわけではありません。このため、個人について探求するためにはその思念を理解することが重要だと考えている人でも、社会を探求するときに同じように思念を理解することが重要だということに気づかないことがあります。

思念とは無関係に存在しているもの、たとえば太陽や星や素粒子などのように物理化学的な実在として存在しているものについての探求は、まさにこれまで自然科学が驚くべき成

果を上げている領域にほかなりません。そこでは，モノとして存在したり観測できる現象の背後には，どのようなより根元的な物質や力の作用メカニズムや空間構造があるのか，ということを明らかにする形で探求が進められています。それは，われわれの思念の外にある自然的世界の構造を探求するものです。

しかし思念はモノではありませんから，思念の背後により根元的な物質や力を探求しても意味がありません。思念を基盤にしている現象には，たとえば文学作品や思想書があります。それらは，モノとしてみれば単なるインクのシミのついた紙の束でしかありません。その意味では，モノとして物理化学的に探求することのできる側面もあります。しかし，文学や思想を探求することの中核にあるのは，そうした物質の構造を明らかにすることではありません。

もう一つの例を挙げれば，憲法を始めとする法律や規則あるいは一般的な社会規範があります。日本の政治構造を探求するときには，たとえば首相にはどのような権限があるかを解明することなどが必要です。これらの権限の大部分は憲法や法律に書かれています。では，何と書かれているかを知ればすむのかといえば，そうはいきません。権限の具体的な内容は，法の文章ではなくて，文章についての人々の「解釈」から成り立っているからです。

このように，文学や思想，あるいは法律や政治は，モノのように存在しているのではありません。したがって，それらを探求することをモノを探求することとすべて同じに考える

わけにはいきません。ではこれらの探求は何を明らかにしようとしているのでしょうか。それは「意味」だということができるでしょう。「意味」は、物質が存在するような形では存在していません。それはわれわれが文学や思想や法律を表現している文章の背後に存在すると「想定する」ものです。この「想定する」という営みが、ディルタイのいう「理解」の

コラム　首相の衆議院解散権

現在では、日本の首相はいつでも自分の判断で衆議院を解散して総選挙を行うことができるという慣行が確立していますが、始めからそうだったのではありません。というのは、内閣不信任案が成立したとき以外での解散総選挙については、憲法の条文は単に次のように書かれているだけだからです。

　　第七条　天皇は、内閣の助言と承認により、国民のために、左の国事に関する行為を行ふ。
　（一と二は省略）
　　三　衆議院を解散すること。
　　四　国会議員の総選挙の施行を公示すること。

つまり、形式的に見れば、解散権は首相にではなく天皇にあり、首相の権限は内閣を代表して助言し承認するだけです。しかし別の条文で、天皇には国政に関する権能がないとも規定されていますから、上の条文は実質的に内閣と首相の権限をいっているのだと解釈することも可能なのです。

ことだと考えていいでしょう。そして、それがどんなものだと考えるにしろ、それが物質や物理的空間の成り立ちを支配しているメカニズムからは基本的に独立なものだと想定することが理にかなっています。この意味において、われわれは「意味」という現象を、自然科学の対象とは異なる、社会や人間の世界に特有のものだと考えることができます。

2.3 三つの共通点

では、やはり人間と社会の探求は自然の探求と全面的に異なるのかといえば、そうではありません。経済や政治、あるいは思想や文学のような現象についての探求であっても、次の3点は自然科学と共通だと考えるべきです。

(1) **客観性の追求**。「客観性」という言葉は最近評判が悪く、本当の客観性などないのだという意見も多くありますが、しかし、「客観性」というのはちょうど「真空」や「位置だけあって面積のない点」のように、「実際には存在しないかもしれないけれど、理論を考えるための基準点として設定される概念」なのだと考えればいいのです。客観性とは、探求する人の個人的な主観や利害や視点を超えて、誰にとっても共通に妥当するような性質のことを指しています。しかしそれは、永遠に到達できないかもしれない状態です。たとえば、宇宙の始まりについて、本当に客観的に正しいと言える説はまだありません。クォーク理論、ビッグバン仮説、あるいは超ひも理論などの物理的な理論がありますが、それらは、データをもとにした「憶測」や「仮説」にすぎません。

しかしこうした理論を研究している人々は、自分の説が単なる憶測で終わるのではなく、誰から見ても正しい説であることをめざしています。科学は一般にこの意味での客観性をめざしているといえます。社会や人間についての探求もやはりそうなのです。たとえば、ある思想家の考えていたことは何だったのかということを探求するとき、その思想家が主観的に考えていたことを「できる限りの客観的なレベルにおいて理解すること」をめざすことになります。対象が主観的なものだからといって、それへの客観的な探求が不可能になるというものではありません。社会や人間についての学問が成立しうるのも、それにたずさわる研究者たちが、そうした意味での「客観性」をめざした、共同の営みを形成しているからにほかなりません。

(2) **経験的データの重要性**。自然科学では、観測や実験のデータがきわめて重要です。ある理論を他の理論と比較して、その優劣を判断しようとするときに、どちらの理論がデータと合致しているかが大きな決め手になります。こうした経験的データには、きわめて簡単なものから、素粒子実験のサイクロトロンのように複雑な計測装置を用いてえられるものまで実に多種多様です。しかしそうした大きさや複雑さには関係なく、どんなデータも「近似的および暫定的に客観的なもの」という役割を担っているのです。つまり、人々の間で、とりあえずはまずこの点については共通に受け入れうるものと認めよう、そうした共通の出発点におかれるもの、それが経験的データの重要な役割です。これは社会と人間の探

求でも同じです。たとえばある思想家の考えを探求するにあたっては、彼が書き残した文章やメモはきわめて重要な経験的データとなります。私たちがその人の思想についてある説を主張しようとするとき、彼の文章からある部分を選び出して引用することがよくあります。それは、この引用された文章が経験的データになるからです。

(3) データとその背後にあるもの。経験的データには、それ自体が目的であることと、それを通じて何かを知るための手段であることとの二重の意味があり、多くの場合、後者の方が重要です。俗っぽい例で説明すれば、予備校が行う模擬試験データのようなものです。模擬試験は、そのデータから受験生一人ひとりの合格の可能性を推測して、受験生が実際に受験する大学を選択するための判断材料に用いることが目的です。ここで本当に知りたいことは試験の成績そのものではなく、その背後にある「合格の可能性」という抽象的な変数ないし「合格の可能性を規定している潜在的な学力」という目に見えない要因です。自然科学の場合でも、ニュートン力学にとっての惑星の観測データや、ダーウィン進化論にとってのガラパゴス諸島の生物データの例から明らかなように、経験的データと、その背後にあると考えられるメカニズムや、それについての理論とは同じものではありません。多くの場合、経験的データはそれ自体が目的ではなく、それを通じてその背後にあるメカニズムや構造を知るための手段になっています。この二つの世界は、図2.1のようになっていると言えるでしょう。このことは、データが量的なものであ

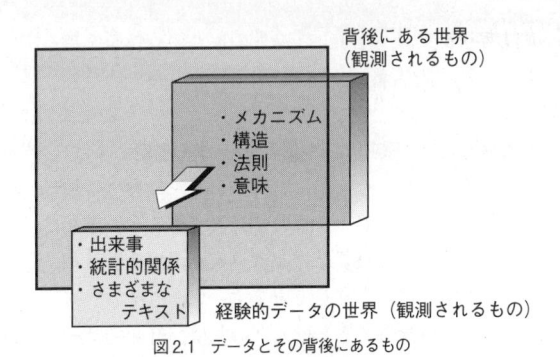

図2.1 データとその背後にあるもの

ろうと,質的なものであろうと変わりません。

ほかにも共通部分をあげることができますが,統計との関係では以上の三つを理解していただければ十分です。

これまで述べてきたように,自然の探求との「相違点」と「共通性」を踏まえると,量的データである統計データとその分析がどのような意義を持つものなのかを,明確にすることができます。その意義を誇張して過大に言い立てることは不適切ですし,逆に,過小に評価したり無視したりすることもよくありません。統計的なデータは万能ではないし絶対的なものでもない。しかしそれは自然科学においてだけでなく,社会と人間の探求にとっても大変重要な役割を果たすものです。統計的データは,どちらの探求においても,われわれが本当に知りたいと思っていることに到達するための重要な手がかりなのです。この手がかりは経験的データなので,われわれのすべてにとって共通のものであり,近似的かつ暫定的

にではありますが、「客観的」なものだという性質を持っています。

2.4 社会と人間の探求における量的データの意義

さてここで、社会や人間についての探求における数量的統計データの意義への疑いを解いておきましょう。確かに、社会や人間についての重要なことは、人々の思念とそれに含まれている意味の中に存在しています。思念やその意味は、決して直接的には観測できません。それは、経験的データとは異なるものであり、経験的なものの背後に想定されるものです。しかし、このような経験的データの「限界」は、それが量的であるか質的であるかによって異なるのではありません。いわば共通の「限界」です。いくら質的なアプローチをとっても、たとえば、インタビューをしたり文書やテキストを読んだり研究対象の村や集団の中に長く入り込んで観察したとしても、そこで観測できている経験的なデータは、結局のところ、人々が口に出して話していること、文として書き表していること、ふるまいとして外に現れていることなど、目で見たり耳で聞いたりできる範囲のことにすぎません。ましてや、人々の思念の意味などというものが直接に自らを表すということは決してありません。私たちは、人間や社会の探求でも、経験的に観測しうるものを通じて、人々の思念の意味に迫るという方法をとるしかないのです。そして、この点では、経験的に観測しうるものが質的なものなのかそれとも量的なものなのかという違いは、大きな違いではありませ

ん。そしてしばしば，量的なデータは，人々の思念を理解するという点において質的な研究からはえられないような発見を導くことがあるのです。

一つだけ例を挙げましょう。「1.57ショック」という言葉があります。1989年の合計特殊出生率が，前年の1.66から1.57へと急に0.09ポイントも低下したことは，社会保障や人口問題に関わる研究者や行政官たちの間で，非常な驚きと不安を持って受けとめられました。1.57は，その時までの日本社会が経験した最低の出生率だったのです。しかも，1年で0.09ポイントの低下というのは1950年以降では最大の低下でしたし，それは今でもそうです。それまでの数年間，日本の合計特殊出生率は大体1.7の近くを維持していたので，専門家たちの多くはこれはいずれ1.8くらいには回復するだろうと期待していたのです。

1989年の1.57にショックを受けた専門家たちは，翌年，そして翌々年と，推移を見守りました。そして，それが1.54，1.53とさらに低下していくのを確認して，ここに非常に大きな社会変化が現れていると考えざるをえなくなりました。それは，結婚や家族や育児についての人々とくに若い人々の考え方がそれまでとは異なったものになり，人生にとって結婚することや子供を産んで育てることが昔ほど重要で当たり前のこととはみなされなくなったという変化です。今では，このことは誰でも知っています。しかし，1989年の頃は決してそうではありませんでした。身近な若い人で，なかなか結婚しない人が多くなったと感じることと，社会全体で人々の意

識に大きな変化が起こったと気づくこととはまったく違います。このことに気づかせてくれたのが 1.57 ショックだったのです。それは、当時の厚生省の人口動態統計という統計データが示してくれたものです。

これは一つの代表的な例にすぎません。量的な統計データが、思念を基盤にしている社会と人間の探求にとって役に立たないと考えることほど間違った考えはありません。

3. 統計データと統計的分析

3.1 基本構造

統計データの基本を構成する概念は、ケースと変数と値です。この構造は一般的に表 2.1 のように表せます。パソコンを使っている人は、これが表計算ソフトにおけるシートの基本構造と同じであることが分かるでしょう。

「ケース」とは、統計的に集計するときの対象の単位です。社会的なデータでは、多くの場合、個人がケースです。大部

表 2.1 統計データの基本構造

		変数			
		X_1	X_2	X_3	…
ケース	1	値$_{11}$	値$_{12}$	値$_{13}$	…
	2	値$_{21}$	値$_{22}$	値$_{23}$	…
	3	値$_{31}$	値$_{32}$	値$_{33}$	…
	⋮				

分の世論調査がそうです。

　もっとも、社会的データがいつも個人をケースにしているとは限りません。国勢調査では、結果はしばしば個人を単位として表されますが、データを収集する単位は「世帯」です。就業構造基本調査では、データ収集は企業単位でなされ、企業をケースとする場合と、企業で働く個人もしくはその何らかのグループをケースとする場合とがあります。また、国際比較分析などでは、国や社会がケースとして扱われることもあります。

　社会心理学的な実験では、ひとりの個人の行動や反応が同じような実験状況の下で何回も測定されることが普通です。その場合、個人ではなくて1回ごとの試行（trial）がケースになることもあります。心理学や生理学や医学でも同様です。

　一つひとつの組織片がケースになることもあれば、一つひとつの細胞がケースになることもあります。物理化学的な実験や測定では、人間や多くの動物のような「個体」の概念があてはまらないことが多いので、社会心理学実験における「試行」と同じように、しばしば一つひとつの測定単位がケースを構成します。たとえば、「1日の平均気温」というのは、基本的に1時間ごとないしそれより短い時間間隔で測定した気温の平均値です。あるいはまた、スーパー・カミオカンデや、アメダスや地震観測などでは、観測装置の一つひとつがケースになります。

　以上のように、統計データにおいてはさまざまなものがケ

ースになりえます。それに制限はありません。

次に「変数」とは，測定しようとする特性のことです。**変数** variable という言葉からは，「変な数」「変わる数」というイメージが湧いてしまいますが，表2.1の縦の列が一つの変数を表していることから分かるように，「変数」という言葉が使われるのは，その値が「ケースの間で変わりうる」ものだからです。

「**値**」は説明するまでもないでしょう。ただし，統計データの値は量的なものだけではないということに注意して下さい。たとえば，住所録のようなものも立派な統計データです。

値の種類は表2.2のような四つの尺度に分類されることがよくあります。

この分類は「尺度」という言い方から明らかなように，もともと心理学的現象を分類するために考えられたものです。基本的には，心理学に限らず，一般的に用いることができますが，間隔尺度と比例尺度との違いを重視するかどうかについては，学問分野によって違いがあります。一般的な統計的分析において，両者は同じ扱いになることが多いので，本書では区別しないことにします。

3.2 質的データの統計分析

統計データには，名義尺度をもったカテゴリカルな変数も含まれていることは，人文学や社会科学にとってきわめて重要です。

表2.2 値の四つの種類

名義尺度 (カテゴリカル変数)	性別変数の「男・女」や研究分野変数の「人文科学・社会科学・自然科学」のように，異なる値の間には「異なっている」という関係だけが存在するもの。
順序尺度 (順序変数)	態度変数の「賛成・どちらでもない・反対」や，順位変数の「1位・2位・3位…」のように，異なる値の間に「順序」の関係が認められるもの。
間隔尺度 (量的変数)	温度（摂氏や華氏）や西暦年のように数値ではあるものの，基点としての「0」が便宜的に設けられているもの。
比例尺度 (量的変数)	重さ，長さ，絶対温度のように，数値であって基点としての「0」に実体的な意味があるもの。

たとえば，人文学の重要な学問の一つに文献学があります。もともと中世ヨーロッパにおいて，イスラム文化を経由して再発見された古代ギリシャ哲学の文献について，本当の作者は誰か，執筆された年代はいつか，などを確定することをめざした学問です。というのも，中世のキリスト教神学の展開において，プラトンやアリストテレスの哲学が重要な役割を果たしたからです。19世紀になると，ドイツを中心に，古代哲学と古代文化を総合的に探求する学問として大いに発展しました。その中やその影響のもとで，ニーチェという哲学者や前に述べたディルタイのような，現代の社会思想や哲学にきわめて大きな影響を及ぼしている思想家が現れまし

た。

　この文献学では，今日，計量文献学といって，文書データを統計的に分析することが主要なアプローチの一つになっています。たとえば，ある文献Aが作者Xによるものなのか，作者Yによるものなのかが，問題になっているとします。そこで，作者Xによるものであることがすでに分かっている文献群Bと，作者Yによるものであることが分かっている文献群Cとをもってきて，文献AがBとCのどちらに近いかを考察する。これは，作者推定の一般的なやり方です。むろん統計分析によらなくてもこの考察は可能です。研究者は，文献Aのほか，厖大な文献群BとCとのすべてを熟読し，それぞれのテキストにおける特徴的な単語，言い回し，修辞法，構文などをつかみだそうとします。そして何よりも，それぞれのテキストに込められている「思想」つまり思念を解明しようとします。研究者は頭の中で，これらの情報を整理し比較対照することを通じて，文献AがBとCのどちらにより近いか，そして，文献Aが作者XとYのどちらによって執筆されたと推定することがよりリーズナブルかを判断するのです。

　この研究作業のうちの少なくともある部分は，統計分析で置き換えることができます。たとえば，さまざまな単語の出現頻度，一組の単語が近接して使用される頻度，センテンスの長さの分布の仕方などは，文献をテキスト・データとしてコンピュータに入力した上で，適当なプログラムを用いて計算できます。さらに，これらの諸特性の情報を，総合的な統

計分析（クラスター分析など）にかけると，統計的な観点から見て文献AがBとCのどちらにより近いかを示すこともできます。

むろん，こうした統計的分析は，文献の作者推定の問題のすべてを肩代わりしてくれるものではありません。見逃してならないことは，研究者にはできるけれども，コンピュータには決してできないことが，確固として残っているということです。それは，文献に込められている「思想」を読み解くことです。文献を比較対照する上で，その「思想」を無視することはできません。思想や意味を理解してそれを言葉で表現するのは，最終的には人間である研究者の仕事です。

このように，文献学における統計分析の役割の例は，統計データおよび統計的分析とは何かということをかなり明確に物語ってくれています。統計的分析は必ずしも因果的法則を発見するためのものではありません。そして，文献学の例からも明らかなように，それは，意味という現象を直接に表示してみせるものでもありません。統計的な分析を行うとは，第一義的には，頻度を求めたり分布の仕方を明らかにしたり関連の仕方を示したりするということです。言い換えれば，経験的に集められた統計的なデータの構造を統計的に明らかにすること，これが統計的分析で行うことです。

この意味での統計的分析は，すべての学問分野やすべての実務的な目的にとって，重要な手段という意義を担っているのです。むろん，統計的な分析を通じてそれぞれの学問や実践的な課題にどう答えていくか，その最終的なところでは，

それぞれの学問や実践的な目的に応じた要求や，関心や，対象の特性が重要になってきます。最終的にはそれぞれの探求の側で考えなければなりません。この点は決して誤解してはなりません。さきほど述べた1.57ショックを例にしますと，統計的分析が示しているのは，あくまで合計特殊出生率という統計的指標が1.57という数値をとったということまでです。そこには，人々の思念の中身は表現されていません。その数値から，「人々の結婚や家族や育児についての考え方が根本的に変化した」ということを読みとるのは，研究者を含む私たちの側の解釈であり推測です。どういう解釈をするかは，最終的にはそれぞれの探求の問題関心に沿った考察によらなければなりません。その作業は，統計的分析を超えた領域に属します。

　しかしそれでも，すでに何度も強調しましたように，統計的分析は重要で意義深いさまざまなことを私たちに示してくれます。言い換えれば，個別の具体的な探求にとって意義を持つような形で経験的データの構造を明らかにすること，それが統計的分析の役割だということになります。そうした統計的分析が果たしうる役割を明確にし，そのための方法を整理して発展させていくこと，それが統計学という学問の目的にほかなりません。

3 分布を読む

1. 度数と比率

1.1 単純集計表

統計データは変数の値の**分布**の構造によって特徴づけられます。データにおけるそれぞれの値の出現頻度のパターン，それが分布です。統計データを分析するということは，その分布のしかたや分布の構造を分析して明確にするということです。

表 3.1 には，ある社会調査データにおける二つの変数，性別と年齢の分布を表の形で示しました。(年齢データはもともと 1 歳きざみでたずねたものを，ここでは 10 歳ごとにまとめています。) 調査データの場合，これを**単純集計表**と呼んでいます。

おのおのの値のケース数のことを，**頻度**もしくは**度数**（frequency）と呼びます。また，それぞれの度数を，全体のケース数で割ったものが**相対度数**（relative frequency）（比率）で，一般には 100 をかけてパーセントで表します。

そして，相対度数を順に足していったものを，**累積相対度数**と呼びます。これは，量的変数だけで用いるものなので，表 3.1 では年齢だけに示してあります。

さて分布から何が分かるのでしょうか。直接的にはたとえ

表 3.1　単純集計表

a) 性別

値	度数	相対度数 (%)
男性	2490	46.5
女性	2867	53.5
合計	5357	100.0

b) 年齢

値	度数	相対度数 (%)	累積相対度数 (%)
20代	741	13.8	13.8
30代	954	17.8	31.6
40代	1420	26.5	58.1
50代	1139	21.3	79.4
60代	1103	20.6	100.0
合計	5357	100.0	

ば，表 3.1 では女性の方が男性より多いというようなことが分かります。「年齢構成を知りたい」という目的であれば，表 3.1 の単純集計表に十分な情報が含まれています。しかし，統計データを見るときの基本姿勢としては，「何が分かるか」と考えるよりは，「何を知ろうとするか」という観点を大切にした方がいいでしょう。

1.2　グラフ

「何を知ろうとするか」という観点からすると，同じ分布であっても，それをどのように表示するかが重要になります。とくにグラフで表すことによって，さまざまに異なる側面が

見えてきたり，ある側面に焦点を当てたりすることができます。表3.1の年齢の分布をいくつかのグラフにして図3.1に表しましたが，それぞれ印象が違うのが分かります。たとえば，折れ線グラフと棒グラフとは，度数を高さで表すという点では共通していますが，折れ線グラフの方が時間的な変化を表すのに適しています。あるいは「40代までで全ケースの過半数を超えている」ということを示したいのなら円グラフが最適です。そしてもし，もう一つの年齢分布のデータがあって，二つのデータで年齢の分布を比較対照したいときは，二つの帯グラフを上下に並べておくと効果的です。このように分布のどのような特徴を示したいかにしたがって，どのようなグラフを用いるかを選択すべきなのです。

以上のように，単に数字だけを並べた表よりも，視覚に訴えるグラフを用いた方が示したいことを効果的に表現できますが，このとき次の2点に注意しなければなりません。

(1) 示したいことを効果的に表すしかたを選ぶ。

(2) 事実に反する，誤った理解を生む表示のしかたを選んではいけない。

ただし，何かを効果的に示したいときは，ともすれば誇張しすぎて誤ったイメージや情報を伝える危険がないわけではありませんので，この二つは潜在的には対立しているといえます。とくに注意しなければならないのは，グラフ表示では，意図していないにもかかわらず，間違った印象を生じさせてしまうことがあるということです。たとえば，図3.2を見て下さい。これは表3.1の20代と40代の人数の大小をヒ

3　分布を読む　055

折れ線
グラフ

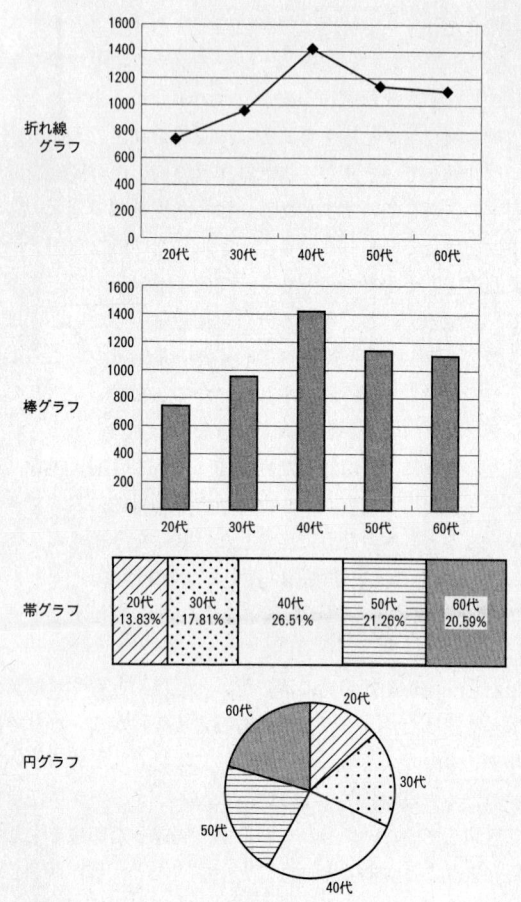

棒グラフ

帯グラフ

円グラフ

図3.1　さまざまなグラフ（表3.1の年齢データ）

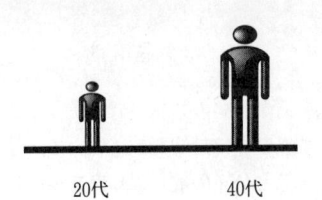

20代　　　　40代
人　数
図3.2　人数を図形でグラフ化した例

トの図形でグラフ化したものです。20代と40代の人数の違いが1.92倍なので，40代のヒト図形の高さを20代の1.92倍にしてあります。しかし，図3.1の棒グラフなどと比べてどこかおかしいと思いませんか。見る人によって印象は異なるかもしれませんが，この図では40代が1.92倍ではなくて3〜4倍くらいに見えるでしょう。

　図はさまざまなことを一度に表すことができるために，一つの図をとってみても見方によってさまざまな印象を生じさせます。図3.2の場合は，二つのヒト図形はパターンを同じにして高さの違いを示しているのですが，実はそれと同時にほかに，面積，そして潜在的に体積や体重の違いを表現してしまっているのです。高さは1.92倍であっても，面積は$3.69(=1.92^2)$倍になります。このような図の効果を悪用すれば，客観的であるかのようにみせながら意図的に「ウソ」をつくこともできます。ですが，「ウソ」と「効果的な強調」とは紙一重ではありながら，決して同じことではないということを肝に銘じておいて下さい。

2. 要約統計量

分布の特徴を何か一つの数値で表す指標のことを，**要約統計量**といいます。とくに量的変数について，分布の何らかの中心を表す**代表値**と分布の散らばり度を表す諸指標が，基本的な要約統計量になっています。

量的変数における代表値とは，ある意味において分布の中心を表している指標のことで，平均と中央値と最頻値があります。このうち**最頻値**はモードともいい，データの中で最も大きな度数をもつ値のことで，表3.1の年齢データの最頻値は「40代」になります。

2.1 平均

代表値の中で最も基本的なものが，**平均** (mean) です。ある変数 x についての統計データがあるとします。観測されたケース数を n 個とし，それぞれのケース値を $x_1, x_2, \cdots, x_n$ とすれば，x の値の平均 $\bar{x}$ は，次の (3.1) 式で計算できます。

$$\bar{x} = \frac{1}{n}(x_1+x_2+\cdots+x_n) = \frac{1}{n}\sum_{i=1}^{n} x_i \tag{3.1}$$

ところで，表3.1の年齢について平均を求めようとするときは，それぞれのケース値が示されてはいないので (3.1) 式が使えません。その上に，20代，30代…のままではどう足したらいいのかはっきりしません。このような場合には，次の (3.2) 式で平均を計算することができます。

コラム Σの計算

Σは，足し算を簡略化して表現するための記号です。足し算のことを英語で summation といいますが，この頭文字の s に対応するギリシャ文字の大文字 Σ を用いた記号です。

次に，「x_i」は，「x という変数の i 番目の値」を意味しており，今の場合は「i 番目のケースの x の値」を表しています。x の右下に小さく書いた「i」のことを「(下付)添字 suffix」といいます。このとき，Σ記号は，

$$\sum_{i=1}^{n} x_i \equiv x_1 + x_2 + \cdots + x_n$$

で定義され，この左辺の式は，「x_i を $i=1$ から n まで足し算して得られる和 sum」を意味します。この定義から，次の三つの基本的な性質が導かれます。

イ) x_i がすべて同一の値（たとえば $x_i = a$）のとき

$$\sum_{i=1}^{n} a = a + a + \cdots + a = na$$

ロ) x_i をすべて a 倍したときの和

$$\sum_{i=1}^{n} ax_i = a \sum_{i=1}^{n} x_i$$

つまり，「i によって変わらない定数 a を乗じたものの和は，和にその定数 a を乗じたものに等しい。」

ハ) 二つの変数の和に Σ を適用したものは，それぞれに Σ を適用したものの和に等しい。

$$\sum_{i=1}^{n} (x_i + y_i) = \sum_{i=1}^{n} x_i + \sum_{i=1}^{n} y_i$$

この性質を**加法性**といいます。

$$\bar{x} = \frac{1}{n}\sum_{k=1}^{m} f_k x_k \tag{3.2}$$

ここで，x_kは「k番目のグループを代表する**階級値**」で，f_kはそのグループの度数を表しています。表3.1の年齢では20代，30代…というのがそれぞれの階級です。このようなデータのとき，階級値x_kは，その階級がとる値の区間の中央の値とします。たとえば20代というのは20歳0か月以上から29歳12か月未満ですから，その中央の値25歳をこの階級値とするのです。(24.999…歳は，25歳と同じだとみなします。)

表3.1の年齢の分布を，区間の考え方を用いて切れ目なくグラフにしたのが図3.3で，このような図は**ヒストグラム**と呼ばれます。

度数の代わりに，相対度数を用いることもできます。k番目の値の相対度数をp_k（ただし，％ではなく小数で表したもの）とすれば，(3.2)式は次の(3.3)式でも表されます。

$$\bar{x} = \sum_{k=1}^{m} p_k x_k \tag{3.3}$$

年齢の平均を(3.2)式を用いて実際に計算すると，次のように，46.7歳という値がえられます。

$$\begin{aligned}\bar{x} &= \frac{1}{5357}(741\times25+954\times35+1420\times45+1139\times55\\&\quad+1103\times65)\\&= 46.7 \quad \text{(小数点以下第2位のところで四捨五入)}\end{aligned} \tag{3.4}$$

図3.3 ヒストグラム

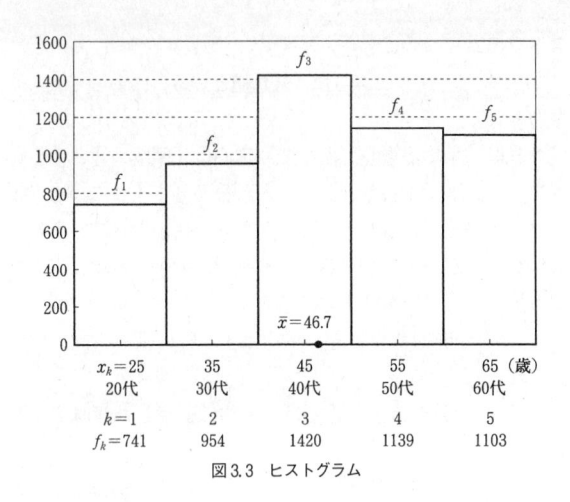

($x_k=25$, 35, 45, 55, 65 (歳)、20代, 30代, 40代, 50代, 60代、$k=1, 2, 3, 4, 5$、$f_k=741, 954, 1420, 1139, 1103$、$\bar{x}=46.7$)

2.2 平均の性質

平均は,平均所得,平均株価,平均気温,平均体重など,日常生活でもきわめて頻繁に使われる統計量ですが,それだけに,その性質をよく知っておく必要があります。

(a) 平均の値は,分布の**重心**を表している。

このことは (3.2) 式から分かります。横に長い板に目盛りを付け,それぞれの階級値 x_k のところに錘(おもり)f_k を載せていると想像して下さい。図3.1の棒グラフで考えれば,棒の高さがちょうど錘の大きさを表しており,棒がおかれている位置が x_k になります。このとき,錘を載せている板を左右でバランスさせる点,それが重心になります。そして,その値が平均になっているのです。同じことは,図3.3のヒ

3 分布を読む　061

ストグラムについても言えます。

(b) 平均は,遠くにある値(**外れ値**という)によって大きく左右される。

これは,平均が重心であって,重心は「距離×重み」というモーメントに左右されることから分かります。二つのグループの所得を比べるときなど,どちらかに極端に高い所得をもつケースが一つでもあると,それだけで平均所得に大きな差が生じることがあります。

(c) 分布が**非対称**なとき,平均はすそ野の長い方向へ引っ張られる。

(d) 質的変数や順序変数では,平均は**安定した意味**を持たない。

たとえば,意見Xについて,「賛成,条件付き賛成,反対」という三つの選択肢を設けた調査を行って,表3.2のような結果が得られたとします。ここで回答選択肢である「賛成」「条件付き賛成」「反対」という値を数値で表すしかたとして,(1)と(2)の二つを考えてみます。(2)は「条件付き賛成」の値だけを2ではなく3に変えたものです。そうすると,(1)では,グループAの平均が2.1,グループBのほうは2.0になります。したがって,グループAの方が「反対が多い」と判断されるでしょう。ところが(2)の与え方では,グループAの平均は2.3でグループBの平均は2.4になります。つまり平均の順序が逆転してしまうのです。

このように質的変数や順序変数では,数値の与え方にとくに決まりはないので,与え方によって平均の順序が逆転する

表 3.2 順序変数の平均の不確定性

	グループA	グループB	値の与え方(1)	値の与え方(2)
賛　　成	50%	40%	1	1
条件付き賛成	20	40	2	3
反　　対	30	20	4	4
値の与え方(1)の平均	2.1	2.0		
値の与え方(2)の平均	2.3	2.4		

ということが起こってしまいます。これは，質的変数や順序変数の平均には，あまり意味がないということです。（ただし，慣習的にある数値の与え方が決まっている場合には，確定した数値に基づいて平均を用いることもありえます。）

2.3 中央値

分布の中心を表すものとして，もう一つ**中央値**（median）があります。これは平均とは違う意味で，分布の中央にくる値です。たとえば，五つのケースからなるデータが {1, 2, 2, 3, 4} の値をとっているとき，平均は 2.4 ですが，中央値は真ん中のケースの値である 2 になります。このように中央値とは，「ケースを値の小さい順に並べたとき，ちょうど真ん中のケースがとっている値」のことです。これが「とりあえずの定義」になります。

中央値には，**外れ値の影響を受けにくい**という特徴があり

ます。たとえば、この五つのデータで最後のケースの値が4ではなくて10だったとしたら、平均は3.6に跳ね上がりますが、中央値はもとの2のままです。この性質は、個人所得や貯蓄高のように外れ値が出やすい変数について、異なるグループでの分布を比較するときに助かります。

しかし、中央値には重大な短所があって、そのことが中央値を使いにくくしています。それは、実際のデータを用いるときの操作的な定義が一つではなく、しかもしばしば計算するのが厄介だということです。まず、ケース数が偶数のときは「真ん中のケース」が存在しないので、上の定義が使えません。したがってこのときは、一般に「真ん中の2ケースの値の平均」として定義します。たとえば、$\{1, 2, 2, 3, 4, 4\}$という6ケースのデータの中央値は$(2+3)/2=2.5$とすることになります。

それ以外にもいくつかのやり方がありますが、いずれにしても、ケースの値が点で与えられているときの中央値はあまり実用的ではないので、ここでは省略します。

データが区間としての階級値で与えられているときの中央値

中央値という指標は、ケースの値が点で与えられている場合よりも、区間で与えられているときの方が、より明確な形で計算することができます。このとき中央値は、「その値より小さな値をとるケースの割合と、その値より大きな値をとるケースの割合とが等しくなる点の値」として定義されます。具体的に、表3.1の年齢データについて中央値を求めて

みましょう。

まず，図3.4のような累積相対度数曲線を書きます。（中央値を計算するためだけであれば，実際に描く必要はありません。ここでは説明のために表示します。）横軸の値は年齢，縦軸は表3.1にある累積相対度数です。それぞれの階級 k について，年齢の上側境界値を x_k^u として横軸にとり，階級 k の累積相対度数を y_k とします。x_k^u は20代では，その年齢区間が終わる「30＝29.99…」になります。これらの点 (x_k^u, y_k) を結んでできる曲線（折れ線）が，累積相対度数曲線です。

つぎに，この図の縦軸で50%のところから水平に線を引

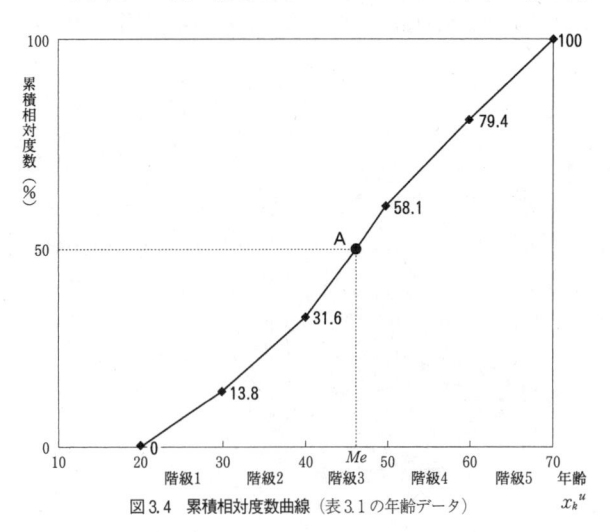

図3.4 累積相対度数曲線（表3.1の年齢データ）

いて，曲線と交わったところを A とします。A の点から，線を下ろしていくと，A に対応する年齢 Me が決まりますが，そうすると，年齢 Me を境にして，それより下の年齢のケースと，それより高い年齢のケースとがちょうど半々になっています。(ここでは，それぞれの区間の中では，ケースが均等に分布していると仮定しています。) したがって，Me の点が年齢データの中央値になります。

では，中央値 Me の値はどう計算したらいいでしょうか。これには A の付近を拡大した図 3.5 の三角形の比例関係を利用します。いま，中央値は階級 3 の中に含まれていることが分かっています。階級 3 の区間幅を a，同じく相対度数を c としましょう。階級 3 の区間の始点である 40 歳のところ

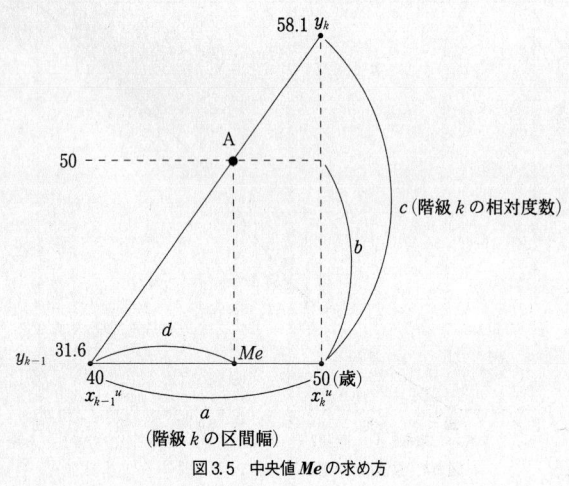

図 3.5 中央値 Me の求め方

から Me までの差である d の大きさは，図から分かるように，$d:a$ の比が $b:c$ の比に等しい，ということを使って求めることができます。

ここから，$d=\dfrac{ab}{c}$ となるので，Me の値は $40+d$ の値として求まります。

したがって，

$$Me = 40+d = 40+\frac{ab}{c} = 40+\frac{(50-40)\times(50.0-31.6)}{58.1-31.6}$$
$$= 46.94 \qquad (3.5)$$

このようにして，表3.1の年齢データの中央値は46.94として求まります。（平均が46.7でしたから，このデータではあまり違いはありません。）

実は，この計算方法を紹介している教科書は多くありません。そのため，分布を比較するのに中央値を利用すればいいと思われるときでも，そのことに気づかない人が多いようです。（もっとも，この計算法は通常の統計ソフトパッケージには含まれていないので，基本的には表3.1のように累積相対度数を出力したあと，手計算で計算するか，あるいは計算プログラムを表計算ソフトで作って，自分で計算しなければなりません。）

なお，表3.1のような累積相対度数が求められていれば，わざわざ図3.4のような図を描く必要はありません。一般的には，次のような手順で中央値が計算できます。

(1) 累積相対度数分布表から，ちょうど50%が含まれる階級を選び出す。これが k 番目の階級であったとしましょ

う。そして、その累積相対度数がy_kだとします。

すなわち、

$y_{k-1} < 50 \leq y_k$ （ただし、$y_0 = 0$）

(2) 次に、階級kの値の区間がx_{k-1}^uからx_k^uまでだとします。x_k^uは、階級kの値が終わる上側の境界値になっています。

(3) このとき、中央値Meは次の (3.6) 式で求まります。

$$Me = x_{k-1}^u + \frac{50 - y_{k-1}}{y_k - y_{k-1}} \times (x_k^u - x_{k-1}^u) \tag{3.6}$$

中央値と密接に関連する指標にさまざまな**分位数**があります。中央値は、累積相対度数がちょうど50%になるようなxの値ですが、同様に、累積相対度数yを1%刻みでとったとき、それに対応するxの値を**パーセンタイル**（percentile 百分位数）といいます。

パーセンタイルよりも使用頻度の多いものに、**四分位数**（quartile）と**五分位数**（quintile）があります。四分位数とは25%刻みのもの、五分位数は20%刻みのものですが、とくに四分位数の、第1四分位数Q_1と第3四分位数Q_3を使うことがよくあります。ケースを小さい順に4分割し、最初の25%の境界値が第1四分位数Q_1、最後の25%の境界値が第3四分位数Q_3です。こうした分位数は、基本的に中央値を求める (3.6) 式を応用すれば計算して求めることができます。

実際に、表3.1のデータについてQ_1とQ_3を求めると、第1四分位数Q_1が30代の階級の中にあり、第3四分位数Q_3

が50代の階級の中にあることから、次のようになります。

$$Q_1 = 30 + \frac{25 - 13.8}{31.6 - 13.8} \times (40 - 30) = 36.3 \text{ （歳）}$$

$$Q_3 = 50 + \frac{75 - 58.1}{79.4 - 58.1} \times (60 - 50) = 57.9 \text{ （歳）}$$

3. 散らばり度の指標

3.1 分散と標準偏差

　分布の散らばりの度合いを示すための、最も一般的な指標は**分散**（variance）です。データ上の変数xの分散を表すのに、ふつうs_x^2という記号を使いますが、これは次の (3.7) 式で定義されます。

$$s_x^2 = \frac{1}{n} \sum_{i=1}^{n} (x_i - \bar{x})^2 = \frac{1}{n} \sum_{i=1}^{n} x_i^2 - \bar{x}^2 \tag{3.7}$$

　かっこの2乗という形をとっている中間の式が本来の定義式です。このかっこの2乗を展開して整理すると、右側の式になります。ここでわざわざ右側の式を示したのは、実際に計算するときには、こちらの式を使った方が便利だからです。

　分散は、平均$\bar{x}$からの各ケース値の差の大きさを2乗して足したものの平均の形になっています。中間の式の$\sum$の中は、それぞれのケース値x_iが平均$\bar{x}$から離れれば離れるほど、大きな値をとりますから、平均から離れて散らばっているケースが多い分布のときに、分散が大きくなることがわか

ります。分散は必ず0か正の値をとり、0になるのはすべてのケース値が同一という例外的な状況だけです。

表3.1の年齢のようにデータが階級値で与えられているときに、分散を計算するためには、階級値と度数を用いた次の(3.8)式を使います。

$$s_x{}^2 = \frac{1}{n}\sum_{k=1}^{m} f_k(x_k-\overline{x})^2 = \frac{1}{n}\sum_{k=1}^{m} f_k x_k{}^2 - \overline{x}^2 \tag{3.8}$$

実際に数値を当てはめてみると、次の(3.9)式のように求まります。

年齢の分散

$$= \frac{1}{5,357}(741\times25^2+954\times35^2+1,420\times45^2+1,139\times55^2$$

$$+1,103\times65^2)-46.7^2 = \frac{12,612,925}{5,357}-46.7^2 = 173.6 \tag{3.9}$$

ここで、分散がなぜ(3.7)式で定義されるのか、その理由を知りたいと思う人は少なくないでしょう。その理由はあまり説明されたことがありません。この説明は7章で述べる「正規分布」のところまで待って下さい。今の段階では、(3.7)式で定義されたものを「分散」と呼ぶというふうに約束しているのだということ、そしてそれは、分布の散らばりの度合いを表す一つの指標になっているということを理解しておいて下さい。

なお、この分散を表現する記号として、$s_x{}^2$というようにsの2乗という形が使われているのは、分散が標準偏差を2乗したものだからです。**標準偏差**は英語でstandard deviation

といい，(3.10) 式のように分散の正の平方根として定義され，s_x という記号で表現されます。すなわち，

$$s_x = \sqrt{s_x{}^2} \tag{3.10}$$

3.2 その他の散らばり度の指標

分散と標準偏差のほかにも，散らばり度の指標は数多くありますが，とくに，分位数系の概念を基軸にした散らばり度の指標として，比較的よく使われるのが以下のものです。

i) メディアン偏差　　$Md = \dfrac{1}{n} \sum\limits_{i=1}^{n} |x_i - Me|$

ii) 四分位偏差　　　$Q = \dfrac{1}{2}(Q_3 - Q_1)$

iii) 対数四分位比　　$LQ = \log \dfrac{Q_3}{Q_1}$

これらのうち，最後の対数四分位比は，後で述べるスケール・フリーな指標にもなっています。

ただ，散らばり度については一義的な考え方はないので，一般的に言って，分布の散らばり度を比較したりするときには，複数個の指標を用いた方がいいといえます。

4. スケール・フリーな散らばり度の指標

4.1 スケール・フリーとは

実は分散と標準偏差は，散らばり度の指標としてみたとき

にはある重大な欠陥をもっています。それは、スケール・フリーではないということです。

ある指標がスケール・フリーだというのは、すべてのケースの値を一律に$a(>0)$倍してもその指標の値が変わらない、という性質のことです。たとえば、日本の経済活動は基本的に円で表示されていますが、これを為替レートか購買力平価を用いてドルで表示するとしましょう。1ドル＝120円だとすると、504兆円のGDPは4.2兆ドル、85.2兆円の政府予算は7,100億ドル、そして1,200万円の所得は10万ドルという表示に変わります。この場合でも、成長率、国債依存度、貯蓄率などの指標に変化は生じません。

あるいは、1,200万円の所得のあるAさんと800万円のBさんとの格差が「1.5倍だ」というのも変わりません。

ところが、分散と標準偏差は大きく変わってしまいます。いま、日本人の半分がAさんと同じ所得で残りの半分がBさんと同じ所得だとすれば、個人所得の分散は（3.11）式のようになり、標準偏差はちょうど200（万円）になります。（Nは人口数ですが、Nの大きさには影響されません。）

$$\frac{1}{N}\left(\frac{N}{2}(1200-1000)^2+\frac{N}{2}(800-1000)^2\right)$$
$$=40,000（万円^2） \qquad (3.11)$$

これをドル表示すると、計算式は省略しますが、分散は2.78（万ドル^2）、標準偏差は1.67（万ドル）という値になります。標準偏差が200と1.67とでは数値としてずいぶん違います。この違いを元にして、「円で測った所得格差はドルで

測った所得格差の120倍だ」といったりするのは明らかにおかしいでしょう。なぜなら，もともとの個人所得の格差は何も変わっておらず，単に表示の仕方を変えただけなのですから。

一般的には，$u=ax$ という式で，変数 x の値をすべて a 倍 ($a>0$) してできる変数 u の分散 $s_u{}^2$ と標準偏差 s_u は，(3.12) 式のように，もとのものの a^2 倍ないし，a 倍になっているのです。(ただし，$u=x+b$ の形に変えたとしても ($a=1$)，分散と標準偏差は変わりません。)

$$s_u{}^2 = a^2 s_x{}^2, \quad s_u = a s_x \tag{3.12}$$

したがって，所得分布格差のような不平等度を表す指標としては，分散と標準偏差はまったく役に立たないことが分かります。社会現象を見ていくときには，スケール・フリーな散らばり度の指標が必要です。そのためのさまざまな指標が工夫されていますが，ここで基本的なものを三つ紹介しておきましょう。いずれも，経済学や社会学で，社会の不平等を問題にするときに広く使われているものです。

4.2 スケール・フリーな不平等度の指標

変動係数 最も簡単に計算できる不平等度の指標としてよく使われるのが，(3.13) 式で定義される変動係数で，一般にCV という記号で表されます。標準偏差を平均で割っただけのものですが，スケール・フリーな指標になっています。

$$\mathrm{CV} = \frac{s_x}{\overline{x}} \tag{3.13}$$

対数分散 x のすべてのケース値 x を，$w = \log x$ で対数に変換したものを新たな変数 w とし（ただし，$x > 0$），この w について（3.14）式のように普通の意味での分散を計算したものが，x の対数分散です。

$$x \text{の対数分散} = s_w^2 = \frac{1}{n}\sum_{i=1}^{n}(w_i - \overline{w})^2 \qquad (3.14)$$

ただし，

$w_i = \log x_i$

$\overline{w} = \dfrac{1}{n}\sum_{i=1}^{n} w_i$

対数の性質から，もしも x を a 倍したとすると，w は $w' = \log x + \log a$ に変わりますが，分散は $w' = w + b$ の形の定数項を加えたり引いたりする変換に対しては不変なので，w' の分散は w の分散と同じにとどまります。

ジニ係数 所得などの不平等度の指標として最も代表的なものにジニ係数があります。ジニ係数は，図3.6のローレンツ曲線をもとにして理解するのが一番分かり易いでしょう。この図は所得分布を例にして作っていますが，**ローレンツ曲線というのは，ケースを所得の低い順に並べ直して，ケースの累積比率 q_i と，所得の累積比率 ϕ_i （ファイ）とからなる点 (q_i, ϕ_i) を 1×1 の正方形の中にあてはめて，各ケースの値が位置する点を結んでできる曲線のことです**。このローレンツ曲線は，所得分布が平等に近づけば，(イ)の線のように真ん中の45°の対角線に近づいてきます。逆に，不平等が大きくなると，(ロ)の線のように，右下の方向へ降りてきます。

図3.6 ローレンツ曲線

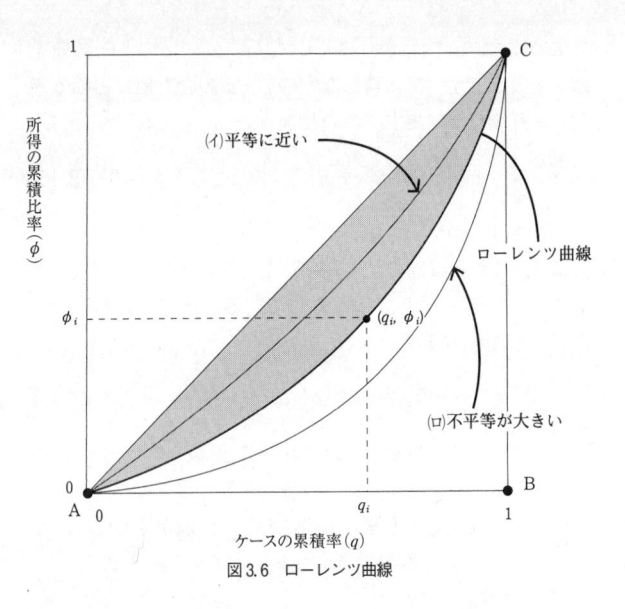

ジニ係数は、三角形 ABC の面積に占める網かけ部分の面積の割合として定義されます。したがって、次のように計算されます。

いま、データが階級値の形で与えられていて、数値の順に $x_1, x_2, x_k, \cdots, x_m$ とします。また、各階級の相対度数を p_k とします。さらに、x の全体の平均値 ($\bar{x}$) を μ（ミュー）の記号で表して、

$$q_k = \frac{1}{\mu} \sum_{j=1}^{k} p_j x_j \tag{3.15}$$

3 分布を読む　075

を求めます。q_k はわかりにくい式ですが,「x のケース値を第 k 階級まですべて累積したものの, x の合計値に占める割合」を意味しています。このとき,

$$G = 1 - \sum_{k=1}^{m} p_k(q_{k-1}+q_k) \quad (ただし, q_0 = 0) \quad (3.16)$$

で計算されるのがジニ係数です。

なお,これとは別のよく知られた計算式として,個人レベルのデータが x_i として与えられているときに用いる,次の (3.17) 式もあります。

$$G = \frac{1}{2\mu n^2} \sum_{i=1}^{n} \sum_{j=1}^{n} |x_i - x_j| \quad (3.17)$$

ここで,x_i と x_j はそれぞれのケース値,μ(ミュー)は x の平均値($=\bar{x}$),n は全サンプル数です。

ジニ係数は,完全平等(すべてのケース値が等しい)のときに 0,完全不平等のときに $1-p_m$ (個人データのときは $1-\frac{1}{n}$) の値をとります。

4 関連を測定する

　前章では、一つの変数の分布のしかたを捉えるいくつかの指標を見てきました。本章では、たとえば、身長の高い人は体重も重いという関係があるか、理系の科目に強い人は文系には弱いという関係があるか、というような問題を考えるための、二つの変数の関連のしかたを測定する指標を説明しましょう。

1. クロス表

1.1 セル・行・列

　質的変数どうしの関連を見るには基本的に**クロス表**（分割表）を使います。表4.1は「性別役割分業意識」を二つの時点で20代から60代までの女性に調査した結果をクロス表にしたものです。

　クロス表の内部の一つひとつの枡を**セル**と呼び、セルの中の数字はそれぞれの値の組合せをとる**度数** frequency を表しています。すべてのケースはどこかのセルに位置づけられています。セルの外側の数字は、**行周辺度数**と**列周辺度数**です。これらは**行和**および**列和**ともいいます。さらに、右下に示されているのが**全体度数**で、ここで用いられている全ケース数に一致します。

表 4.1 性別役割分業意識

調査年	1 そう思う	2 どちらかといえばそう思う	3 どちらかといえばそう思わない	4 そう思わない	計 (行周辺度数)
1985年	501	455	217	274	1447
1995年	426	706	677	1016	2825
計 (列周辺度数)	927	1161	894	1290	4272

「男性は外で働き，女性は家庭を守るべきである」という意見に対する態度。各調査年とも，20〜69歳までの女性回答者。(SSM調査より)

このクロス表から，調査年と性別役割分業意識にどんな関連があるのかをみたいときは，セル度数だけでなくセル・パーセントも必要でしょう。セル・パーセントには，**行パーセント**，**列パーセント**，**全体パーセント**の3種類があり，行パーセントはそれぞれのセル度数を同じ行の周辺度数で割ったパーセント，列パーセントとは同じ列の周辺度数で割ったパーセント，そして全体パーセントは全体度数で割ったパーセントです。表4.2にこれら3種類のセル・パーセントを示しました。

まずaの行パーセントからは，調査年ごとの性別役割分業意識の分布のちがいが分かります。1985年と1995年を比べると分布のしかたが大きく異なっていて，「そう思う」のパーセントが20ポイント近く減少する一方で，「そう思わない」

表 4.2 性別役割分業意識データのパーセント表示

a. 行パーセント

調査年	1. そう思う	2. どちらかといえばそう思う	3. どちらかといえばそう思わない	4. そう思わない	計
1985 年	34.6	31.4	15.0	18.9	100.0
1995 年	15.1	25.0	24.0	36.0	100.0
計	21.7	27.2	20.9	30.2	100.0

b. 列パーセント

	1. そう思う	2. どちらかといえばそう思う	3. どちらかといえばそう思わない	4. そう思わない	計
1985 年	54.0	39.2	24.3	21.2	33.9
1995 年	46.0	60.8	75.7	78.8	66.1

c. 全体パーセント

	1. そう思う	2. どちらかといえばそう思う	3. どちらかといえばそう思わない	4. そう思わない	計
1985 年	11.7	10.7	5.1	6.4	33.9
1995 年	10.0	16.5	15.8	23.8	66.1

が17.1ポイント上昇しています。つまり「男性は外，女性は家庭」という考え方に対して，賛成が大きく減って反対が増えたということで，これは1985年から1995年への10年間に，大きな時代の変化が起こったことを表していると考えていいでしょう。

次に，bの列パーセントからは，たとえば，「そう思う」と「そう思わない」とを比較すると，「そう思う」と答えた人の過半数である54%が1985年の回答者であるのに対して，「そう思わない」と答えた人の大多数は1995年の回答者だということが分かります。

最後にcの全体パーセントは，完全にセル度数と比例していますから，関連を見るという点からは，あまり役に立ちません。

1.2 クロス表の独立

そもそもクロス表において，二つの変数のあいだに関連がある，または関連がないとは，いったいどういうことを言うのでしょうか。ここで，二つの変数のあいだの独立（independent）であるという概念が，きわめて重要な役割を果たします。

「独立」というのは，「関連がない」ということをテクニカルに定義したもので，クロス表に限らず，すべての統計分析にとってきわめて重要なものですが，ここではクロス表における定義を述べておきましょう。

一般的なk行×l列のクロス表を，表4.3のように表しま

表 4.3　クロス表の一般型

		\multicolumn{6}{c}{Y}
		1	2	$\cdots$	j	$\cdots$	l	計
	1	n_{11}	n_{12}	$\cdots$	n_{1j}	$\cdots$	n_{1l}	$n_{1\cdot}$
	2	n_{21}	n_{22}	$\cdots$	n_{2j}	$\cdots$	n_{2l}	$n_{2\cdot}$
X	i	n_{i1}	n_{i2}	$\cdots$	n_{ij}	$\cdots$	n_{il}	$n_{i\cdot}$
	k	n_{k1}	n_{k2}	$\cdots$	n_{kj}	$\cdots$	n_{kl}	$n_{k\cdot}$
	計	$n_{\cdot 1}$	$n_{\cdot 2}$	$\cdots$	$n_{\cdot j}$	$\cdots$	$n_{\cdot l}$	n

す。第 i 行第 j 列のセル度数を n_{ij}，周辺度数を $n_{i\cdot}$ や $n_{\cdot j}$ とし，これらから**セル比率**と**周辺比率**が (4.1) 式のように求まります。（行パーセントや列パーセントとは違います。）

$$\text{セル比率 } p_{ij} = \frac{n_{ij}}{n}, \quad \text{行周辺比率 } p_{i\cdot} = \frac{n_{i\cdot}}{n},$$

$$\text{列周辺比率 } p_{\cdot j} = \frac{n_{\cdot j}}{n} \tag{4.1}$$

このとき，クロス表の独立は，定義 4.1 のように定義されます。

定義 4.1　クロス表の独立

すべての行 i と列 j の組合せについて，

$$p_{ij} = p_{i\cdot} \times p_{\cdot j} \tag{4.2}$$

が成立しているとき，すなわち，セル比率が二つの周辺比率の積になっているとき，変数 X と Y は**独立**である。また，独立であれば (4.2) が成立する。

なぜ，(4.2) 式で独立という概念が定義されるのか，そして，独立という概念にはどういう特別な意味があるかを理解しやすいように，架空の独立なクロス表を表4.4に示しました。

このクロス表は次のような特徴をもっています。まず，それぞれの行におけるセル度数の比がすべて 1:3:6 になっています。したがって，もし行パーセントを求めたら，どの行パーセントの分布も同じです。列についても，セル度数の比がすべて 2:3:5 になっています。

行ごとのセル度数の比がすべて等しく，列ごとのセル度数の比がすべて等しい。このことは，それぞれの行ごと・列ごとで，セル度数の**分布のしかたが同じ**だということです。異

表4.4 独立なクロス表の例

| | | Y | | | | |
		1	2	3	計	度数の比
	1	2	6	12	20	2
X	2	3	9	18	30	3
	3	5	15	30	50	5
	計	10	30	60	100	
度数の比		1 :	3 :	6		

なる行のあいだで分布に違いがなく、異なる列のあいだでも違いがありません。

これが、「独立」ということの意味です。「変数 X の値が異なっても、変数 Y の値の分布が変わらない」、これが、変数 X は変数 Y に関係していないということ、つまり、無関連だということです。逆に、変数 Y のほうからみても、同じことがいえます。

2. クロス表の関連度

「独立」とは、関連がないということです。そうすると実際のクロス表が独立という状態からどの程度へだたっているかという基準を用いて、クロス表の関連の度合いを指標の形で示すことができます。これには、非常に多くの指標が考え出されていて、統計分析ソフトを利用するとたくさんの指標が統計量 statistics として出力されますが、ここにはその一部だけを紹介しましょう。

2.1 2×2表

まず、表4.5および、表4.6のような最も単純な2×2のクロス表についての関連度指標があります。

2×2表の場合、もしも独立であれば $a:b=c:d$ となっていますから、次の (4.3) が成立します。

$$\text{クロス表が独立} \Leftrightarrow ad = bc \tag{4.3}$$

このことをもとにして、いくつかの関連度の指標が考えら

表4.5　一般的な2×2表

a	b
c	d

表4.6　性別役割分業に賛成か反対か

	賛成	反対
1985年	956	491
1995年	1132	1693

表4.1の「そう思う」と「どちらかといえばそう思う」とを合わせて「賛成」に,残りを「反対」に分類したもの。

れています。

ユールの連関係数 Q

$$Q = \frac{ad - bc}{ad + bc}$$

これは分子が $ad-bc$ になっているので,独立なときに必ず0の値をとり,独立でなくなれば,Q の値は0から遠ざかっていって最大で1,最小で -1 になるようになっています。最大の $+1$ の値をとるのは,b か c のどちらかが0のとき,最小の -1 の値をとるのは,逆に,a か d のどちらかが0のときです。

四分点相関係数（ϕ（ファイ）係数）

$$\phi = \frac{ad - bc}{\sqrt{(a+b)(c+d)(a+c)(b+d)}}$$

四分点相関係数の分子はユールの連関係数と同じですが,

分母が違います。このため,最大関連の考え方に違いが生じており,四分点相関係数では,bかcかではなく,bとcがともに0のときに最大値1をとりますが,どちらか一方が0でなければ最大値は1より小さな値になります。なお,2×2表の行と列それぞれの二つの値を0と1として,後で述べる相関係数を計算すると,その値は,このϕ係数に一致します。

対数オッズ比

$$\beta = \log \frac{ad}{bc}$$

「オッズ」とは,「勝つ見込み」のことで,競馬などの賭け率も「オッズ」と呼ばれます。クロス表では,$\frac{a}{b}$や$\frac{c}{d}$のような二つのセル度数の比を「オッズ」と考え,さらに,二つのオッズの比である,

$$\frac{\frac{a}{b}}{\frac{c}{d}} = \frac{ad}{bc}$$

のことを「オッズ比 odds-ratio」と呼んでいます。さらにこの自然対数をとったものが対数オッズ比です。対数オッズ比は独立なときに0,関連が強くなると,プラス方向ないしマイナス方向に0から離れた値をとりますが,残念ながら上限はありません。

なお,表4.6のデータについて以上の三つの指標を計算し

てみますと，$Q=0.489$，$\phi=0.246$，そして$\beta=1.069$になります。

2.2　χ^2値

次に，χ^2値という大変重要な統計量があります。これにはまず，クロス表の**期待度数**という概念について説明しなければなりません。

実際に観測してえられるクロス表が独立の分布を示していることはほとんどありませんが，もしも独立だったとしたらどんな分布になっていただろうか，という仮想の状態を考えることができます。そうすると，仮想的に独立であるときの仮想的なセル度数が与えられるので，それぞれのセルごとに，実際の観測値が独立からどれだけ隔たっているのかが分かります。

この仮想的な独立の分布の周辺度数は，観測値のものと等しいものになります。(これは，ここでは説明しませんが，最尤推定という考えによって理論的にそうなります。)そうすると，クロス表の独立を定義したときの(4.2)式から，独立な分布をしているセル度数F_{ij}が(4.4)式で定義されます。これが期待度数です。

$$F_{ij} \equiv \frac{n_{i\cdot} \times n_{\cdot j}}{n} \tag{4.4}$$

もしも，観測されたクロス表が独立であれば，観測されたセル度数n_{ij}はこの期待度数に一致しますが，ふつうはギャップがあります。このセルごとのギャップの大きさをもとに

して、クロス表全体がどれだけ独立から隔たっているかを指標にしたのが、次の (4.5) 式の **χ^2 統計量**です。

$$\chi^2 \equiv \sum_{i=1}^{k}\sum_{j=1}^{l} \frac{(n_{ij}-F_{ij})^2}{F_{ij}} = n\left(\sum_{i=1}^{k}\sum_{j=1}^{l} \frac{n_{ij}^2}{n_i \cdot n_{\cdot j}} - 1\right) \quad (4.5)$$

χ^2 値は、観測値が独立のときには 0 の値になり、独立から離れれば離れるほど値が大きくなります。最大値は一定ではありません。表 4.6 のデータの場合、$\chi^2 = 258.9$ になります。

χ^2 の値の大きさから関連の度合いを直接みるのは実は困難です。この χ^2 値の重要性は、関連の指標そのものとしてというよりは、むしろ 9 章で説明する独立性の統計的検定で用いられる統計量としてだと考えていいでしょう。

もっとも、χ^2 値がとりうるこの最大値の大きさを考慮して、最大値が 1 になる関連度の指標として、次のクラメールの連関係数があります。

クラメールの連関係数 V

χ^2 値の最大値は $(\min(k,l)-1)n$ となっていますので、このことから、

$$V = \sqrt{\frac{\chi^2}{(\min(k,l)-1)n}}$$

とおけば、$0 \leq V \leq 1$ となって、標本数や行数、列数に左右されない関連度の指標とすることができます。表 4.6 のデータでは、$V = 0.246$ になります。

3. 相関係数

3.1 相関係数の定義

 量的変数の関連の指標については、一般的に相関係数という指標が使われます。ただし、その前に量的変数どうしの関連のしかたを理解するために、**散布図**(scattergram)を描いてみましょう。それぞれのケースの変数xの値をx_iとし、変数yの値をy_iとすれば、各ケースの値はx座標とy座標とからなる平面における点(x_i, y_i)に位置づけられます。これらの点からなるのが散布図です。表4.7の国語と数学の成績についての架空のデータを散布図に描くと図4.1になります。

 関連の大きさや関連のしかたが散布図の形にどう表れるかについて、大まかな関係は図4.2のようになっています。しかし、散布図は指標ではありませんので、関連度を数値で表すことはできません。

 指標として最も重要なのが、相関係数です。**相関係数**(correlation coefficient)は、それぞれの変数の標準偏差s_xおよびs_yと、二つの変数のあいだの関連の度合いを示す**共分散**という指標とから計算されます。共分散s_{xy}は、(4.6)式で与えられます。

$$s_{xy} = \frac{1}{n}\sum_{i=1}^{n}(x_i-\bar{x})(y_i-\bar{y}) = \frac{1}{n}\sum_{i=1}^{n}x_iy_i - \bar{x}\bar{y} \quad (4.6)$$

 真ん中の式の$\sum$の中に注目すると、それぞれのケースにおいてx_iとy_iがともにその平均よりも大きい場合とともに

表 4.7　20人の国語と数学の成績（架空データ）

国語	数学
88	83
78	77
95	71
72	68
96	58
86	67
65	65
83	72
68	62
80	60
78	56
75	54
74	54
70	51
55	50
71	53
64	47
70	44
63	40
60	41

図 4.1　国語と数学の成績の散布図

a. プラスの関連　　b. マイナスの関連　　c. 関連がない

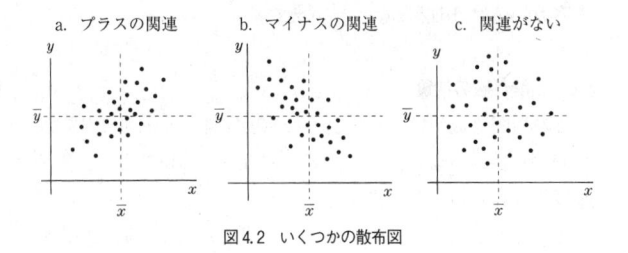

図 4.2　いくつかの散布図

表 4.8 国語と数学の相関係数

	平　均	標準偏差	共分散	相関係数
国　語	74.55	10.84	80.79	0.642
数　学	58.65	11.61		

その平均よりも小さい場合にはプラスになりますが, 一方が平均よりも大きくて他方が平均よりも小さい場合には, マイナスになります。したがって, 図4.2のaのように平均を基準にして x と y とが同一方向にあるようなケースが多いとき, 共分散 s_{xy} はプラスの値になり, 逆に, bのように x と y とが逆方向にあるようなケースが多いときにはマイナスの値をとります。

この共分散を用いて, 相関係数は (4.7) 式によって定義されます。

$$r_{xy} = \frac{s_{xy}}{s_x s_y} \tag{4.7}$$

実際に, 表4.7のデータについて, 相関係数を計算した結果を, 他の統計量とともに, 表4.8に示しておきました。相関係数の値は0.642になっています。

3.2 相関係数の性質

この相関係数には, 次のような重要な性質があります。

(1) 相関係数 r_{xy} は, 最大関連のとき ±1 の値をとり, 無関連のとき 0 の値をとります。

(2) +1の値をとるのは, x と y の間に $y = ax + b (a > 0)$ と

いう一次式で表される関係が存在しているときです。これは，散布図においてケース値 (x_i, y_i) がすべて正の傾きをもった直線の上に並んでいるときになります。そして，相関係数が -1 になるのは，傾きが負の直線の上に並んでいるときです。したがって，相関係数は二つの変数のあいだの**直線的（線型の）関係**の度合いを測定しているのだといえます。

(3) 相関係数 r_{xy} は，不平等度の指標におけるジニ係数などのように，スケール・フリーです。より正確に言えば，各変数の**一次変換**に対して不変です（ただし符号は変わりうる）。すなわち，すべてのデータを，

$u_i = ax_i + b \quad (a \neq 0)$

$w_i = cy_i + d \quad (c \neq 0)$

で変換しても，新しい変数の相関係数 r_{uw} は，もとの相関係数 r_{xy} と基本的に同じで，ただ符号が次のようになっているだけです。

$$r_{uw} = \begin{cases} +r_{xy} & ac > 0 \text{ のとき} \\ -r_{xy} & ac < 0 \text{ のとき} \end{cases}$$

分かりやすい例を使えば，表 4.7 の国語と数学の成績データについて，たとえば，国語の得点を全員 2 倍にし，数学の得点を全員 +10 点ゲタを履かせたとしても，相関係数の値 0.642 というのは変わらないということです。これは，関連を表す指標として大変好ましい性質だといえます。

なお，(4.7) 式の相関係数を，これから述べるさまざまな順位相関の係数と区別するときは，とくに「ピアソンの積率相関係数」と呼びます。

4. 順位相関

順序変数どうしの関連度のことを**順位相関**といい、これにもいくつかの指標があります。順序変数というのは値の大小の順番のみに意味があって、数値の量的な大きさには固定された意味はありません。3章でみたように、そもそも、平均に固定された意味がないのです。そのため、順序変数には、分散や共分散やそれらを用いた相関係数も適用することはできません。

その代わり、ケースの値の順序をもとにして、二つの変数に関連があるかどうかを考えることができます。たとえば、xとyという二つの順序変数について、あるケースの値はxでも10番目だったしyでも10番目だったというのが、順序の一致です。順序が一致しているケースが多ければ多いほど、xとyのあいだの関連は高いと考えることができます。こうした順位相関を測る指標として代表的なのが、次の二つです。

4.1 グッドマンとクラスカルの順序連関係数 γ（ガンマ）

値の大小関係にのみ意味のある二つの順序変数xとyがあるとします。データの中のどの2ケース（ケース番号をかりに1と2とする）についても、xに関する値の大小関係は、「$x_1 < x_2$」「$x_1 = x_2$」「$x_1 > x_2$」の三つのどれかです。yも同様に三つの可能性があります。したがって、ケース1と2のペアについて、xにおける順序とyにおける順序の組合せは、

3×3=9通りの中のどれか一つのタイプになります。この9通りのタイプを次の3種類に大別します。

A：順序の向きが x と y で同一

　　$\{(x_1<x_2$ かつ $y_1<y_2)$ と $(x_1>x_2$ かつ $y_1>y_2)\}$

B：順序の向きが x と y で逆

　　$\{(x_1<x_2$ かつ $y_1>y_2)$ と $(x_1>x_2$ かつ $y_1<y_2)\}$

C：x ないし y もしくは両方で順序が等しい

具体的に，表4.9の二つの性別役割分業意識を変数 x と変数 y とするクロス表のデータで説明しましょう。

表4.9　二つの性別役割分業意識の関連

Y　男性は外で働き……

X 男の子と女の子は違う……	1	2	3	4
1	149	84	48	96
2	76	280	155	145
3	50	174	297	143
4	122	146	160	596

順序の向きが一致しているペア

順序の向きが逆転しているペア

XとYのどちらかで，順序が等しいペア

（網掛けのついたセルは，ペアの順序の向きの3種を例示している。）

X「男の子と女の子は違う育て方をするべきだ」への回答
Y「男性は外で働き，女性は家庭を守るべきだ」への回答

1. そう思う　　2. どちらかといえばそう思う
3. どちらかといえばそう思わない　　4. そう思わない

4　関連を測定する　093

たとえばxとyについて，$(1,1)$の値をとるケースと，$(3,4)$の値をとるケースのペアは，xの値の順序（$1<3$）とyの値の順序（$1<4$）が一致しています。したがってこのペアはAに属します。図では一つずつのセルでしか示していませんが，たとえば$(1,1)$のセルに位置している149個のケースはすべて，そのセルの右下に位置する九つのセルの中に含まれる，どのケースとのペアにおいても，順序が一致しています。

他方，$(2,4)$の値をとるケースと$(4,3)$の値をとるケースのペアは，xの順序とyの順序とが逆転しているので，Bに属します。$(2,4)$のケースにとっては，その左下の六つのセルの中のどのケースとのペアも順序が逆転しています。

2ケースのペアの数は，全部で$n(n-1)/2$個ありますが，そのどれもが，上のAかBかCかのどれかに属していますので，いま，それぞれのペアの個数を，下のように$\#A$，$\#B$，および$\#C$としましょう。

$\#A$：Aに属すペアの数

$\#B$：Bに属すペアの数

$\#C$：Cに属すペアの数

このときグッドマンとクラスカルの順序連関係数γ（ガンマ）は，次の(4.8)式のように定義されます。

$$\gamma = \frac{\#A - \#B}{\#A + \#B} \qquad (4.8)$$

順序の向きが一致しているペアの数と逆転しているペアの数が等しいときに，γは0になり，逆転しているペアの数

$\#B$ が0のときに γ は1,向きが一致しているペアの数が0のときに γ は -1 になります。2×2 表ではこの γ はユールの連関係数 Q に一致します。

ここでは,同順位のペアの数 $\#C$ は使っていません。もちろん同順位のペアのことも考慮に入れた順位相関の指標もありますが,ここでは省略することにします。

> * $\#A$ などの値は,x のカテゴリー数を K,y のカテゴリー数を L とするとき,次のようにして求められます。
> $$\#A = \sum_{i=1}^{K-1}\sum_{j=1}^{L-1} n_{ij} \sum_{k=i+1}^{K}\sum_{l=j+1}^{L} n_{kl}$$
> $$\#B = \sum_{i=1}^{K-1}\sum_{j=2}^{L} n_{ij} \sum_{k=i+1}^{K}\sum_{l=1}^{j-1} n_{kl} \qquad (4.9)$$
> $$\#C = \frac{n(n-1)}{2} - (\#A + \#B)$$

表4.9の二つの性別役割分業意識について,このグッドマンとクラスカルの順序連関係数 γ を求めると,0.382になりました。表からも分かりますが,かなり高い関連があるといえるでしょう。

4.2 スピアマンの順位相関係数 ρ (ロー)

スピアマンの順位相関係数 ρ (ロー)は,ケースを値の順番に並べたときの,1から n までの順番の数字をそのまま量的変数とみなして,次のように通常の意味での相関係数,つまり,ピアソンの積率相関係数 r を計算したものです。

$$\rho = \frac{S_{xy}}{S_x S_y}$$

ただし、この順位相関係数ρは、二つの変数ともに同順位のものがまったくないか、もしくは同順位のものには順位の平均値を与えるかしなければ計算することができません。順位の平均値とは、たとえば、5番目の値をとるケースが2ケースあったときには、この二つのケースに5.5（＝(5+6)/2）という数値を与えるということです。したがって、これは表4.9の行や列の番号である1,2,3,4の数値をそのまま量的なものとみなして普通の相関係数を計算したものではありませんので、注意して下さい。

順序変数の中でも、値のきざみ方が細かく、同順位のものが少ないときはスピアマンのρで、そして同順位のものが多いときはグッドマンとクラスカルのγを用いるのがいいでしょう。

なお、スピアマンの順位相関係数ρには、別の計算法として(4.10)式がありますが、今日では、統計分析ソフトが計算してくれますからこの式を使うことはあまりありません。

$$\rho = 1 - \frac{6 \sum_{i=1}^{n}(x_i - y_i)^2}{n(n^2 - 1)} \tag{4.10}$$

これに限らず、本章で紹介した関連の度合いを表す指標のほとんどは、統計分析ソフトで簡単に計算できます。したがって、それぞれの定義式そのものを正確に覚えていなければ困るというものではありません。ただ重要なことは、それぞ

れの指標が測定しようとしている「関連」とはどういうものか，そして，関連がないとき（つまり独立であるとき）の値や最大値はどうなっているかを理解して使うことです。

5 データはどう収集されるか

 統計学の授業やテキストでは、データを集める方法についての話は省略されることが少なくありません。つまり、あたかも正しいデータがすでに集められて手元にあるという前提で、分析の方法だけを解説する傾向があります。

 しかし統計学というのは、それぞれの学問や実務的な探求の目的のためにあるものです。データ分析の手法をそれぞれの学問や実務的な目的に応じて活用するためには、分析しようとする具体的なデータがもつ性質や入手方法、収集されたときの条件、そして制約の種類などのことを、あらかじめ知っておく必要があります。さもなければ、データを統計的に分析して出てきた結果から何を読みとることができるのかということや、そもそもどのような分析手法を適用したらいいのかということが判断できないのです。

1. 母集団と標本

1.1 真の値とデータの値

 統計データは、多くのケースの値の集合です。なぜ、多くのケースを集めるのでしょうか。それは、値の分布を知るためです。分布の特性は、比率や平均や分散、あるいは χ^2 値や相関係数など、さまざまな統計量に現れます。分布は複数の

データに関するものですから、それは**集団の特性**だといえます。

集団の特性を知るために、私たちは統計データを集めて分析します。観測された統計データそのものについてその分布のしかたを分析することを、**記述統計学**といいます。

それに対して、私たちが知りたいと思っている最終目標が、観測されたデータそのものではなくて、観測されたデータの背後にあると想定されるメカニズムや思念の構造であることがあります。このようなときは、観測された統計的データとその分析とは、その背後にあるものを知るための手段になります。このようなとき、データの統計的分析から背後にあるものについて考えるための方法を**推測統計学**といいます。

データの集め方という問題を考えるためには、「いいデータの収集のしかた」という観念が必要で、その際かならず推測統計学的な問題の構図が関係してきます。なぜなら、データの集め方がいいということは、より良く集められたデータから何かを知ろうということだからです。その「何か」はデータそのものではありえません。「よいデータの集め方」という観念は、データを通じて、データそのものとは異なる何かを知りたい、という構図を前提にしています。

したがって、データの集め方を問題にするときは、常に、知りたいと思っている**真の値**と、入手できている**観測されたデータの値**という対比が存在します。そして、真の値が含まれている集団を**母集団**、観測されたデータが含まれている集

団を**標本**といいます。

たとえば純粋な物理量である、ある個人の体重を測定する場合でも、図5.1のように、真の値 θ（シータ）と、測定された値 x との間には**測定誤差**の ε（イプシロン）が介在しています。ましてや、たとえば「真の学力」という概念と「学力テストの成績として観測された学力」との間にギャップがあると考えるのは、きわめて自然なことです。

真の値と観測されたデータとのあいだの誤差という問題は、統計的データを分析するときだけでなく、データを収集する際にも常に考慮しておかなければならないことですが、この誤差 ε がどのように生じてくると考えるのか、あるいは誤差 ε にどんな性質があると考えるのかは、学問分野や研究対象にしている現象によっていろいろと異なっています。そ

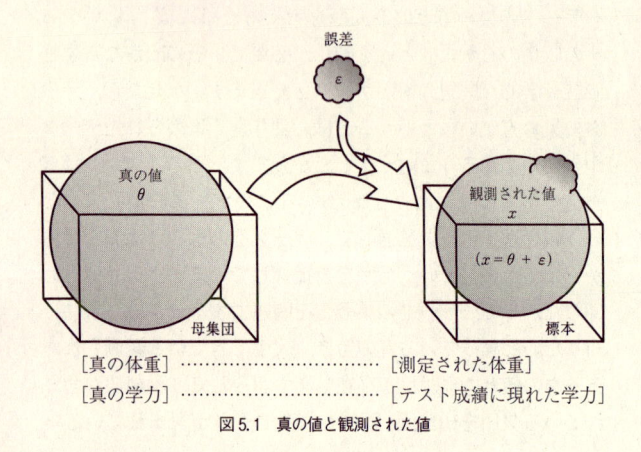

誤差
ε

真の値
θ

観測された値
x

$(x = \theta + \varepsilon)$

母集団

標本

［真の体重］ ……………………………… ［測定された体重］
［真の学力］ ……………………………… ［テスト成績に現れた学力］

図5.1 真の値と観測された値

れは大きく分けて、次の三つがあるといえるでしょう。

(1) 単純な測定誤差。これは、先ほど体重測定の例がありましたが、もっと複雑な装置を使った物理化学的な測定を含む、すべてのデータ収集において必ず多少の測定誤差が存在します。

(2) 現象そのものに潜む確率現象から生じるもの。たとえば、あるサイコロで「1」の目が出る真の確率を知るために1万回投げたとします。そのときでも、実際の1万回に出現した「1」の比率は、「真の値」と一致しているとは限りません。

(3) 集団全体の分布と集団の一部の分布とのちがい。たとえば日本人の成人男性の「平均身長」を測定するとします。「平均身長」ですから、日本人の成人男性の身長をすべて正しく測定したときのその平均値が真の値です。ここで、実際にすべての個人を測定するのは無理なので、何百人あるいは何千人かの人々だけを測定します。これが標本です。そして、この標本のデータについて身長の平均値が求められます。ところがもし、この標本に若い人が多く含まれていたら、多分実際の平均身長よりも高めの標本の平均身長がえられることでしょう。このように、標本の平均値は、日本人の成人男性の真の平均身長と一致しているとは限りません。

1.2 無作為抽出か否か

統計データの集め方の違いとしてもっとも重要なのは、データを集めるときに、(1)無作為抽出という原則にしたがわなければならないか、それとも、(2)必ずしも従わなくてもいい

か，という違いです。

(1) 無作為抽出にしたがわなければならない場合

　無作為抽出にしたがわなければならない例の代表として，世論調査があります。内閣支持率や政党支持率，あるいは，選挙前の投票予定についての調査においては，無作為抽出という原則がきわめて重要です。

　世論調査で知りたいことは，全国の有権者が全体として政治的な事柄に対してどのような意見を持っているかということです。たとえば，全国の有権者のうちの何パーセントが現在の内閣を支持しているかを知るために，内閣支持率の調査が行われます。この比率の値を知るために，世論調査ではふつう全国から3,000人くらいを対象にして調査をし，だいたいその7,8割くらい，多くてせいぜい2,400人くらいの人から回答をえることができます。これが標本です。この標本の中で内閣を支持すると答えた人の割合をもって，内閣支持率はこうであったと発表されるのです。たとえば，2,400人の標本のうち，ちょうど1,200人が「支持する」と答えたとしたら，「内閣支持率は50%である」ということになります。

　しかし，全国の有権者全体を考えると，人々の年齢や地域などによって内閣を支持する傾向は同じではありません。このようなとき，標本をどうやって選ぶかはきわめて大きな問題になります。全国の有権者は現在では1億人を超えていますが，それに対して標本はたったの2,400人しかないのです。もし，この2,400人を大都市圏だけから選んだとすれば，

標本での内閣支持率は全国の有権者全体のそれとは大きく異なってしまう危険性があります。この危険を避けるための工夫が**無作為抽出**と呼ばれる方法で、それは標本を全国の有権者の中から選んでくるときに、「有権者のある一人が標本の中に選ばれる確率が、すべての有権者にとって等しくなっているような選び方」のことです。

無作為抽出は英語でランダム・サンプリングというので、ランダムという言葉から何となく「でたらめに選ぶことだ」という印象を持つ人がいますが、「でたらめ」という言い方は正しくありません。でたらめに選ぶのではなくて**等しい確率で選ぶ**。これが基本です。そのため無作為抽出のことを、別の言葉では**確率抽出**（probability sampling）ともいいます。そして、確率を等しくするために、抽出のしかたにおいてはきわめて人為的な設計のもとで周到な計画が練られることになります。これは、でたらめに出会った人に調査をするというたぐいのものとはまるっきり正反対のものです。

(2) 無作為抽出にしたがわなくてもいい場合

無作為でなくてもよい場合の例として、考古学の年代測定における炭素14元素分析法をあげることができます。考古学の出土品の中から、食べ物として蓄えられていたと見られる、炭化して黒くなってしまったドングリやお米などが見つかったとします。そのとき、炭素14元素分析法では、そのうちのどれか一つの標本を分析すればいいのです。もしもある程度の大きさの木片が出土したとすれば、そのどこか一部だ

けを切り取って分析にかければ十分です。木片のさまざまな部分からなるべく均等に散らばるように無作為に切り取ってくる必要はありません。

世論調査と炭素14元素分析法との違いは、図5.2のように、真の値と観測されたデータとのあいだのギャップである誤差εの分布のしかたに関わっています。すなわち、もしも誤差の生じかたを規定しているメカニズムが**すべての標本で基本的に等しい**と想定でき、どこから標本をとってきても誤差の現れ方にはランダムな違いがあるだけで傾向的な違いはないと考えられるのであれば、標本を無作為に抽出する必要はありません。それに対して、誤差を規定しているメカニズムが、**どの標本が選ばれるかによって変わってくる**と考えられるときは、無作為抽出が必要になってくるのです。

世論調査の場合、有権者の年齢や地域によって内閣支持の

世論調査

標本1
$x_1 = \theta + \varepsilon_1$

高支持の人々

低支持の人々

標本2
$x_2 = \theta + \varepsilon_2$

有権者全体

炭素14元素分析法

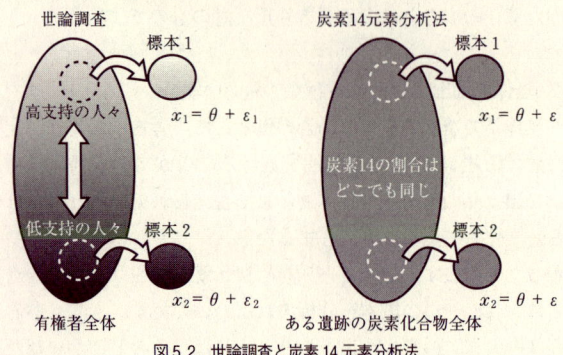

標本1
$x_1 = \theta + \varepsilon$

炭素14の割合はどこでも同じ

標本2
$x_2 = \theta + \varepsilon$

ある遺跡の炭素化合物全体

図5.2　世論調査と炭素14元素分析法

傾向が異なるため,偏った標本を選ぶと標本1では有権者全体より高い内閣支持率がえられてしまうし,標本2では低い結果が出る。それが誤差 ε_1 と ε_2 とのちがいです。そうならないようにするためには,無作為抽出で有権者全体の中から偏りがないように標本をとってくるという工夫が不可欠になります。それに対して,遺跡から出土した1個の木片の中の炭素14が占める割合は,どんなに小さな一部分であろうと等しいと考えられるので,無作為抽出の必要はないのです。

物理化学的データの多くは誤差の現れ方が均質だと想定できるので,母集団のどこから標本をとってきても問題は生じません。ニュートリノを測定するのに,スーパー・カミオカンデのある岐阜県の山の中であってもアメリカであっても違いはないし,どのニュートリノも基本的に同一の性質を持っていると想定することができるわけです。生物学的なデータでも,あるウイルスのデータを集めるためにとくに全国からまんべんなく採集する必要はありません。

もっとも,医学的データの中には,個人の性別や年齢などによって違いが生じてきてしまうということも考えられます。同じ薬でも,人によって効き方が違っているかもしれません。そうしたばあいには,被験者をなるべく無作為抽出に近い形で集めてくる必要があります。

2. 要因のコントロール

2.1 実験と調査

　統計的なデータ分析ではしばしば，ある変数の値の分布のしかたに対して他のどんな変数がどのように影響しているのかを明らかにすることが目的になります。

　たとえば，農産物の品種改良などでは，人工的な交配や突然変異によって生じた新しい品種がどういう性質を持つかを調べるために，ほかの異なる品種のものも含めて作物をたくさん栽培してその平均的な性質をデータとして収集しますが，その場合，品種の違いだけではなく土壌や気温や日照時間など，さまざまな要因が個体の生育に対して複雑に関係していると考えられるので，そうした影響をあらかじめコントロールして栽培するということが行われています。

　また医学・薬学の分野では，薬を投与した人と投与しなかった人に分けて，薬剤投与の効果を実験的に調べることがあります。しかしこの場合，効果があることを証明したいと思っている研究者が，比較的症状の軽い人を投与する対象者に選んでしまうと，たとえ投与した人の方が早く回復したとしても，それが薬の効果だったのか，それとも体力がもともとあったからなのか区別がつきません。このようなことを避けるため，薬効試験では，投与される人とされない人とが年齢や性別や体力などの点でなるべく均等になるようにあらかじめ設定されるのが普通です。これは標本を均質化するという点では無作為抽出と共通していますが，無作為抽出が，前も

って何が要因なのか分からないという前提のもとでどの個体も等しい確率で標本に含まれるようにするものであるのに対して、薬効試験では、あらかじめ要因と考えられるものの違いに基づいてケースの集団を分けるけれども、集団の内部からのケースの抽出は無作為ではないという違いがあります。

このように、**実験**によってデータを収集する場合には、ある変数の値の分布のしかたに**影響を与えることがあらかじめ予見される要因によってデータを分けて収集する**ということがよく行われます。影響の受け方が知りたい変数を**目的変数**といい、要因の方を**要因変数**といいます。**実験**の場合には、要因と考えられる変数の値によってあらかじめケースを分けたり、ケースに対する要因の影響のしかたをあらかじめ人為的にコントロールしたりすることが可能なので、そうしたデータ収集の設計がなされるのです。

それに対して、**社会調査**の場合には、このようにあらかじめ要因をコントロールする形でデータを収集することはありません。人間を対象とする調査では、社会の人々の客観的な状態を正しく把握することが第一の目的です。それを、もしも研究者が実験的状況を作ってコントロールしてしまったら、研究しようとする現象そのものが変化してしまいます。それに、実際に実験的にコントロールすることは普通の研究者の力能を超えていますし、仮に可能だとしても道徳的に適切ではないと考えられます。

そのかわり、要因と考えられる変数の影響を調べるためには、一般的に**比較**という方法が用いられます。それは、国や

地域,時点,性別,年齢など,調査を実施する前に,対象者を選ぶ段階で前もって知ることのできる対象者の属性によってケースの集団を分けてデータを収集し,分析の段階で,ある目的変数がそうした属性要因によってどういう影響を受けているのかを検討するものです。

2.2 要因をコントロールしたデータ収集

ここで,要因をコントロールする形でのデータ収集のしかたの原理をまとめておきましょう。

(1) 目的変数に対する要因として**一つの変数**しか考えられないときや,それだけに注目するとき,要因とデータの関係は図5.3のような構図になっています。たとえば,ある薬が効くのか効かないのかだけに注目して,ほかの要因のことは考えなくてもいいと思われるときは,薬を投与したグループと投与しないグループとに分けてデータを収集すれば十分で

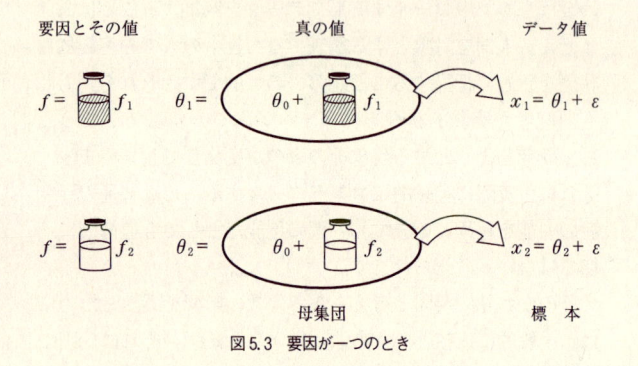

要因とその値　　　　　真の値　　　　　　　　データ値

$f = f_1$　　　$\theta_1 = \theta_0 + f_1$　　　　$x_1 = \theta_1 + \varepsilon$

$f = f_2$　　　$\theta_2 = \theta_0 + f_2$　　　　$x_2 = \theta_2 + \varepsilon$

母集団　　　　　　　標 本

図5.3 要因が一つのとき

す．標本において，投与したグループの値 x_1 の分布と投与しないグループの値 x_2 の分布とに何らかの違いが観測されたとしたら，その違いはあらかじめコントロールした要因である f_1 と f_2 の違いによると推定することができます．

(2) しかし多くの場合，要因のコントロールが必要なのは，考えるべき**要因が 2 個以上あるとき**です．図 5.3 では，要因を 1 個しか考えていませんでしたが，もしかしたらもう一つ別の要因が隠れているということがあるかもしれません．たとえば，もしも症状の軽い人と重い人とで薬の効き方が違う場合，この要因を g で表しますと，図 5.3 の誤差 ε が，実は (5.1) 式のように本当の誤差である ε' と，隠れた要因である g とからなっているという可能性があります．それは，下の図 5.4 のような構図になります．

$$\varepsilon = \varepsilon' + g \tag{5.1}$$

ただしこのようなときでも，(a) もしもこの新しい要因 g が

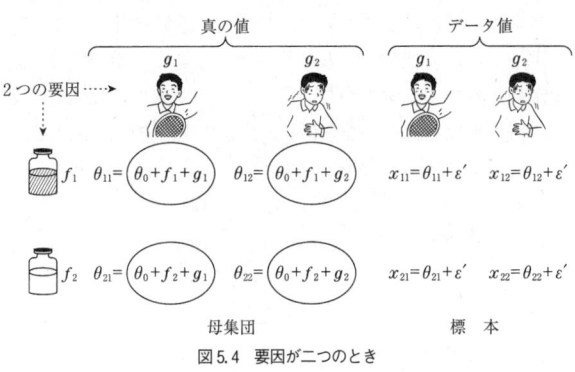

図 5.4 要因が二つのとき

表5.1 二つの要因の配置のしかた

a. 要因が独立に分布している場合

	g_1	g_2	計
f_1	36	24	60
f_2	24	16	40

b. 要因が独立に分布していない場合

	g_1	g_2	計
f_1	36	24	60
f_2	16	24	40

第一の要因 f と関連していないのであれば,たとえ要因 g があったとしても,それをコントロールしなくてもデータの分析には特に問題は生じません。それは,変数 f と変数 g とのあいだで被験者のケースが表5.1のaのクロス表のように**独立に分布**しており,かつ,要因 g は要因 f の影響を受けていないという場合です。なぜなら g_1 の値をとるケースと g_2 の値をとるケースの分布が f_1 と f_2 とで等しいので,要因 g の影響は f_1 のグループと f_2 のグループとに対して等しいものになるからです。

しかし,(b)そうではなく,表5.1のbのように,薬を投与したグループには症状の軽い人が多く,逆に投与しなかったグループには症状の重い人が多いというような場合には,問題が起こります。すなわち,この二つの変数での被験者のクロス表が独立ではないならば,誤差 ε の現れ方は,(5.2)式のように,f_1 のグループと f_2 のグループとで違ってきてしまいます。

$$f_1 \text{のグループ} \quad \varepsilon = \varepsilon' + 0.6 g_1 + 0.4 g_2$$
$$f_2 \text{のグループ} \quad \varepsilon = \varepsilon' + 0.4 g_1 + 0.6 g_2 \quad (5.2)$$

したがって,もしもこのことに気づかないでデータを取って分析した場合,本当の薬の効果 f の影響はないのにもかか

わらず，隠れている第二の要因である g の影響によって，観測されたデータ値である x_1 と x_2 とには違いが出るということが起こり，その原因を誤って薬の効果 f に帰着させてしまうということが生じます。

このような危険が考えられる場合には，考えられるもう一つの要因 g と調べようとする要因 f の二つで被験者をあらかじめグループ分けしてデータを収集しなければなりません。

3. 全数調査

3.1 全数調査

母集団には，大きく分けて有限母集団と無限母集団とがあります。有限個の個体からなっている集団内のそれら個体の値の分布を知ることが目標である場合，その集団が**有限母集団**になります。経済学や政治学や社会学などで扱う統計的データのほとんどが，ある特定の社会と特定の時点における個人や世帯や企業などを個体とする有限母集団になっています。

それに対して，データの背後にある現象の数が原理的に無限個ないしほとんど無限個に近いと想定できるときに前提されるのが**無限母集団**になります。たとえば，手元にある1個のサイコロが，はたして正確な正六面体であるのかどうかを調べたいとき，実際にそのサイコロを1万回振ってみて，目の出る比率や出方のパターンが本当にランダムになっている

かどうかをチェックすることができますが、そのとき前提におかれているのは無限母集団です。なぜなら、1個のサイコロの目の出方というのは、原理的に無限回の現象からなっていると考えられるからです。あるいは、宇宙に存在するすべてのニュートリノの数は、無限個ではないかも知れませんが、ほとんど無限個に近いと考えることができます。

さてここで、有限母集団を想定したときのデータの収集のしかたにおいて生じる、**全数（悉皆）調査**か**標本調査**かという問題について考えることにしましょう。全数調査というのは文字通り、母集団に含まれている個体のすべてを調査するということです。これは、有限母集団でなければ不可能です。

たとえば、ニュートリノの性質を調べるのに、ニュートリノを全数調査するということはありません。大体が不可能なことです。あるいは、薬の効き目を調べるのに、日本全国のすべての患者について実験してみるということもほとんどありません。患者の数は有限なのだから、全数調査が可能なのではないかと思うかもしれませんが、実は、ここでは「薬が効く」という現象は、サイコロの目の場合のように潜在的に無限個の現象からなっていると考えられているのです。

人間を扱う研究の中でも、心理学や社会心理学ではしばしば無限母集団を想定しています。たとえば刺激Xと反応Yとの関係は、無限個の現象からなっていると想定されるのです。人間の数は有限であっても、刺激と反応のメカニズムは潜在的に無限個の現象からなっていると想定できるのであれ

ば，この研究は無限母集団についての研究になります。

3.2 全数調査か標本調査か

有限母集団の場合，データの集め方は(1)全数調査，(2)無作為抽出による標本調査，そして(3)必ずしも無作為ではない標本調査，の三つがあります。

このうち，第三の必ずしも無作為ではない標本調査が，データ収集のしかたとして適切なものであるためには，かなり厳しい条件があります。それは，すでに図5.2を用いて述べたように，母集団の中のどこからどのように抽出した個体であっても，調べようとする個体の性質が基本的に均等に分布していると想定できる，ということです。社会的なデータの多くは，このような条件を満たしているとは考えられません。

母集団の中の**個体の分布が偏っている**と考えられるときには，データの収集は全数調査かもしくは無作為抽出による標本調査でなければなりません。ここで，データを集めるときに，全数調査を行うべきかそれとも標本調査を行うべきかという問題について考えなければなりませんが，これについて社会調査を念頭に置きながら説明しましょう。

まず，全数調査と標本調査のそれぞれの特性は次のようになっています。

(1) 誤差という観点からみれば，完全な全数調査には個体レベルでの**測定誤差**しか存在しませんが，標本調査には測定誤差だけではなく，8章で説明する**標本誤差**も存在します。

その上，もしも無作為抽出にしたがっていないときには**偏り**による**誤差**も発生します。

(2) 標本調査を無作為抽出で行うためには，一般に，何らかの全数調査に基づく**抽出台帳**と呼ばれる個体のリストが必要です。

(3) 他方，完全な全数調査を実施するためには，社会調査であれ何であれ，多くの場合に厖大な費用がかかります。

日本の官庁統計の中では，国勢調査，農林業センサス，漁業センサス，工業センサスなど，一般に「センサス」という名で呼ばれるいくつかの調査が全数調査を行っています。これらは，5年や10年といった間隔で実施されるもので，基本的な資料という意味と同時に，他の多くの標本統計の標本を抽出するための抽出台帳という役割も担っています。なお，「賃金センサス」と呼ばれる官庁統計もありますが，これは標本調査であって，全数調査ではありません。

もしも費用の問題さえなければ全数調査の方がいいことは間違いないように思われますが，ここはもう少し丁寧に考えなければなりません。というのも測定誤差の問題は決して小さくないからです。全数調査の誤差，とくに全数の社会調査における個人や世帯のような個体レベルでの測定誤差というのは，たとえば，年齢を誤って答えるとか，世帯員を誤って記録するとか，そもそもある個人を見落としてしまって調査しなかった，というような誤差のことです。図5.5に示したように，それぞれの個体について，「真の値」と「観測データの値」とのギャップの可能性が常に存在しています。社会的

母集団　　　　　　　　　　　観測データ

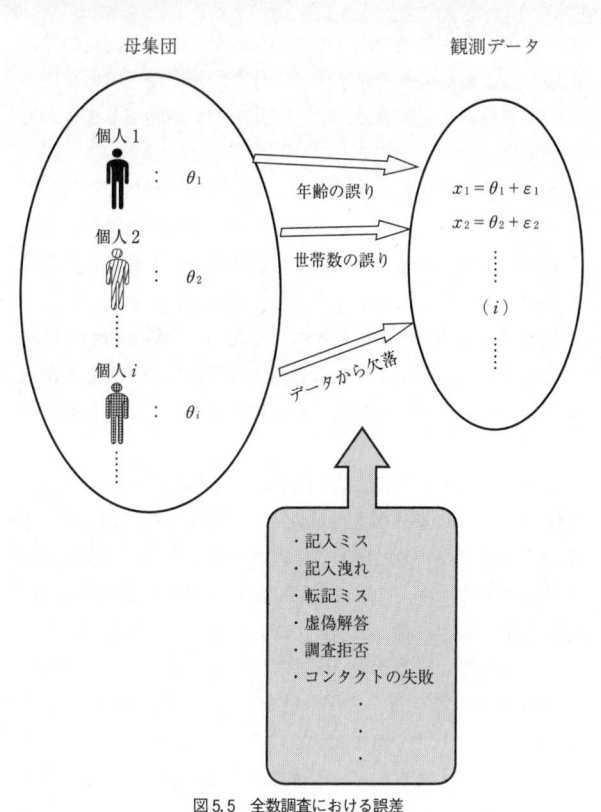

個人1 : θ_1

年齢の誤り　　　　$x_1 = \theta_1 + \varepsilon_1$

世帯数の誤り　　　$x_2 = \theta_2 + \varepsilon_2$

個人2 : θ_2

(i)

個人i : θ_i

データから欠落

・記入ミス
・記入洩れ
・転記ミス
・虚偽解答
・調査拒否
・コンタクトの失敗
・
・
・

図5.5　全数調査における誤差

データの場合，調査のやり方そのものがこうした測定誤差に影響することも考えられます。十分な研修を受けていない大量の調査員による調査は，測定誤差を増大させてしまうかもしれません。

さらに実際的にも，一つの国や地方の個人や集団に対して全数調査を行うことができるのは，政府や地方自治体に限られます。というのも，本当に全数調査を行うためには，調査を拒否したり避けたりする人を最小限に抑えると同時に，そこで欠落するデータを何らかの形で埋める作業を行わなければなりません。そのようなことは，民間企業や研究者ではなく，法律的な裏付けを持っている政府でなければ不可能だからです。

ときどき，「市の行政に対する市民の意見を知るためには，2000人くらいの標本調査ではなくて，成人年齢に達しているすべての市民を対象に調査しなければならない」と思っている人がありますが，これは正しくありません。測定誤差の問題はすでに述べた通りですが，さらに**回収率**の問題があります。中途半端な全数調査，とくに限られた費用しかないので郵送調査で実査を行うような場合には，回収率が20%とか30%くらいにしかなりません。これは，名目的には全数調査でありながら，実質的には無作為でもない偏った標本調査になってしまっていることを意味しています。なぜなら，調査に応じてくれた人と応じてくれなかった人とでは，意見の分布そのものにも大きな違いがあることが十分に予想されるからです。したがって，中途半端な全数調査よりは，よく管理

された標本調査の方がはるかにいいデータ収集の方法であるといえます。

とはいうものの、社会的データにおいて全数調査の意義がゼロになることはありません。前述のように、国勢調査を始めとしていくつかの基本的な官庁統計は全数調査が維持されています。「センサス」以外にも、「人口動態統計」も実質的に全数調査です。

今日では、プライバシーの問題などの理由で、国勢調査などで調査されることをいやがる人が増えていて、全数調査が大変困難になってきています。そのため、一部には、国勢調査も全数調査ではなく、標本調査でもいいのではないかという意見があります。たぶん、一部の調査項目を標本調査に回すことは可能でしょう。しかし、全数調査をすべて廃止することは適切ではないと思われます。なぜなら、標本調査を行うためには、必ずどこかで全数調査に基づく抽出台帳が作られていなければならないからです。

6 確率で考える

1. 確率とは何か

確率とは何でしょうか。これが案外と難しい問題なのです。たとえば、私たちはよく「君がAという大学に合格する確率は60%だ」というような言い方をします。このときの確率とは何を意味しているのでしょうか。以下、三つの考え方を検討してみましょう。

(1) 確率を**比率**として理解するもの。今の例では、「合格の確率が60%だ」とは、すなわち、「君がAという大学を100回受けたとすればそのうち60回は合格するだろう」ということだと理解するものです。しかし、実際には「100回受ける」というようなことは起こりません。そんなことは不可能です。したがって、「100回受けたうちの60回で合格する」というような現象は実際には存在しません。誰かがAという大学を受験するのは、ふつう1年に1回だけです。さまざまなAO入試があったり、翌年も翌々年も受験する機会がありますが、それは同一の入試だとはいえませんから、同一の受験が100回起こるということはありえません。1回だけしか起こらない現象についての「確率」を、比率の考え方で理解するのは困難です。そして、1回の受験では「合格」か「不合格」かのどちらかが起こるのであって、「60%の確率で合

格する」ということが現実に起こるわけではありません。

(2) 確率を基本的に主観的なものだとみなす考え方によるもの。これは**主観確率**と呼ばれています。これによると,「60% の合格確率」とは,「私が主観的に 60% だと思っている」という私の主観的な推測の度合いを表現したものになります。主観的なものだと考えることによって,実際に起こることとのギャップの問題はなくなります。「60% だ」というのは,実際に起こることは合格か不合格かのどちらかなのだが,合格する可能性の方が不合格になる可能性よりもやや高いと私は主観的に思っている。そのことを,「60%」という言い方で表現しているということになります。この主観確率という考え方は,社会工学的な意志決定の理論などできわめて重要な役割を果たしていますが,確率理論そのものとしてはやはり問題が起こります。たとえば,考古学における炭素 14 による年代測定の場合,1 個の炭素 14 が崩壊する確率が私たちの主観的なものだと考えてしまうと,過去の出来事の年代が私たちの主観によって決まっていることになってしまいます。主観確率の概念には実用的な意義がありますが,それは確率という言葉のやや特殊な使い方だと考えた方がいいでしょう。

(3) 主観と客観とのギャップに焦点を当てて理解したもの。これは,フランスの有名な物理学者であり数学者でもあったラプラス (1749〜1827) という人の考え方です。ラプラスは確率論に大きな業績を残した人で,確率について比較的一般向けに書かれた本が『確率の哲学的試論』として岩波文庫に

翻訳されていますが，その中で次のようなことを言っています。すなわち，確率は私たちが知らないことと私たちが知っていることとに関わっている。ある範囲の事象が起こることは知っているけれども，その中のどの事象が起こるかは知らないとしよう。たとえばサイコロを投げるとき，1から6までの目のどれかが出ることは知っているけれども，どの目が出るかは知らない。このとき，私たちは六つある可能性のうち，どれか一つがほかのものよりも大きな可能性を持っていると信じる理由は何もない。そうであれば，私たちは**六つの可能性にすべて等しい大きさを割りあてる**しかない。したがって，すべての目に確率 $\frac{1}{6}$ を推定する。これが確率というものの最も基底にあるものだということです。

このラプラスの考え方は，世界が本当は決定論的に決まっているということを前提にしています。本当は，サイコロを投げたときにどの目が出るかは物理的な法則で決まっている。ただ，私たちはその法則を知らないだけだ。何がどのような割合で起こるかをまったく知らないときは，起こりうるすべての事象が等しく起こりうると考えるしかない。このように，どれが起こるか分からないという私たちの**無知**をもとにして，**同等に確からしい事象**，すなわち等しい確率をもった事象というものを考える。そして，そうした事象の組合せとしてそのほかのさまざまな事象の確率を考えていく。これがラプラスの考えです。

この考え方にも一つの大きな問題があります。それは，私たちの知識が変化すると確率の大きさも変わってきてしまう

ということです。ラプラスによれば、私たちがサイコロの目を支配している物理法則を知らないからこそ、すべての目が$\frac{1}{6}$の確率をもつとされるのですが、もしも私たちがその物理法則を知ることができれば、確率は$\frac{1}{6}$ずつではなくなってしまうかもしれませんし、そもそも確率という考え方自体があてはまらなくなってきてしまうかもしれないのです。

　ほかにも、確率をめぐってはいろいろな考えが出されてきましたが、決着はついていません。確率とは何かという問題は、実は現在でも解明されていない問題なのです。それにもかかわらず、確率論という学問は非常に高度に発達していて、今日さまざまな分野で重要な役割を果たしています。確率とは何かについての合意がなくても確率論が成立しているという事実のなかに、「確率とは何か」を考える重要なヒントがあるといえるでしょう。

　私は、先ほどの3種類の考え方にはある共通の問題が潜んでいると考えています。それは、確率という概念を、実在する世界の中に起こる現実の出来事の何らかの性質として考えようとしているということです。たとえば、「合格確率が60％だ」というときの確率は、「合格する」という出来事の何らかの実体的な性質でなければならないと考えたわけです。このとき、比率というのは「実際に100回受験して60回合格した」というような実際に起こっている事実のことですから、まさにそうした実体的な性質になります。主観確率の考え方も、出来事そのものの性質としてではないものの、出来事についての私たちの主観的な推測という現実に存在するも

のに基づいて考えようとしています。ラプラスの場合も，何がどのような割合で起こるかについて，私たちがまったく知らないという実体的な現象，つまり，無知という現象によって確率を理解しようとしています。

しかし，確率をこのように実体的な性質として考える必要はないでしょう。それは，数学一般がそうであるように，実体的なものから切り離された抽象的で理念的なものだと考えればいいのです。たとえば，数学の中には「無限」という概念がありますが，無限を実体的に考えることは困難です。どこまでいっても限りのないことという概念は，私たちの頭の中で作りだすことはできますが，頭の外の物的な世界にあるかどうかは分かりません。これと同じ意味で，確率を何か現実に存在している出来事の性質として無理に考えなくても，何も困ることはありません。

現在の確率論は，一般に公理論的確率論として展開されています。公理論的というのは，ある基本的な構造を公理という前提として設定し，その前提を出発点としてさまざまな定理を数学的に導き出していくというやり方です。ここでは，確率とは何かについての実体的な考え方が何であるかはとりあえず括弧にくくられますし，括弧でくくっていいのです。

2. 確率の定義

2.1 確率の定義のしかた

確率の定義を述べるためにまず，いくつかの基本的概念を

説明することから始めましょう。

まず、**事象**という概念を使います。サイコロの例で言えば、「1の目が出る」とか「奇数の目が出る」というような一つひとつの出来事が事象です。あるいは、1枚のコインを投げるとき、「表が出る」とか「裏が出る」というのも事象です。確率的に生起する事象を**確率事象**と呼びます。

次に、この事象は数学的な「集合」として表されると考えます。たとえば、「奇数の目が出る」という事象は、{1,3,5}という集合で表されます。

事象を集合だと考えると、いろいろな数学的操作が可能になります。たとえば、「1の目が出る」という事象をA={1}、「3の目が出る」という事象をB={3}で表しますと、「1または3の目が出る」という事象は、**和集合**A∪B={1,3}と表すことができます。あるいは、「奇数の目が出る」という事象をC={1,3,5}とし、「3以下の目が出る」という事象をD={1,2,3}とすれば、「奇数の目が出てかつ3以下の目が出る」という事象は、**積集合**C∩D={1,3}という集合になります。

一般的に、二つの事象AとBとの和集合A∪Bは、「事象Aもしくは事象Bが起こる」という事象に対応していますし、AとBの積集合（共通部分）A∩Bは「事象Aが起こりかつ事象Bが起こる」という事象に対応しています。

次に、「すべての起こりうる事象の和集合」を**全事象**Ω（オメガ）とします。たとえば、サイコロの目の全事象は{1,2,3,4,5,6}という集合になります。これは言い換えれば、「1から6までのどれかの目が出る」という事象のことです。（全事象

とは「どれかの事象が起こる」という意味であって、「すべての事象が起こる」という意味ではありませんので注意してください。）そうすると、すべての事象Aは、集合としては全事象Ωの一部もしくは全部として含まれることになります。つまり、A⊆Ωです。

さらに、「絶対起こりえない事象」を意味する**空事象**ないし**空集合**φ（ファイ）も考察の対象に加えておきます。たとえば、サイコロで「偶数であってかつ奇数の目が出る」というような事象は起こりえません。これが空事象です。なお、数学的には、空事象φは「すべての事象」に含まれる（φ⊆A）とみなされます。

さて、以上のように、事象を集合として表現することができれば、確率という概念は、それぞれの事象が起こりうる確からしさの度合いを0から1までの数字で表現したものです。つまり、それぞれの事象Aには、確率の大きさを表す0から1までの何らかの数字が対応しており、それを$P(A)$という関数で表します。ただし、この関数が確率を表すためには、いくつかの条件があります。たとえば、全事象Ωの確率は1でなければなりません。また、絶対に起こりえない事象であるφの確率は0になります。

このようにして、確率は次の定義6.1で数学的に定義されます。

定義6.1 確率

全事象Ωの中の任意の部分集合（＝事象）に対して、次

の規則に従って0から1までの間のある実数値を与える関数Pの値を「**確率**」と呼ぶ。

(1) $P(\Omega)=1$。
(2) 任意の部分集合Aについて，$P(A) \geq 0$。
(3) もし$A \cap B = \phi$（空集合）ならば，$P(A \cup B) = P(A) + P(B)$。（このような事象AとBは**互いに排反**であるという。）

定義中の三つの規則のうち(3)について少し説明しておきましょう。実はこれが確率という概念の本質的な部分を表しているのです。たとえば，サイコロの目で，「2の目が出る」という事象$\left(\text{確率}\frac{1}{6}\right)$と「奇数の目が出る」という事象$\left(\text{確率}\frac{1}{2}\right)$とは，決して同時には起こることがありません。こういう事象のペアのことを互いに**排反**であるといいます。このとき，「2の目が出るかもしくは奇数の目が出る」という事象の確率は，$\frac{2}{3}\left(=\frac{1}{6}+\frac{1}{2}\right)$でなければならないということです。

この(3)の規則を使うと，どんな事象の確率も必ず1以下にならなければならないことが，定理6.1のようにして示せます。

*定理6.1　任意の事象Aについて，
$$P(A) \leq 1 \tag{6.1}$$
証明　全事象Ωの中にあって，Aの排反事象の最大のものをBとする。すなわち，

$$A \cap B = \phi, \text{ かつ} \atop A \cup B = \Omega \Bigr\} \qquad (6.2)$$

定義6.1の(1)と(3)より,

$$P(\Omega) = P(A \cup B) = P(A) + P(B) = 1 \qquad (6.3)$$

よって　　$1 - P(A) = P(B)$

ここで, 定義6.1の(2)より,

$$1 - P(A) = P(B) \geq 0 \qquad (6.4)$$

よって,

$P(A) \leq 1$ 　　　　　証明終わり。

この証明において, 定義6.1に述べられていた三つの規則がすべて利用されていることに注意して下さい。じつは, この三つの規則があれば, これから述べるさまざまな確率の定理や性質をすべて導き出すことができるのです。これが, この三つの規則がしばしば「公理」とも呼ばれる理由です。

＊ほとんど自明ですが, これらの公理から導かれる基本的な二つの定理を示しておきます。

定理6.2　　$P(\phi) = 0.$ 　　　　　(6.5)

証明　$\Omega \cup \phi = \Omega$ であり, かつ $\Omega \cap \phi = \phi$ だから, 定義6.1の(1)と(3)より,

$$P(\Omega) = P(\Omega \cup \phi) = P(\Omega) + P(\phi) = 1$$

よって,

$P(\phi) = 0$ 　　　　　証明終わり。

定理6.3　任意の事象 A と B について,

$$P(A \cup B) = P(A) + P(B) - P(A \cap B) \qquad (6.6)$$

証明　集合 A∪B を, A だけの部分 A_0, B だけの部分 B_0,

の規則に従って0から1までの間のある実数値を与える関数Pの値を「**確率**」と呼ぶ。

(1) $P(\Omega)=1$。
(2) 任意の部分集合Aについて，$P(\mathrm{A})\geqq 0$。
(3) もし$\mathrm{A}\cap\mathrm{B}=\phi$（空集合）ならば，$P(\mathrm{A}\cup\mathrm{B})=P(\mathrm{A})+P(\mathrm{B})$。（このような事象AとBは**互いに排反**であるという。）

定義中の三つの規則のうち(3)について少し説明しておきましょう。実はこれが確率という概念の本質的な部分を表しているのです。たとえば，サイコロの目で，「2の目が出る」という事象$\left(確率\dfrac{1}{6}\right)$と「奇数の目が出る」という事象$\left(確率\dfrac{1}{2}\right)$とは，決して同時には起こることがありません。こういう事象のペアのことを互いに**排反**であるといいます。このとき，「2の目が出るかもしくは奇数の目が出る」という事象の確率は，$\dfrac{2}{3}\left(=\dfrac{1}{6}+\dfrac{1}{2}\right)$でなければならないということです。

この(3)の規則を使うと，どんな事象の確率も必ず1以下にならなければならないことが，定理6.1のようにして示せます。

＊**定理 6.1** 任意の事象Aについて，
$$P(\mathrm{A}) \leq 1 \tag{6.1}$$
証明 全事象Ωの中にあって，Aの排反事象の最大のものをBとする。すなわち，

$$A \cap B = \phi,\ \text{かつ} \atop A \cup B = \Omega \Bigg\} \qquad (6.2)$$

定義6.1の(1)と(3)より，

$$P(\Omega) = P(A \cup B) = P(A) + P(B) = 1 \qquad (6.3)$$

よって　　$1 - P(A) = P(B)$

ここで，定義6.1の(2)より，

$$1 - P(A) = P(B) \geqq 0 \qquad (6.4)$$

よって，

$$P(A) \leqq 1 \qquad \text{証明終わり。}$$

この証明において，定義6.1に述べられていた三つの規則がすべて利用されていることに注意して下さい。じつは，この三つの規則があれば，これから述べるさまざまな確率の定理や性質をすべて導き出すことができるのです。これが，この三つの規則がしばしば「公理」とも呼ばれる理由です。

＊ほとんど自明ですが，これらの公理から導かれる基本的な二つの定理を示しておきます。

定理6.2　　$P(\phi) = 0.$ 　　(6.5)

証明　$\Omega \cup \phi = \Omega$ であり，かつ $\Omega \cap \phi = \phi$ だから，定義6.1の(1)と(3)より，

$$P(\Omega) = P(\Omega \cup \phi) = P(\Omega) + P(\phi) = 1$$

よって，

$$P(\phi) = 0 \qquad \text{証明終わり。}$$

定理6.3　任意の事象AとBについて，

$$P(A \cup B) = P(A) + P(B) - P(A \cap B) \qquad (6.6)$$

証明　集合 $A \cup B$ を，Aだけの部分 A_0，Bだけの部分 B_0，

そしてC=A∩Bの部分の三つに分ける。すなわち，A∪B=A₀∪B₀∪Cであり，かつ A₀, B₀, およびCはお互いに共通部分を持たない。またA=A₀∪C, B=B₀∪Cとなっている。

よって，
$$P(A) = P(A_0)+P(C) \text{ かつ}$$
$$P(B) = P(B_0)+P(C)$$
(6.7)

すなわち，
$$P(A_0) = P(A)-P(C) \text{ かつ}$$
$$P(B_0) = P(B)-P(C)$$
(6.8)

規則(3)より，
$$P(A_0\cup B_0\cup C) = P(A_0)+P(B_0)+P(C) \quad (6.9)$$

この左辺は$P(A\cup B)$に等しいから，よって，(6.7) と (6.8) より，
$$P(A\cup B) = P(A)-P(C)+P(B)$$
$$-P(C)+P(C)$$
$$= P(A)+P(B)-P(A\cap B)$$

証明終わり。

2.2 確率というモデル

もしも，全事象Ωが，$\Omega=\bigcup_i E_i$（E_iのすべての和集合がΩに等しい）であって，かつ任意の異なるi,jについて$E_i\cap E_j=\phi$（E_iとE_jとは互いに排反）であるような部分集合$E_1, E_2, \cdots$に分割され，しかも，すべての事象がこれらの集合の何らかの和集合で表されるとき，これらの$E_1, E_2, \cdots$を**要素事象**といいます。たとえばサイコロの目の場合には，

$E_1=\{1\}$, $E_2=\{2\}$, …などが要素事象になります。

　要素事象がはっきりしている場合，どんな事象の確率も，その事象に含まれている要素事象の確率の和になるので，確率の計算が大変分かりやすくなります。たとえば，サイコロで「奇数の目が出る」という事象は$\{1,3,5\}$ですからそれぞれ確率$\frac{1}{6}$の三つの要素事象の和になり，したがって奇数の目の確率は$\frac{1}{2}$になります。

　これは誰でも知っていることですが，しかし，なぜ私たちは「奇数の目が出る確率が$\frac{1}{2}$だ」と知っているのでしょうか。実際に投げてみたらそうなったからですか？　いいえ，そうではありません。実際に投げてみても，奇数の目が出る場合の割合がちょうど$\frac{1}{2}$になるのは非常に稀なことです。

　真実はこうです。第一に，私たちはサイコロのそれぞれの目の出る確率がすべて等しく$\frac{1}{6}$ずつであると**仮定**している。そして第二に，私たちはそれぞれの目が出るのは互いに排反的な事象であることと，奇数の目が出るという事象は1か3か5の目のどれかが出ることに等しいこととを知っている。そして第三に，確率という現象は定義6.1にのべた規制にしたがうべきものだと考えている，ということです。

　ここでもう一つ疑問が生じます。そもそも，サイコロを投げたとき，それぞれの目の出る確率がすべて**等しく$\frac{1}{6}$ずつ**になるということは，一体どこから決まってきたことなのでしょうか。これも，実際に投げてみて$\frac{1}{6}$ずつであったということに理由を求めることはできません。なぜなら，現実にあるサイコロは，たとえ何万回と投げたとしても，ちょうど$\frac{1}{6}$

ずつになることはまずないからです。$\frac{1}{6}$ という確率の値は，理想的なサイコロについての仮定です。私たちは，実際にそのようなサイコロを見たわけではありません。それは私たちが頭の中で考え出したものです。同じように，コインを投げて表の出る確率がちょうど $\frac{1}{2}$ だというのも，宝くじにあたる確率がすべての宝くじ券で等しい，というのも仮定です。

　確率というのは，実際に起こっている現象，あるいは起こるであろうと予想される現象について，それがどういう起こり方をするのかを考えたときの，一つのモデルなのです。モデルというのは，現象を理解するときのある枠組みのことです。つまり，サイコロの目やコインや宝くじについて，私たちは確率というモデルを用いて考えているということです。モデルですから，ほかの考え方があっても構いません。宝くじは確率で決まっているのではなくて，どこかの超能力者の念力で決まっていると考えることもできます。逆に，受験は努力ではなくて確率だと考えることもできます。確率で考えるのが適切かどうかは，必ずしも前もって決まっていることではなく，実際にそれで現象がよりよく理解できるかどうかで判断されることです。

3. 独立

　ここで，確率論の非常に重要な「独立」という概念について説明しましょう。まず独立の定義は次のようになっています。

定義 6.2　事象の独立

事象 A と B について，その結合事象の確率がそれぞれの確率の積になっているとき，すなわち，

$$P(A \cap B) = P(A) \times P(B) \tag{6.10}$$

が成立しているとき，A と B とは**独立**であるという。

たとえば，サイコロの目で，事象 A＝「奇数の目が出る」，事象 B＝「2 以下の目が出る」とします。すると，A∩B の結合事象は，「1 の目が出る」という事象になります。このとき，$P(A) \times P(B) = P(A \cap B)$ が成立します $\left(\frac{1}{2} \times \frac{1}{3} = \frac{1}{6} \right)$。したがって，定義によって，「奇数の目が出る」という事象と，「2 以下の目が出る」という事象とは独立だということが分かります。

この独立の概念の意味を理解するためには，次の図 6.1 と条件付き確率の概念を考えるのがいいでしょう。

条件付き確率とは，たとえば，A「奇数の目が出る」という事象が起こるという条件のもとで，B「2 以下の目が出る」ということが起こるという事象の確率のことです。事象 A＝{1, 3, 5} ですが，A が起こるとは，「1 か 3 か 5 のいずれかの目が出る」ということです。この事象の下で，事象 B＝{1, 2} が起こるということは，A∩B＝{1} が起こるということです。このとき，事象 A を条件としたときの事象 B の条件付き確率は，いわば A＝{1, 3, 5} の中での A∩B＝{1} の割合，つまり $\frac{1}{3}$ だということになります。これは，あたかも事象 A を新しく全事象のように考えて，この中だけを全体とした

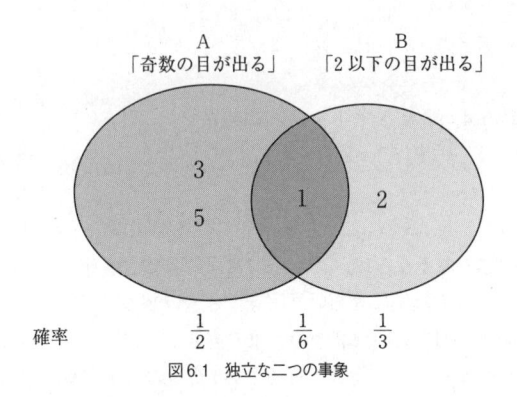

A 「奇数の目が出る」　　B 「2以下の目が出る」

　　　3　　1　　2
　　　5

確率　　$\dfrac{1}{2}$　　$\dfrac{1}{6}$　　$\dfrac{1}{3}$

図6.1　独立な二つの事象

ときに事象Bに該当するものが起こる確率ということです。

一般的には，条件付き確率は定義6.3のように定式化されます。

定義6.3　条件付き確率

事象Aを条件とする事象Bの**条件付き確率 $P(B|A)$** は，つぎの式で定義される。（ただし $P(A) \neq 0$ とする。）

$$P(B|A) \equiv \frac{P(B \cap A)}{P(A)} \tag{6.11}$$

条件付き確率もやはり確率です。そして，定義6.1の確率の基本的性質をすべて満たします。

さて，このように条件付き確率を定義すると，実は，事象Aと事象Bとが独立であるときには，条件付き確率ともと

6　確率で考える　131

の確率とのあいだに,次のような式が成立します。

定理 6.4 事象 A と事象 B とが独立であるとき
$$P(B|A) = P(B). \tag{6.12}$$

この定理は次のことを意味しています。事象 B が事象 A と**独立であるならば**, B の A に対する条件付き確率は,もともとの B の確率に等しい。実際,さきほどの「奇数の目」と「2 以下の目」という 2 つの事象の場合,「2 以下の目」のもともとの確率は $\frac{1}{3}$ でした。そして,「奇数の目が出る」を条件としたときの条件付き確率も,やはり $\frac{1}{3}$ でした。**条件付き確率が,もとの確率と変わらない**。これが,二つの事象が独立だということの重要な意味です。

ところで,これは前に聞いたことがある,という感じはないでしょうか。そうです,4 章の**クロス表の独立**と実はまったく同じことです。

ここで,サイコロの目について,クロス表のような表し方を表 6.1 のようにすることができます。

ただ,一つだけ微妙な違いがあることには注意して下さい。それは,クロス表の独立はあくまで観測されたデータの比率に関するものであって,確率ではないということです。それ以外の点では,確率の独立とクロス表の独立とは同じ構造を意味していると考えて下さい。

表6.1 サイコロの目における独立な二つの事象 A, B とその確率
(網かけ部分が $A \cap B$)

	B：2以下の目	$\overline{B}$：3以上の目	周辺確率
A：奇数の目	{1}, $\frac{1}{6}$	{3} {5}, $\frac{2}{6}$	$\frac{3}{6}$
$\overline{A}$：偶数の目	{2}, $\frac{1}{6}$	{4} {6}, $\frac{2}{6}$	$\frac{3}{6}$
周辺確率	$\frac{2}{6}$	$\frac{4}{6}$	

7 確率変数とその分布

1. 確率変数

1.1 統計的データと確率

　確率は出来事がおこる起こり方についての一つのモデルで、出来事をとらえるための一つの枠組みを表しています。

　統計学で確率の考え方が重要な役割をはたすのは、統計的データを確率を用いて分析したり解釈したりすることが、私たちが世界を理解する上で大変役立っているからです。では、統計的データは、どのようにして確率と結びついているのでしょうか。

　分かりやすい例としては、現象として観測された比率を確率の枠組みで理解するということが挙げられます。たとえば打率3割のバッターと1割のバッターのうち、ピンチヒッターとして起用されるのはまず3割バッターの方ですが、それは3割と1割というそれまでのシーズン中の打撃成績データから、次の打席でヒットを打つ確率が高いのは3割バッターの方だと考えられるからです。つまり、次の打席でヒットを打つかどうかの未来の出来事は、(a)確率的な事象であり、(b)その確率の大きさは過去の打率という統計データと関係していると、私たちは考えているのです。

　しかし、なぜ、過去の統計的データで観測された比率の値

が，次の打席でヒットを打つ確率に関係していると考えることができるのでしょうか。たとえば，シーズン最初の打席でホームランを打ったバッターがいたら，「このバッターは10割の確率でホームランを打つ」と考えるでしょうか。そんなことはしません。これはただ単にたまたまそうなっただけだと考えます。

私たちは，データの数が少ないときの「比率」の値には，偶然の要素が大きいのに対して，データの数が多いときには比率の大きさは背後にある確率の大きさに近くなっていると考えているのです。

ここには，いわゆる確率論の重要な定理の一つである「**大数の法則**」が関係しています。この法則（本当は定理）は，ある出来事が確率事象であるならば，その出来事が出現する比率は，データの数がたくさんあればあるほどその背後にある確率の本当の大きさに近づいていくということを意味しています。

このように，もしも出来事が確率的であるならば，その確率の大きさは大数の法則によって，観測しうる「比率」の大きさに反映されているはずだというのが，統計的データと確率論とが結びつく一つの代表例です。そうした役割を果たす定理として，一番重要なのが，統計的データを正規分布に関係づけてくれる中心極限定理という定理です。本章は，この正規分布の概念と中心極限定理を説明することに主眼をおきます。

1.2 確率変数の概念

統計的データの比率や平均などに対応して、確率事象に関しても確率だけでなく平均や分散の概念が必要です。そのためには確率変数という概念を用いますが、それは次のように定義されます。

定義 7.1 確率変数の定義 ある実数値をとる変数 X があって、それがある値をとること、あるいはある範囲の値をとることが確率事象であるとき、X を「確率変数」と呼ぶ。

たとえば、サイコロを投げたときに出現する目の値や、トランプ・カードの中から1枚をランダムに選んだときのカードの数字、あるいは、ある1個の炭素14の原子が崩壊するまでの時間などが確率変数です。さらには、宝くじの当選番号も確率変数です。そして、確率変数 X が x の値をとる確率を (7.1) 式のように関数の形で現したものを「密度関数」と

コラム 大数の法則の実験

大数の法則を実験的に確かめてみましょう。いま、1から5までの数字をランダムに n 回引いたとき、「1」が出た回数の比率を p_n とします。次ページの図 7.1 は、この試行を100回行ったときの各10回ごとの比率と、全体の回数における比率 p_n とをグラフにしたものです。10回ごとでは変動が大きいのに対して、p_n のほうは理論的な確率である 0.2 に何となく近づいているように見えます。

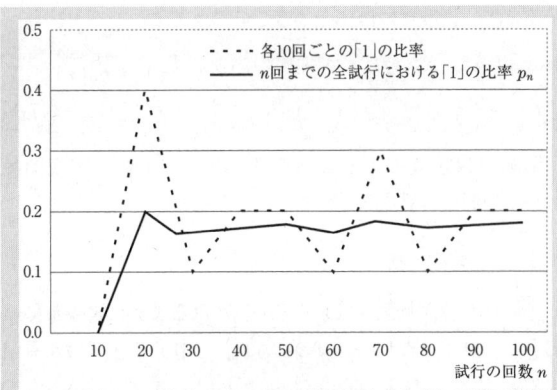

図 7.1 「1」から「5」までがランダムに出現するときの「1」の比率の推移

さらに，n 回の試行で出た数字の平均を S_n として，グラフにしたものが図 7.2 です。これは，本章の最後に述べる中心極限定理に関する実験になっています。

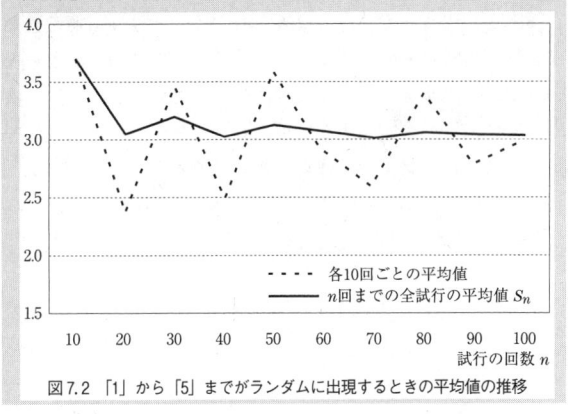

図 7.2 「1」から「5」までがランダムに出現するときの平均値の推移

呼びます。密度とは確率の大きさのことです。

「Xがxの値をとる確率」$= P(X=x) = p_X(x)$
(7.1)

確率変数Xがとりうる値のすべてについて、密度関数$p_X(x)$の値を合計すると必ず1になります。

$$\sum_{i=1}^{\infty} p_X(x_i) = 1 \tag{7.2}$$

Σの足し算が無限大（∞）まで行われるように書かれていますが、コインやサイコロのように、とりうる値の数が有限個のmまでしかないときは、$i>m$であれば$p_X(x_i)=0$です。

1.3 ベルヌーイ分布

確率変数のうちで、最も単純なものは、とりうる値の種類が2個しかないものですが、とくに0と1の2値しかとらないものは、ベルヌーイ分布と呼ばれています。実際には、次のように何らかの確率的な現象にわれわれが0と1の数値を当てはめることによって作られるものです。

$\begin{cases} 表が出る\cdots1 \\ 裏が出る\cdots0 \end{cases}$ $\begin{cases} ヒットを打つ\quad\cdots1 \\ ヒットを打たない\cdots0 \end{cases}$

$\begin{cases} 雨が降る\quad\cdots1 \\ 雨が降らない\cdots0 \end{cases}$

また、一般に1の出る確率の大きさをpのギリシャ文字であるπを使って表します。（このπは円周率ではありません。）

$$\begin{cases} X = 1 \cdots p(1) = \pi \\ X = 0 \cdots p(0) = 1-\pi \end{cases}$$

1.4 平均と分散

確率変数 X の**平均**は，(7.3) 式で定義され，μ_X という記号がよく使われます。

$$X \text{ の平均} = \mu_X = \sum_{i=1}^{\infty} x_i p_X(x_i) \tag{7.3}$$

例 サイコロの目の平均 $= \dfrac{1}{6}(1+2+3+4+5+6) = 3.5$

ベルヌーイ分布の平均 $= 1\times\pi + 0\times(1-\pi) = \pi$

サイコロの目の平均は 3.5 になりますが，これは，実際に 100 回サイコロを振って出てきたデータとしての目の統計的な平均ではなく，理論的な意味での平均です。

確率変数 X の**分散**は (7.4) 式で定義され，通常，$\sigma_X{}^2$ で表されます。

$$X \text{ の分散} = \sigma_X{}^2 = \sum_{i=1}^{\infty}(x_i - \mu_X)^2 p_X(x_i) \tag{7.4}$$

例 サイコロの目の分散 $= \sum_{i=1}^{6}(i-3.5)^2 \times \dfrac{1}{6}$

$= \dfrac{1}{6}\{(-2.5)^2 + (-1.5)^2 + (-0.5)^2 + 0.5^2 + 1.5^2 + 2.5^2\}$

$= 2.916\cdots$

ベルヌーイ分布の分散 $= (1-\pi)^2 \times \pi$
$\qquad\qquad\qquad\qquad + (0-\pi)^2 \times (1-\pi)$

$$= (1-\pi)\pi\{(1-\pi)+\pi\}$$
$$= \pi(1-\pi)$$

1.5 期待値

確率変数の期待値という考え方を使うと，平均や分散などを一括して扱うことができます。一般的に確率変数 X の**期待値**（expectation）は $E(X)$ と表し，(7.5) 式で定義されます。

$$X \text{ の期待値}\quad E(X) \equiv \sum_{i=1}^{\infty} x_i p_X(x_i) \tag{7.5}$$

この式は，X の平均を定義した (7.3) 式と同一ですが，X の平均だけでなく，X をもとにして新しく作成される任意の確率変数 $G(X)$ の平均も，$E(G(X))$ として定義することができます。

ここで新しい確率変数 $G(X)$ というのは，たとえば「$G=X+1$」として定義される G が一つの例です。もしも X がサイコロの目だとすれば，「$G=X+1$」という新しい確率変数は「2 から 7」までの 6 個の整数の値をそれぞれ $\dfrac{1}{6}$ ずつの確率でとるような確率変数になります。

あるいは，$G=X^2$ というのも考えられます。そして，確率変数 X がサイコロの目のとき，$G=X^2$ の期待値は，(7.6) 式のように約 15.17 になります。

$$E(G) = E(X^2) = \sum_{i=1}^{\infty} x_i^2 p_X(x_i)$$

$$= \frac{1}{6}(1+4+9+16+25+36)$$

$$= 15.166\cdots \tag{7.6}$$

一般的には，$G(X)$ の期待値は，(7.7) 式で定義されます。

$$E(G(X)) = \sum_{i=1}^{\infty} g(x_i) p_X(x_i) \tag{7.7}$$

(7.7) 式における $\sum$ の中の $g(x_i)$ という関数は，確率変数 X を $G(X)$ で変換するしかたを個々の値 x_i の値にそのまま適用することを表しています。たとえば，$G(X)$ が X^2 の場合には，(7.6) 式のように，$g(x_i) = x_i^2$ になるわけです。

この期待値の概念をつかうと，分散を (7.8a) 式のように新しく定義することができます。(7.8b) 式と (7.8c) 式はそれを書きかえたものです。

期待値を用いた分散の定義

$$\sigma_X^2 \equiv E((X-\mu_X)^2) = \sum_{i=1}^{\infty}(x_i-\mu_X)^2 p_X(x_i) \tag{7.8a}$$

別の表現をすれば，
$$\sigma_X^2 = V(X) = E((X-E(X))^2) \tag{7.8b}$$
$$= E(X^2) - (E(X))^2 = E(X^2) - \mu_X^2$$
$$= \sum_{i=1}^{\infty} x_i^2 p_X(x_i) - \mu_X^2 \tag{7.8c}$$

一般的に，

$\begin{cases} E(X) \text{ は「}X \text{ の平均」という概念で，その値が } \mu_X, \\ V(X) \text{ は「}X \text{ の分散」という概念で，その値が } \sigma_X{}^2, \end{cases}$
という使い分けがなされていると理解して下さい。そしてさらに，期待値 $E(X)$ と分散 $V(X)$ については，次の性質があります。

$$E(aX+b) = aE(X)+b$$
$$V(aX+b) = a^2V(X)$$

なお，確率変数の期待値はもはや確率変数ではなく μ_X や $\sigma_X{}^2$ のように，何らかの数値になります。

2. 二項分布

2.1 二項分布とその密度関数

統計的分析にとってまず重要なのが二項分布という確率分布です。たとえば，2人の子供を持つ家族を一つ日本国内から無作為に抽出したときに，女の子の数 X は0か1か2のどれかですが，その値の分布は，表7.1の右端のようになり

表7.1 2人の子供のうち女の子の数

	性別のパターン				
	1人目	2人目	出現確率	女の子の数(X)	x の確率
ケース1	0	0	1/4	$x=0$	1/4
ケース2	0	1	1/4 $\Big\}$ 1/2	$x=1$	1/2
ケース3	1	0	1/4		
ケース4	1	1	1/4	$x=2$	1/4

ます。これが二項分布の例です。

ほかにも、たとえば(a)子供の数が3人の場合に女の子が1人いる確率はいくらか、(b)コインを5回投げたときに5回とも表が出る確率はいくらか、(c)ヒットを打つ確率が3割だと考えられるバッターが、1試合4回の打席で3本以上のヒットを打って猛打賞を取る確率はいくらかなど、さまざまな確率の問題を二項分布として考えることができます。

二項分布は、形式的には、あるベルヌーイ分布をする確率変数の確率現象がn回独立に起こったとき、このn回の中で「1」の値が出現する回数Xの分布として定義されます。一つひとつのベルヌーイ分布は、確率πで「1」の値をとり、$1-\pi$で「0」の値をとります。一回一回が独立であれば、n回のすべてが「1」である確率はπ^nになり、これは「$X=n$」の確率です。また、n回すべてが「0」である確率は$(1-\pi)^n$で、これは「$X=0$」の確率です。n回のうち、1回だけ「1」が起こる確率は、$n \times \pi(1-\pi)^{n-1}$になります。

このようにして、二項分布の定義とその密度関数は、次のようになります。

二項分布の一般式

> 1回ごとにおいては確率πで「1」が現れるベルヌーイ分布の確率現象があるとする。この現象が独立にn回繰り返されたとき（それぞれを試行という）に、「1」が現れる回数である確率変数Xの分布のしかたを**二項分布**

> という。二項分布の密度関数は次の通り。
> $$p_X(x) = P(X=x) = {}_nC_x \pi^x (1-\pi)^{n-x}$$
> $$(x=0,\cdots,n) \tag{7.9}$$

＊この (7.9) 式の右辺は二つの部分からなっていますが，まず後の方の $\pi^x(1-\pi)^{n-x}$ は，「「1」が x 回起こるときの，ある一つのパターンの出現確率」を表しています。n 回の一組の試行の結果は，0 と 1 の数字が n 個並んだパターンで表されます。この中で，x 回において「1」が現れ，残りの $n-x$ 回で「0」が現れている一つのパターンが出現する確率は，どの回で 1 が現れ，どの回で 0 が現れるかに関係なく，図 7.3 で示しているように，各回において「1」が現れる確率 π を x 回掛けたものと，「0」が現れる確率 $(1-\pi)$ を $n-x$ 回掛けたものの積になります。

$\underline{0110\cdots 101\cdots 01}$
全部で n 個。
うち，1 が x 個，0 が $(n-x)$ 個

⇩

このパターンが現れる確率
= (1 が x 回出る確率)×(0 が $n-x$ 回出る確率)
= $\pi^x(1-\pi)^{n-x}$ (7.10)

図 7.3　n 回のうち x 回で「1」が現れる一つのパターン

次に，前半の ${}_nC_x$ という記号は，図 7.4 に示したように，「x 回で「1」が現れ，$n-x$ 回で「0」が現れる，というパターンのすべての場合の数」を表しており，(7.11) 式で計算されるものです。

${}_nC_x$ の記号と (7.11) 式は，高校数学の順列・組合せのと

ころで出てきて、一般的に、「n個の異なるものの中から、x個を取り出す場合の数」を求める式とその記号です。たとえば、4回の打席でちょうど3回だけヒットを打つというパターンの数は、

$$_4C_3 = \frac{4!}{3!1!} = \frac{1\times 2\times 3\times 4}{(1\times 2\times 3)\times 1} = 4$$

となって、全部で4通りあることが分かります。

図7.4のそれぞれのパターンは、相互に排反的でありかつ、それぞれのパターンの確率はすべて等しく (7.10) 式になっていますから、「「1」がx回現れる」という事象の確率は、(7.10) 式の確率を$_nC_x$倍したものになり、それが (7.9) 式なのです。

1がx回現れる
すべてのパターン
- $\underbrace{11\cdots 110}_{x\text{個}}\underbrace{\cdots\cdots 0}_{n-x\text{個}}$
- $11\cdots 1010\cdots\cdots 0$
- $11\cdots 1001\cdots\cdots 0$
- ……… ………
- $\underbrace{00\cdots 011}_{n-x\text{個}}\underbrace{\cdots\cdots 1}_{x\text{個}}$

⇩

これらのパターンの数

$$= {}_nC_x = \frac{n!}{x!(n-x)!} \qquad (7.11)$$

(!は「階乗 factorial」を表す。$n! \equiv 1\times 2\times \cdots \times n$。ただし、$0! \equiv 1$。)

図7.4 n回のうち、x回で「1」が現れるすべてのパターンの数

この二項分布の密度関数のグラフの例は図7.5のようにな

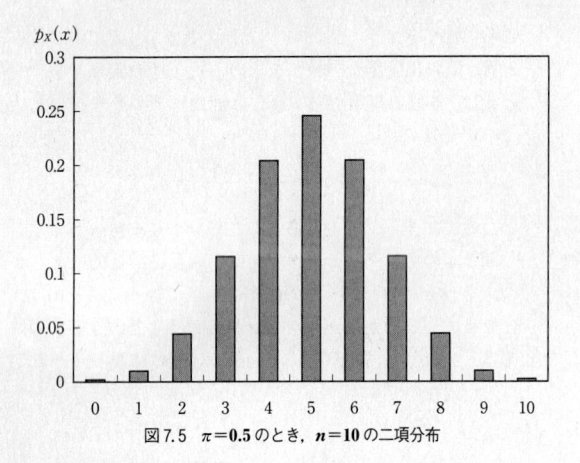

図7.5 $\pi=0.5$ のとき,$n=10$ の二項分布

っています。

二項分布の平均と分散は,(7.9) 式をそれぞれの定義式における $p_X(x_i)$ に代入して(途中計算は省略),(7.12) 式のように求まります。

二項分布の平均と分散

$$
\begin{aligned}
&\text{平均}\, \mu = n\pi \\
&\text{分散}\, \sigma^2 = n\pi(1-\pi)
\end{aligned}
\tag{7.12}
$$

2.2 二つ以上の確率変数の和と平均

ところで,二項分布をする確率変数は,ベルヌーイ分布の和になっています。つまり,1回ごとのベルヌーイ分布をす

る確率変数を $Y_1, Y_2, \cdots, Y_n$ とすれば,二項分布の確率変数 X は,(7.13)式で定義されます。

$$X = Y_1+Y_2+\cdots+Y_n \tag{7.13}$$

ここで,独立に同一の分布に従う確率変数の和の分布について,説明しておきましょう。

二つの確率変数 X と Y の**結合密度関数**を,

$p_{XY}(x,y) \equiv P(X=x \text{ かつ } Y=y)$

とします。$p_{XY}(x,y)$ は,X が x の値をとり,かつ Y が y の値をとるということが同時に起こる確率のことです。そうすると,前章で定義した確率の独立の概念を用いて,確率変数の独立が次のように定義されます。

定義 7.2 確率変数の独立

確率変数 X と Y に次の関係が成立しているとき,そしてそのときにのみ,X と Y は**独立**であるという。すなわち,すべてのとりうる値 x と y について,

$p_{XY}(x,y) = p_X(x) \times p_Y(y)$

たとえば,二つのサイコロ X と Y を同時に投げたとき,ともに 1 の目が出るという事象が起こる確率は,

$$p_{XY}(1,1) = p_X(1) \times p_Y(1) = \frac{1}{6} \times \frac{1}{6} = \frac{1}{36}$$

になります。

独立かどうかに関係なく,二つの確率変数 X と Y があるとき,その和である $W=X+Y$ も新しく一つの確率変数に

表7.2 二つのサイコロの目の和の分布

$p_W(1)$ の値	(x,y) の値の組
$p_W(1)=0$	なし
$p_W(2)=1/36$	$(1,1)$
$p_W(3)=2/36$	$(1,2)$ と $(2,1)$
$p_W(4)=3/36$	$(1,3)$, $(2,2)$ および $(3,1)$
…………………………	

なり,次のような密度関数 $p_W(w)$ をとります。

$p_W(w) = P(W=w)$
　　　　$=$「$x+y=w$ となるすべての x と y の値の組についての $p_{XY}(x,y)$ の和」

たとえば,X と Y が二つのサイコロの目であるとき,$W=X+Y$ とすれば,密度関数 $p_W(w)$ は表7.2のようになっています。

ここでは,二つのサイコロが独立だと前提しています。もしも独立でなければ,W の密度関数はもっと複雑になります。

X と Y の和の確率変数 W についても,密度関数 $p_W(w)$ を用いて期待値が定義でき,その平均と分散も定義できます。そして,X と Y が**独立**であれば,

$E(W) = E(X+Y) = \mu_X + \mu_Y$

$V(W) = V(X+Y) = \sigma_X^2 + \sigma_Y^2$

となっています。

(7.12) 式の二項分布の平均と分散がそれぞれベルヌーイ分布の平均 π と分散 $\pi(1-\pi)$ の n 倍になっているのは,上

式の一つの例になっています。

さてここで，再び二項分布に戻って，二項分布をする確率変数 X を試行の回数 n で割った（7.14）式の $\overline{Y}_n$ について考えてみましょう。

$$\overline{Y}_n = \frac{1}{n}(Y_1+Y_2+\cdots+Y_n) = \frac{X}{n} \tag{7.14}$$

$\overline{Y}_n$ は，Y_1 から Y_n までの平均になります。ここでいう「平均」というのは「期待値という意味での平均」ではなく，単に合計して割ったという意味での平均で，それ自体が一つの確率変数になっています。この $\overline{Y}_n$ は X を n で割っただけですから，とりうる値が $\frac{x}{n}$ $(x=0,\cdots,n)$ に変わっただけで，密度関数は（7.9）と基本的に同じです。そして，$\overline{Y}_n$ について期待値の意味での平均と分散は（7.15）式のようになります。

$\overline{Y}_n$（n 個の独立で同一なベルヌーイ分布確率変数の平均）の平均と分散

> 個々のベルヌーイ分布が $E(Y_i)=\pi$ であるとき，
> $$E(\overline{Y}_n) = \pi$$
> $$V(\overline{Y}_n) = \frac{\pi(1-\pi)}{n} \tag{7.15}$$

もとの個々のベルヌーイ分布の期待値の意味での平均と分散と比べると，平均は同じで，分散は $\frac{1}{n}$ になっています。したがって，n が大きくなるにしたがって，分散は次第に小さ

7 確率変数とその分布　149

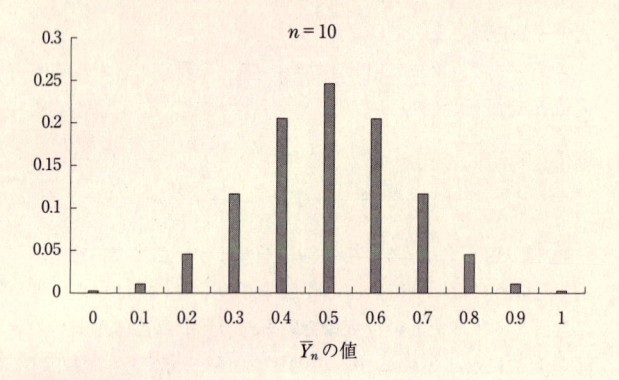

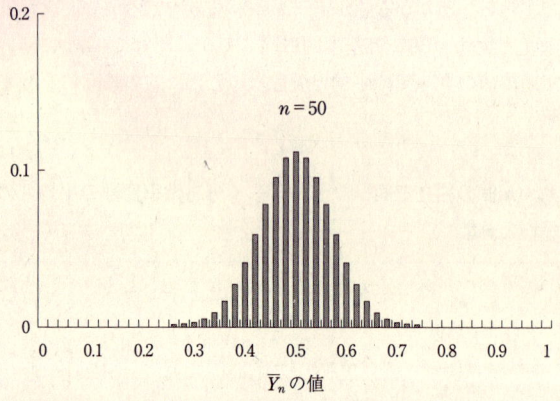

図7.6 $\pi = 0.5$ のとき，n 個のベルヌーイ分布の平均 $\overline{Y}_n$ の分布

くなっていく。これが，独立で同一なベルヌーイ分布をする確率変数の平均として定義される$\overline{Y}_n$という確率変数の重要な性質です。

実際に，nが大きくなると$\overline{Y}_n$の確率分布が狭い範囲に集まってくることが，図7.6で見ることができます。そして，それだけでなく，nが大きくなると，分布の形がなめらかな山の形をしてくることも分かります。実は，このことは次の正規分布に関連してくるのです。

3. 正規分布

3.1 連続型の確率変数

統計的分析において，最も頻繁に利用される確率分布が**正規分布**（normal distribution）です。身長や体重の統計的分布のグラフが正規分布に近いものの例としてよく表示されていますが，正規分布の分布の形は釣鐘のようななめらかな山の形をしています。

ここで問題です。この山の形をした曲線はいったい何を表しているのでしょうか。これは二項分布のときのような「確率の大きさ」ではありません。正規分布の場合には，そうした密度関数を考えたとしても，ちょうどある値xをとる確率は，すべて0になってしまいます。しかも正規分布においては，とりうる値は1とか2とか3のような自然数や整数ばかりではなくて，細かい小数のついた値が無限に多すぎて，番号を付けることすらできません。

7 確率変数とその分布 151

とりうる値の数が多すぎて番号をつけることができないような確率変数を**連続型**の確率変数といいます。連続型というのは，とりうる値がきれ目なくびっしりと連続しているということを意味しています。それに対して，二項分布のように，どんなに試行の回数のnが大きくなっていって，とりうる値の数が増えていっても，必ずそれに番号をつけることができるようなものを，**離散型**の確率変数といいます。離散型というのは，とりうる値が離れてとびとびに並んでいることを意味しています。

さて，元に戻って，正規分布のあの山の形をしたなめらかな曲線は何か。それはむろん，ある意味での確率の大きさに対応している曲線ですが，確率の大きさそのものではありません。それは，**確率の大きさの増え方を表している**ものなのです。

分布関数と密度関数

連続型の確率変数の確率の大きさは，ある点xについてではなく，値の範囲について定義されます。すなわち，確率変数Xがx以下の値をとる確率の大きさを，**分布関数**$F(x)$として（7.16）式のように定義します。

分布関数の定義

$$F(x) = P(X \leq x) \quad (-\infty < x < \infty) \tag{7.16}$$

分布関数の性質

i) $0 \leq F(x) \leq 1$
ii) $F(x) \leq F(x+\Delta x)$ ($\Delta x > 0$)
つまり, $F(x)$ は単調非減少である。
iii) $F(-\infty)=0$, および $F(+\infty)=1$

　この分布関数をもとにして,いよいよあの山の形をした曲線を導き出すことができます。図7.7をみて下さい。いま分布関数$F(x)$がxのどの値でもなめらかであるとしましょう。$F(x)$は常に水平もしくは上昇しているグラフになっています。そうすると,どの点xについても,その点における$F(x)$の上昇角度というものが存在します。水平のときは角

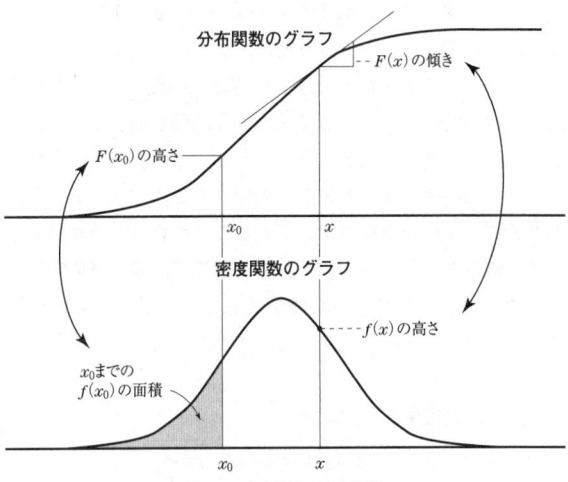

図7.7　分布関数と密度関数

7　確率変数とその分布　153

度は0ですが、上昇しているときはプラスの値になります。決して、マイナスになることはありません。この角度が「確率の増え方」に対応しています。角度が急なところでは、点xが少しだけ右に移動しただけで、それ以下の値をとる確率の大きさが急激に増大する。それは、増え方が大きいということを意味しています。逆に、水平になっているところでは、点xが少し右に移動したとしてもそれ以下の値をとる確率の大きさはまったく増えません。

このような上昇の角度、あるいは増え方は、数学的にはいわゆる**接線の傾き**で表現できます。$F(x)$のグラフがなめらかであれば、どの点xについても接線の傾き$f(x)$が一義的に決まります。あの山の形をした曲線は、$f(x)$をグラフで表したもので、これもやはり**密度関数**といいます。

ところで、ある関数$F(x)$とその接線の傾き$f(x)$との間には、数学的には、微分と積分という関係があります。したがって、分布関数と密度関数とは、次の (7.17) のように微分、積分の関係で結ばれているのです。ここでは、式よりも図7.7のほうが分かりやすいでしょう。つまり、分布関数の接線の**傾き**を表しているのが、密度関数で、逆に密度関数とx軸とで囲まれた部分の**面積**を表しているのが分布関数です。

分布関数と密度関数との関係

(1) 確率変数Xの分布関数$F(x)$のすべての点xにつ

いて，

$$F(x) = \int_{-\infty}^{x} f(u)du \qquad (7.17\text{a})$$

をみたす関数 $f(\cdot)$ を，X の密度関数とする。

(2) 分布関数 $F(x)$ がなめらかであるとき，密度関数 $f(x)$ は

$$f(x) = \frac{dF(x)}{dx} \qquad (7.17\text{b})$$

で求まる。

連続型の確率変数の平均と分散は，期待値を使って次のように定義されています。

連続型の確率変数 X の平均と分散

$$\text{平均} \quad \mu = E(X) = \int_{-\infty}^{\infty} xf(x)dx \qquad (7.18\text{a})$$

$$\text{分散} \quad \sigma^2 = V(X) = E((X-\mu)^2)$$

$$= \int_{-\infty}^{\infty} (x-\mu)^2 f(x)dx \qquad (7.18\text{b})$$

ここでは，期待値をとるということが，とりうる値 x に密度関数 $f(x)$ をかけたものを $-\infty$ から $+\infty$ まで積分する，という操作になっています。これは，離散型の場合において，密度関数 $p(x)$ をかけたものを 1 から ∞ まで足し合わせるという操作に対応するものです。

3.2 正規分布の密度関数

さて,正規分布の密度関数と,その平均と分散は (7.19) のようになっています。

正規分布の密度関数とその平均・分散

$$密度関数 \quad f(x) = \frac{1}{\sqrt{2\pi}\sigma} \exp\left(-\frac{(x-\mu)^2}{2\sigma^2}\right) \quad (7.19)$$
$$平均 \quad E(X) = \mu$$
$$分散 \quad V(X) = \sigma^2$$

この密度関数の形が,よくみる釣鐘の形をしたなめらかな曲線なのです。

*この (7.19) の式は複雑な形をしていますから,少し説明しておきましょう。

密度関数の中の μ と σ という記号は,何らかの具体的な数値を表していますが,それらは正規分布の平均と標準偏差に対応しています。σ が正の数でなければならないという条件さえみたせば,μ と σ はどんな数値でも可能です。これらは,正規分布の具体的な形を決める二つのパラメーターで,それがどんな数値であっても (7.19) 式の密度関数について,平均と分散を計算すると,正規分布の平均は μ のところに入っている数値に一致し,分散は σ のところに入っている数値の2乗に一致します。(「パラメーター」というのは,式の形を決める定数のことです。)

次に,$\sqrt{}$ の中の π は,これは円周率 3.14159… のことです。ベルヌーイ分布などで使っている確率の大きさとして

のπではありませんので，注意して下さい。

exp( )という記号は，exp(w)という表現で自然対数の底$e=2.71828\cdots$についてのw乗つまりe^wを意味しています。$e^1=e$, $e^0=1$, そして, $e^{-w}=1/e^w$などとなっています。累乗するwが複雑な式になっているとき，右肩に書くのをあきらめて，exp(w)と表すことにしているものです。

この密度関数の式から正規分布の密度関数が次のような性質を持っていることが分かります。

(1) 最大の値をとるのは$x=\mu$のときで，xがμから離れていくにしたがって小さくなっていく。
(2) $x=\mu$の点を中心にして，左右対称。
(3) xがマイナス方向とプラス方向にどこまで行っても，限りなく0に近づいていくけれども，決して0になることはない。

ここで，3章で少しふれた統計的データにおける分散s^2がなぜあのような形で定義されているのかの理由を述べておきましょう。

もっとも根本的な理由は，正規分布の二つのパラメーターのうちの一つであるσ^2は，正規分布の密度関数を分散の定義式(7.18b)にあてはめたときの「分散$V(X)$」だということです。そして，すべての確率変数について(7.8)式や(7.18b)式で定義される分散は，後で述べる中心極限定理を通じて，正規分布の分散と密接に関係しています。これがまず，確率変数の分散が(7.8)ないし(7.18b)で定義される理由です。そしてさらに，3章の分散の式で求められるデータ上の分散の値s^2は，統計的データが確率変数

の出現値であるとき，その確率変数の分散と密接に関係しています。具体的には，独立に同じ分布（分散＝σ^2）にしたがっている確率変数をn個観測したときの統計的データ上の分散s^2は，$\dfrac{\sigma^2(n-1)}{n}$を平均にしてその周りに分布することが知られています。したがって，s^2は，あのように定義されることによって，確率変数の分散に対応している。これが理由です。

3.3 標準正規分布

正規分布はパラメターμとσとの値によって無数に異なるものが存在しますが，その中で，μが0でσが1のものは特別な意味をもっています。これはつまり，平均が0で分散が1の正規分布です。これを**標準正規分布**（standard normal distribution）といい，このときの密度関数は（7.20）式のようにかなり簡単になります。

標準正規分布の密度関数　$f(x) = \dfrac{1}{\sqrt{2\pi}} \exp\left(-\dfrac{x^2}{2}\right)$

(7.20)

正規分布の標準化

確率変数Xが平均μ，分散σ^2で正規分布をしているとする。このとき，Xを

$$Z = \dfrac{X-\mu}{\sigma} \tag{7.21}$$

で変換することを**標準化**といい，新しい確率変数Zは，

平均0,分散1の標準正規分布をする。

正規分布をするどんな確率変数も,(7.21)式でZに変換することによって標準正規分布に対応させることができます。

3.4 中心極限定理

中心極限定理というのは,やや単純化したいい方をすれば,すべての確率変数がある意味で正規分布に収斂していくということを意味している定理です。これは,もとの確率変数が正規分布なのかどうかにはまったく依存していません。

しばらく前に,多数の独立で同一のベルヌーイ分布にしたがっている確率変数の平均を表す確率変数$\overline{Y}_n$について,その期待値がもとの個々のベルヌーイ分布のものに等しく,分散がもとの分散の$1/n$になり,さらに分布の形がしだいに釣鐘型に近づいていくことを指摘しました。中心極限定理はこの性質が,もっと一般的な形で,ベルヌーイ分布だけでなく,どんな確率変数についても成立していることを述べたものです。

中心極限定理

いま,何らかの同一の確率分布にしたがって,お互いに独立であるn個の確率変数$X_1, \cdots, X_n$があるとする。その各々の平均(期待値)と分散を$\mu = E(X_i)$,$\sigma^2 = $

> $V(X_i)$ とする。(μ と σ^2 はすべての X_i について等しい。) また, これらの平均を表す確率変数を $\overline{X}_n = \dfrac{\sum X_i}{n}$ とする。このとき,
>
> (i) $E(\overline{X}_n) = \mu$, $V(\overline{X}_n) = \dfrac{\sigma^2}{n}$ (7.22)
>
> であって, さらに
>
> (ii) n が大きくなるにしたがって, $\overline{X}_n$ の分布は, 正規分布に近づいていく。

この定理は, 独立に同じ分布をするものをたくさん観測すれば, その平均値 $\overline{X}_n$ の確率分布はもとの平均値 μ の周りに集中するようになり, しかも, 正規分布に近づいていく, ということを意味しています。

この定理は, 統計的データと確率論のロジックとをつなぐ重要な役割を果たしています。本章の冒頭で「大数の法則」について見たように, もしも, 経験的な統計データの背後に確率という現象が存在しているのであれば, データの側にもある規則性が現れてきます。中心極限定理はこの規則性を導き出している中の, 最も重要な定理になっています。

8　検定という考え方

1. 真の値と観測値

1.1　出口調査

　国会議員や都道府県知事など，政治家として誰を私たちの代表に選ぶかということほど，社会にとって重要なことはありませんが，こうした政治家を選ぶ選挙では，さまざまな世論調査が関わっています。とくに新聞やテレビなどのマスコミは，選挙の結果を予測したり，結果をなるべく早く報道したりする目的のために，大がかりな世論調査を実施しています。最近では，投票が終わってまだ開票作業が始まっていないような段階で，テレビに，誰々氏の当選が確実になった，という「当確速報」が流されることが少なくありません。選挙管理委員会からはまだ何の公式発表もない開票率 0% の時点でそうした報道がなされることにびっくりしたり，違和感をもった人も多いでしょう。実際，こうした当確報道が実は間違っていたと後で判明してしまうことは，決して少なくありません。

　2003 年 11 月 9 日の総選挙でも，そういうことが起こりました。投票がしめ切られた午後の 8 時になると，テレビは一斉に開票速報番組をはじめ，各政党の予想獲得議席数を報道したのですが，その予想は結果としてかなり大きく間違った

ものでした。与党の自由民主党が現有議席を減らして、野党の民主党が躍進するという基本傾向については間違いではありませんでしたが、具体的な議席数について、自由民主党を少なく、民主党を多く予想しすぎたのです。いくつかのテレビ局では、あたかも民主党は200議席に迫り自由民主党は220議席を割り込むことが既定の事実であるかのような前提のもとで番組を進行させていましたが、結果はといえば、自由民主党は237議席でその前の総選挙のときの当選者数を少しだけ上回り、民主党は躍進したものの177議席にとどまったわけです。

この予想の間違いの主な原因は、マスコミの多くが投票日当日の出口調査に現れた傾向をそのまま投票そのものの傾向だとみなしたことにあることが知られています。出口調査というのは、いくつかの投票所で投票をすませたばかりの有権者に誰に投票したかをたずねる一種の世論調査で、全国で20万人ないしそれ以上もの大勢の人々に調査するものですが、それでもかなりの間違いが起こってしまいます。

1.2　母集団と標本

出口調査が実際の選挙結果を予想することに失敗するメカニズムを図8.1を参照しながら整理しておきましょう。

まず、重要なのが**真の値**と**標本の値**という二つの概念です。実際の選挙結果における各政党ないし政党の候補者の得票率が真の値になります。それを π_A や π_B の記号で表しましょう。この π は、円周率ではなく、母集団における比率を表

す記号です。この真の値に対して，出口調査において，各政党や候補者に投票したと回答した人々の比率は標本の値になります。これを p_A や p_B で表すことにしましょう。出口調査による予測の間違いは，基本的に標本の値が真の値とは異なっていたためです。標本の値が真の値とは違ったものになってしまうメカニズムは，出口調査の場合，次の三つに大別されます。

第一は，標本における調査への回答と，本当の投票行動とにずれがあることです。出口調査で答えた人が実際に投票したこととは違う内容を答えている可能性です。実際には民主

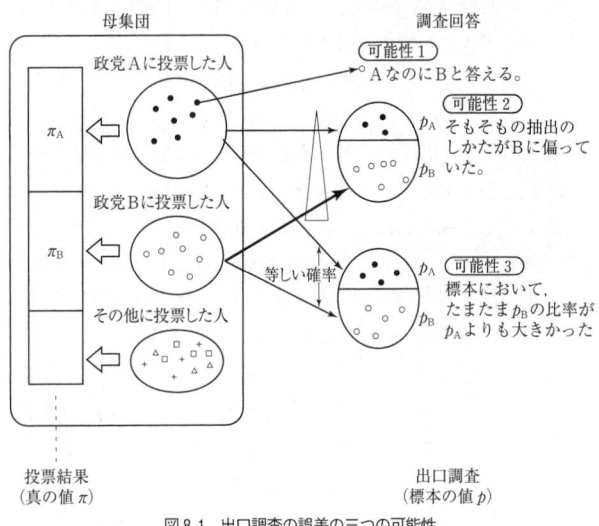

図8.1 出口調査の誤差の三つの可能性

党以外の候補者に投票したのに，出口調査では民主党の候補者に投票したと答える人が多かったとすれば，出口調査の結果から誤って民主党候補が勝つと推測してしまう可能性が生じます。これは**測定誤差**の一種だといえるでしょう。

　第二は，標本のとり方における**偏り**です。集められたデータが偏っていたという可能性です。出口調査には誰でもが応じてくれるわけではありません。投票所の出口で待ちかまえている調査員にたずねられても答えないで帰ってしまう人が少なくありません。したがって，もしも，民主党に投票した人の方が自民党や他の政党に投票した人よりも出口調査に応じてくれる傾向が強かったとすれば，出口調査結果は民主党の得票を過大に推定することになります。偏りのことを英語でバイアスということから，これは**抽出バイアス**といいます。

　第三は，測定誤差と抽出バイアスがない場合でも，標本が，真の値を構成するすべての現象の一部しか観測しないことによって生じる偶然の誤差で，これを**標本誤差**といいます。かりに，投票したどの人についても誰に投票したかに関係なく，出口調査での回答者になる確率がすべて等しかったとしましょう。この場合には，抽出バイアスは存在しません。しかし，そのときでも，すべての投票者から回答をえたわけではないために，調査での結果が実際のすべての投票者の投票結果とは異なったものになる可能性が常に残されています。

　この三つの誤差のうち，まず第一の測定誤差は世論調査に限らず自然科学を含めたどんなデータにも，多いか少ないか

の違いがあるだけで、必ず存在します。これを少なくする工夫は重要ですが、完全に0にすることはできません。

第二の抽出バイアスは、とくに世論調査のような社会的なデータにおいて深刻な問題になりえます。これは5章で説明したように、知りたいと思っている変数の値に関する個体の特性が母集団で均質に分布していないために生じます。

この危険性を最小限にするための方法が、**無作為抽出**（random sampling）です。それは、母集団から標本を抽出する際に、母集団を構成するすべてのケースについて、それが**標本として抽出される確率を等しくする**抽出のしかたです。通常の世論調査はこの無作為抽出に原則的に従っていますが、選挙のときの出口調査ではこれが守られていません。なぜなら、どの投票所で調査するか、どの時間帯で調査するか、投票を終えた人を必ずランダムに選んでいるかなどの点で、十分に無作為抽出の原則をみたすようなサンプリング設計がなされていないからです。それに、出口調査では不在者投票をした人が必ず除かれてしまっているのです。（出口調査ではこうしたバイアスがあらかじめ予想されるので、出口調査の結果から真の選挙結果を予測する際には、出口調査の標本にどのような抽出バイアスがかかっているかを慎重に検討し、必要な修正をほどこした上で、選挙結果の予測を行うべきでした。）

これから述べる検定は、この抽出バイアスはまったく存在しないと前提したときにもなお残る標本誤差の問題にかかわっています。

2. 比率の検定

2.1 母比率と標本比率

まず母集団における比率を標本における比率のデータから推測する問題を考えてみましょう。母集団の比率を**母比率**と呼び，πで表すことにします。そして標本の比率（**標本比率**）をpとします。pとπにはどんな関係があるでしょうか。

ここで，7章の二項分布とその平均という考え方が関係してきます。

図8.2のように，母集団において母比率πの割合で，ある属性「1」をもつ諸個体が存在しているとします。この集団から，ある一つの標本を完全にランダムに選ぶとすると，この標本の値は1になる確率がπ，そして0になる確率が$1-\pi$のベルヌーイ分布をしています。（「ランダムに選ぶ」ということが，標本の値の出現の仕方を**確率事象**にしています。）

このような標本のとり方をn回くり返せば，n個の確率変

母集団　　　　　　　確率変数としての標本　　　　　　標本観測値

確率抽出　　　$X_1, \cdots, X_n$　　　実現値
値 = $\begin{cases} 1 \cdots\cdots \pi \\ 0 \cdots\cdots 1-\pi \end{cases}$
「1」の比率=π　　　　　　$\overline{X_n} \equiv P$　　　　　　$x_1, \cdots, x_n$
「0」の比率=$1-\pi$　　　　$E(\overline{X_n}) = \pi$　　　「1」の比率=p
　　　　　　　　　　　　$V(\overline{X_n}) = \dfrac{\pi(1-\pi)}{n}$　　　$(p = \overline{x})$

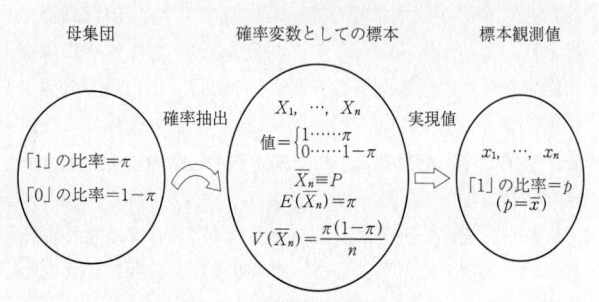

図8.2　比率に関する母集団と標本

数 $X_1, \cdots, X_n$ がえられます。これらの標本の値は，同一の確率分布にしたがっており，かつお互いに<u>独立</u>だと想定できます。（検定理論では，どんな集め方をしたかに関係なく，独立に同一の確率分布にしたがっている確率変数の組のことを，「標本」と呼びます。）

さて，このような X_1 から X_n までを合計したものは二項分布をすることになりますが，それだけでなく，平均 $\overline{X}_n$ には中心極限定理があてはまります。ところで，平均 $\overline{X}_n$ は，属性「1」を持つ標本数 $\div n$ ですから，標本比率にほかなりません。したがって，標本の比率は，一つの確率変数になっています。これを P で表し，その一つの観測値が p になるわけです。中心極限定理により，確率変数 P は次のように分布しています。

標本比率 P の分布

> 母比率 π の母集団から，n 個の標本をとったとき，標本比率 P の分布は，
>
> (i) 平均 $= E(P) = \pi$,
>
> (ii) 分散 $= V(P) = \dfrac{\pi(1-\pi)}{n}$
>
> $\hspace{10em}$ (8.1)
>
> でかつ，
>
> (iii) n が大きくなるにしたがって，正規分布に近づいていく。

n が 100 を超えていれば，だいたい正規分布だと考えてか

まいません(50でもほぼ大丈夫)。したがって，(8.2)式のZが，だいたいにおいて平均0，分散1の**標準正規分布**をすることになります。

$$Z = \frac{P-\pi}{\sqrt{\dfrac{\pi(1-\pi)}{n}}} \tag{8.2}$$

ここで，母比率πについてある値を仮定すると，標本比率Pの分布のしかたが自動的に決まってきます。そして，観測された標本比率pがこの分布の中のどのあたりに出現したものかが分かります。たとえば$\pi=0.5$のときに，標本数$n=400$のデータをとるとします。そうすると，(8.2)式より，次のZが標準正規分布に従っています。

$$Z = (P-0.5) \times 40 \tag{8.3}$$

したがって，観測されたある標本比率pが標準正規分布のどこに位置するかは次のように決まっています。

$\pi=0.5$，$n=400$のとき，標本比率pに対応する標準正規分布の値z

p	z
.43	-2.80
.45	-2.00
.47	-1.20
.50	0
.53	1.20
.55	2.00
.57	2.80

たとえば，標本比率が55%だったとすれば，それは標準正規分布をするZで2の値が出現したことを意味します。ところで，標準正規分布で「2という値が出現する確率」は文字通りにとると0ですが，「2が出現した」を「2以上の値が出現した」と考えて，「2以上の値が出現する確率」を考えることができます。そうすると，図8.3から分かるように，この確率は0.02275になります。また，標本比率が45%以下もしくは55%以上になって，Zの絶対値が2以上になる確率は，0.04550になります。こうした「観測された標本比率の出現確率」をもとにして，ある標本比率が観測されたとき，その観測データからみて母比率についてのその仮定ははたして適切だったのかどうかを検討することができます。

2.2 帰無仮説

「母比率ははたして50%なのだろうか」などのように，母

標本比率 P の分布　　　　　　標準化した Z の分布
正規分布　　　　　　　　　　　標準正規分布

$$P = \pi + \sigma Z \iff Z = \frac{P - \pi}{\sigma}$$

ただし，$\sigma^2 = \dfrac{\pi(1-\pi)}{n}$

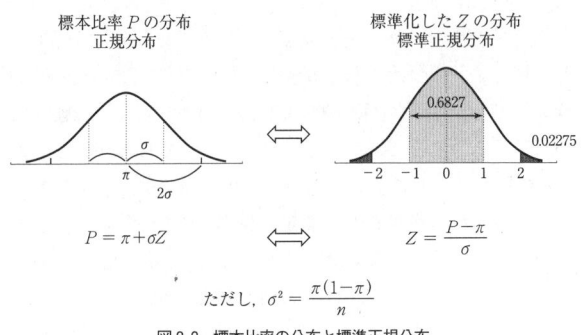

図8.3　標本比率の分布と標準正規分布

集団の値についてのチェックすべき仮定のことを**帰無仮説**といいます。ある特定の帰無仮説を仮定すると，その仮定のもとで標本のデータの確率分布のしかたが決まってきます。そして，ある標本データが観測されたとき，帰無仮説からみて，そのデータが出現しやすいものだったかどうかをみることができます。帰無仮説を**受け入れる**かどうかの判断をするときには，基本的に，「帰無仮説からみて確率的に起こりにくい観測データがえられたならば，帰無仮説を受け入れない。さもなければ受け入れる」という原則にしたがいます。観測されたデータが確率的に起こりにくいものだったという，その起こりにくさは，あくまで母集団の値についての帰無仮説を前提にしたときのものなので，疑ってみるべきなのは，その前提の方なのです。

　帰無仮説が正しいかどうかということと，私たちが帰無仮説を受け入れるかどうかとのあいだには，表8.1のような関係が存在しています。

　私たちの判断には，2種類の誤り（網かけの部分）の可能性があります。一つは，帰無仮説が正しいのに，誤ってそれを棄却してしまうこと（**第一種の誤り**）。もう一つは，帰無仮説が間違っているのに誤ってそれを受けいれてしまうこと（**第二種の誤り**）です。このうち，第一種の誤りは，どんなデータが出現したら帰無仮説を**棄却する**と私たちが考えているかということに依存しています。たとえば，「標本比率が55％以上だったら，母比率が50％だという帰無仮説を棄却する」と決めていたとします。先ほどみたように，母比率が50％

のときでも，400人の標本比率が55%以上になる確率は2.275%ありますから，この決め方で私たちが第一種の誤りをおかす確率が2.275%あるということになります。

標本比率やそれを標準化したZのように，その観測値にもとづいて帰無仮説の採択・棄却判断するデータのことを**検定統計量**といいます。そしてこの範囲のデータが出現したら，帰無仮説を棄却しようと決めている検定統計量の値の範囲のことを**棄却域**といいます。そうすると，第一種の誤りをおかす確率αというのは，帰無仮説が正しいときに，棄却域の値をとるデータがたまたま出現してしまう確率に一致しています。このような棄却域は，次の原則にしたがって決められます。

(1) 第一種の誤りの確率αは，一定の小さな値，たとえば5%とか1%のような値になるようにする。このような第一種の誤りの確率の値を**危険率**といいます。

表8.1 帰無仮説と私たちの判断

現実の世界において	私たちの判断	
	Hを受け入れる（採択する）	Hを受け入れない（棄却する）
帰無仮説Hが成立している（Hが真）	判断は正しい	判断は誤り（第一種の誤り）この判断をする確率=α
帰無仮説Hが成立していない（Hは偽）	判断は誤り（第二種の誤り）この判断をする確率=β	判断は正しいこの判断をする確率=$1-\beta$

(2) 次に, (1)の条件を満たした上で, 第二種の誤りの確率をできるだけ小さくする。すなわち帰無仮説が正しくないにもかかわらず, データが棄却域の値をとらない確率βをできるだけ小さくする。逆にいうと, $1-\beta$を**検出力**といいますが, この検出力をできるだけ大きくする。

この検出力の大きさは, 一義的には決まりません。なぜなら, 帰無仮説が正しくないときの母集団における真の分布のしかたは特定できないからです。しかし, 対立仮説という概念を用いると, 検出力をできるだけ大きくするしかたが明確になります。

たとえば, 帰無仮説が「母比率は50%である」という命題のとき,「母比率は50%ではない」という命題が**対立仮説**です。検出力は, 対立仮説が正しいときに観測データが棄却域に現れる確率に対応していますから, この確率を大きくするためには, 対立仮説の中の母比率の値が帰無仮説と対立する度合いが大きいほど, 検定統計量が棄却域に現れる確率が大きくなるようにすればいいということになります。

いまの場合,「母比率は50%ではない」が対立仮説であるとすれば, 検定統計量Zの棄却域を標準正規分布の両端に設けることによって, 万が一, 対立仮説のほうが正しくて母比率が50%から外れれば外れるほど, Zが標準正規分布の左端もしくは右端に現れる確率が高くなるので検出力が高まります。これを**両側検定**といいます。このとき, 危険率をαとすれば, 図8.4のようにZの棄却域は, 標準正規分布で下側確率が$\alpha/2$になる範囲と, 上側確率がやはり$\alpha/2$になる範

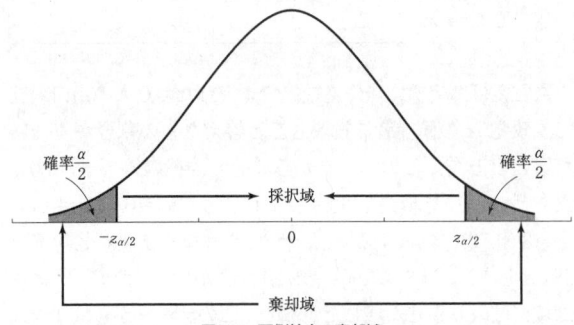

図8.4 両側検定の棄却域

囲の両端になります。図 8.4 の $z_{\alpha/2}$ は，標準正規分布で上側確率が $\alpha/2$ になる点の値を表しています。

以上をまとめると，母比率についての検定は次のように定式化できます。

母比率の検定のしかた

> 帰無仮説を $H: \pi = \pi_0$ とし，n 個の標本からなる標本比率 p が観測されたとする。このとき，
>
> $$z = \frac{p - \pi_0}{\sqrt{\dfrac{\pi_0(1-\pi_0)}{n}}} \tag{8.3}$$
>
> を求め，
>
> $|z| > z_{\alpha/2}$ のとき，危険率 α で帰無仮説 H を棄却し，さもなければ，H を採択する。ただし，対立仮説を

K：$\pi \neq \pi_0$ とする。

たとえば、完璧に無作為抽出でえられた 400 人の出口調査で、政党 A の候補者に投票したと答えた人の割合が 45.5%だったとして、このデータから「その候補の得票率は 50%だ」という帰無仮説を検定しましょう。$\pi_0=0.5$, $p=0.455$ を (8.3) 式に代入すると、$z=-1.8$ となります。危険率を 5% として、$|-1.8|<1.96(=z_{.025})$ ですから、このデータは棄却域には入りません。したがって、このデータからは「母比率 $\pi=0.5$」という帰無仮説を棄却できないことになります。

なお、帰無仮説の採択域 $|z| \leq z_{\alpha/2}$ の式に (8.3) 式を代入して、p について整理すると、

$$|p-\pi_0| \leq z_{\alpha/2}\sqrt{\frac{\pi_0(1-\pi_0)}{n}}$$

という式がえられます。これは、標本比率 P が確率 $(1-\alpha)$ で真の値 π_0 のまわりに出現する範囲を示しています。これによって、確率 $(1-\alpha)$ で発生する標本比率と母比率との誤差の大きさを求めることができます。このときその誤差の大きさを意味して「**標本誤差**」という言葉を使うことがあります。そして確率 $(1-\alpha)$ のことを**信頼水準**といいます。たとえば、$\pi_0=0.5$ のとき、信頼水準 95%（危険率 5%）の比率の標本誤差は、標本数に応じて、次の表のようになります。

2.3 片側検定

ところで、私たちは「得票率がちょうど 50% か」を問題に

母比率＝0.5（50%）のときの標本誤差（信頼水準95%）

標本数 n	標本誤差 $\left(z_{.025} \times \dfrac{0.5}{\sqrt{n}}\right)$
25	±19.6　（%）
100	±9.8
400	±4.9
2,500	±2.0
10,000	±1.0

するよりもむしろ，「得票率は50%以上といえるだろうか」といった問題を考えるのが普通です。このような問題のときは，棄却域を片方だけに設ける**片側検定**の方が適していま

コラム　標準正規分布の主要な上側確率

よく用いられる上側確率に対応する $z_{\alpha/2}$ の値を，ここに載せておきましょう。

上側確率 ($\alpha/2$)	z の値
0.1	1.28
0.05	1.64
0.025	1.96
0.01	2.33
0.005	2.58
0.001	3.09

こうした z の値は，付録に示したように，表計算ソフトのエクセルで求めることができます。

す。対立仮説が「K：$\pi<0.5$」のときはZの左側の端に，逆に，「K：$\pi>0.5$」のときはZの右側の端に棄却域を設定します。こうした片側の対立仮説は，実質的な帰無仮説が「H：$\pi\geqq0.5$」とか「H：$\pi\leqq0.5$」であることを意味しています。しかしこのようなときでも，形式的な帰無仮説としては，$\pi=0.5$を用いざるをえません。なぜなら，母比率をある特定の値に固定しておかないと，標本比率の分布のしかたが決まらないからです。

たとえば観測データが45.5%だったとき，「それでも母比率は50%以上あるといえるかもしれない」という問いがたてられます。このとき，対立仮説は「K：$\pi<0.5$」になり，危険率5%の棄却域は-1.64より左側の領域になります。このときzの観測値-1.8は棄却域に入ります。したがって，この片側検定では，危険率5%で母比率が50%以上だとはいえない，むしろ50%未満だと判断することになり，帰無仮説は棄却されます。

3. 比率の差の検定

3.1 異なる集団の比率の差

二つの母集団AとBからそれぞれ標本数n_Aとn_Bで標本比率p_Aとp_Bのデータがえられたとします。このとき，AとBの母比率π_Aとπ_Bは等しいかどうか，ということが問題になります。たとえば，先月の世論調査と今月の世論調査とで内閣支持率が49.0%から51.0%へと2ポイント上昇したと

しましょう。新聞では,「支持率が微増した」と書いたりします。確かに,データだけ見ればそうです。しかし,はたして母集団である有権者全体でもそうだといえるでしょうか。

これには,次のような検定方法を用います。まず帰無仮説Hを「母比率が等しい」つまり,「H：$\pi_A = \pi_B$, すなわち, $\pi_A - \pi_B = 0$」とします。

この帰無仮説が正しいのであれば,標本比率の差 ($P_A - P_B$) の分布が,平均0で,分散が (8.4) 式で決まり,かつ正規分布に近くなっています。

$$\pi_A(1-\pi_A) \times \left(\frac{1}{n_A} + \frac{1}{n_B}\right) \quad (ただし, \pi_A = \pi_B)$$

(8.4)

ここからやはり検定統計量のzを求めたいのですが,今の場合,母比率π_Aが分かりません。そこで,次の (8.5) 式の「プールされた,共同の標本比率」π^*を共通の母比率の推定値として用います。

$$\pi^* = \frac{n_A p_A + n_B p_B}{n_A + n_B} \tag{8.5}$$

そうすると,検定統計量のzは,(8.6) 式で与えられます。

$$z = \frac{p_A - p_B}{\sqrt{\pi^*(1-\pi^*)\left(\frac{1}{n_A} + \frac{1}{n_B}\right)}} \tag{8.6}$$

したがって,対立仮説が「K：$\pi_A \neq \pi_B$」であれば,$|z| > z_{\alpha/2}$ のとき,そして対立仮説が「K：$\pi_A < \pi_B$」であれば $z < -z_\alpha$ のときに危険率αで帰無仮説Hを棄却することになります。

たとえば，ともに 1,600 人ずつの調査で，内閣支持率が先月の 49% から今月は 51% へと上昇したとします。このとき，プールされた標本比率 π^* は 50% になりますので，z の値は -1.13 になります。

$$z = \frac{0.49 - 0.51}{\sqrt{0.5 \times 0.5 \times \left(\frac{1}{1600} + \frac{1}{1600}\right)}}$$

$$= \frac{-0.02}{0.5} \times \frac{40}{\sqrt{2}} = -1.13$$

これは 5% くらいの危険率では，両側でも片側でも棄却域には入りませんので，母集団で支持率の上昇があったとはいえない，と判断します。

3.2 同一母集団内の二つの比率

出口調査の場合，知りたいことは「どの候補者が当選するか」ということです。つまりそれは，候補者 A の真の得票率 π_A と B の得票率 π_B のどちらが大きいか，という問題になります。これは**同一母集団内の二つの比率**の差の問題で，先ほどの比率の差の検定のしかたは使えません。標本比率 P_A と P_B との分布が独立ではないからです。この場合は，帰無仮説を「$H : \pi_A = \pi_B$」として，標本数を n とすれば，

$$Z = \frac{P_A - P_B}{\sqrt{\dfrac{P_A + P_B}{n}}} \tag{8.7}$$

が近似的に標準正規分布にしたがうことを利用します。

今すべての回答者がAかBのいずれかに投票したと答えたとすれば，$P_A+P_B=1$なので，危険率5%で，有意になるための二つの標本比率の差は，

$$p_A - p_B > 1.64 \times \frac{1}{\sqrt{n}} \tag{8.8}$$

となります。一つの小選挙区での出口調査の回答者数は，せいぜい500人前後ですから，標本データのレベルで7.34%以上の差がついていないと実際の得票率でも差があるとはいえないことが分かります。しかもこのことは，あくまで回答者の選び方がランダムになるように設計されていることが前提です。その場合でも，この判断のしかたは100回の調査のうち平均的に5回で間違う可能性を持っています。したがって，300の小選挙区があれば，平均的に15の選挙区で間違う可能性があります。そのことを考えると，危険率を1%ないしそれ以下に設定したより慎重な判断のしかたが適切だといえるでしょう。

4. 平均の検定

4.1 「母平均＝μ」の検定のしかた

サラリーマンの平均給与はいくらか，お正月に子供がもらうお年玉の平均金額はいくらか，小学生の自宅での平均学習時間はどのくらいか，というような問題について，調査データが報道されることがよくあります。これらの調査は，すべての該当者に調査したものではありません。したがって，か

りに標本抽出が無作為になるようにうまく設計されていたとしても,必ず標本誤差が存在します。実際には,このうち子供のお年玉や学習時間の調査は無作為抽出ではなく,かなり偏りがあると思われる限られたサンプルであることがほとんどですが,とりあえずそのことは問わないことにしましょう。

これらは,母集団における**ある量的な変数の平均を問う**,という問題です。この場合も,中心極限定理から検定方法を導くことができます。ただし,通常のテキストには t 分布を用いた検定法が書いてあります。この **t 検定** というのは当該の量的な変数が母集団で正規分布にしたがっているという特殊な条件のもとでの検定方法ですが,この条件に合わないときにも,基本的にはこの方法が基礎になりますので,まず t 検定を説明しましょう。

母集団

σ
μ
正規分布

標本

$X_1, \cdots, X_n$
$E(X_i) = \mu$
$V(X_i) = \sigma^2$
標本平均 $= \overline{X}$
$E(\overline{X}) = \mu$
$V(\overline{X}) = \dfrac{\sigma^2}{n}$

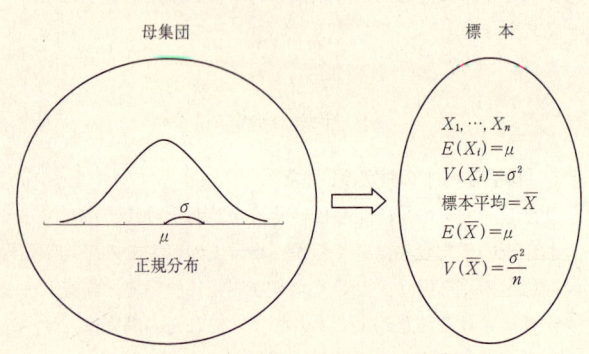

図 8.5　平均の検定における母集団と標本

t 検定

それぞれの標本 X_i が等しく平均 μ, 分散 σ^2 で正規分布にしたがっている n 個の標本があるとします。(これが,「母集団の分布が平均 μ, 分散 σ^2 の正規分布だ」ということの意味です。) このとき, 次の標本統計量 t は自由度 $(n-1)$ の **t 分布**にしたがうことが知られています。

$$t = \frac{\overline{X} - \mu}{\frac{s}{\sqrt{n}}} \tag{8.9}$$

ただし,

$$s^2 = \frac{1}{n-1} \sum_{i=1}^{n} (x_i - \overline{x})^2 \tag{8.10}$$

ここで, 検定のときに用いるデータの分散 s^2 は n ではなくて $n-1$ で割ったものが用いられます。これを**不偏分散**といい, 母分散 σ^2 の推定値としてはこちらが用いられます。したがって帰無仮説「母平均値$=\mu$」の検定は, 観測された標本平均 $\overline{x}$ と観測された標本不偏分散 s^2 を (8.9) 式に代入してえられる**検定統計量 t** について,

$$|t| > t_{\alpha/2}(n-1)$$

のとき, 危険率 α で帰無仮説を棄却します。ただし $t_{\alpha/2}(n-1)$ は, 自由度 $n-1$ の t 分布で上側確率が $\alpha/2$ になる値です。片側検定のときは, $t_\alpha(n-1)$ の値が基準になります。

なお, t 分布は, 標準正規分布によく似た, 平均 0 で左右対

称な確率分布で，自由度が大きくなると次第に標準正規分布に近づいていきます。とくに自由度が100以上になると，ほとんど標準正規分布に一致しますので，$n > 100$ のデータを自分で計算するときは標準正規分布表を使ってかまいません。（統計ソフトは，t 分布で計算します。）

ところで，実際の変数，とくに給与やお年玉や学習時間などの社会的な変数は，母集団で正規分布しているという保証はありません。そうすると，厳密にはこの t 検定の方法は使えないことになりますが，この場合でも，n が大きければ (8.9) 式の t を使って標準正規分布で検定します。近似度は落ちますが，n が大きくなれば，σ の代わりに s を代入したものもやはり近似的に標準正規分布に従うからです。

4.2 平均の差の検定

平均についても，二つのグループや異なる時点ではたして本当に違いが生じているかどうかを知りたいということが多いでしょう。たとえば，サラリーマンの所得と自営業の人の所得には違いがあるかどうか，男女の賃金格差はどうなっているのか，去年と比べて今年のお年玉の額は増えたのかどうか，あるいは，ほかの国と比べて日本の小学生の学習時間は少ないのかどうか，というような問題です。

このような平均の差の検定も基本的に t 分布を用います。一般に「**t 検定**」といえば，実はこの「平均の差の検定」のことを意味しています。

まず，定式化してみましょう。

平均の差の検定問題

> 母平均を μ_A と μ_B, 母分散を $\sigma_A{}^2$ と $\sigma_B{}^2$ とする二つの母集団 A と B とから, それぞれ, 標本平均が $\bar{x}_A$ と $\bar{x}_B$, 標本の不偏分散が $s_A{}^2$ と $s_B{}^2$, そして標本数が n_A と n_B の標本があるとき, 帰無仮説「$H:\mu_A=\mu_B$」を検定する。

この帰無仮説の検定のしかたは, じつは, 母分散の $\sigma_A{}^2$ と $\sigma_B{}^2$ とが等しいかどうかによって異なってきます。等しい場合には比較的簡単ですが, 等しくない場合はやや複雑になります。

(1) **母分散が等しいとき** このときは比率の差の検定のときと同じように, プールされた標本不偏分散でもって, 母分散の推定値として用いることができます。それは (8.11) 式で求められますが, これを $s_p{}^2$ とします。

プールされた標本不偏分散

$$s_p{}^2 = \frac{(n_A-1)s_A{}^2+(n_B-1)s_B{}^2}{n_A+n_B-2} \tag{8.11}$$

このとき, (8.12) 式の統計量 t が自由度 (n_A+n_B-2) の t 分布に従うことを用いて, 帰無仮説を棄却します。

母分散が等しいとき ($\sigma_A{}^2=\sigma_B{}^2$) の平均の差の検定

$$t = \frac{\bar{x}_A-\bar{x}_B}{s_p\sqrt{\dfrac{1}{n_A}+\dfrac{1}{n_B}}} \tag{8.12}$$

を求め，

$$\begin{cases} |t| > t_{\alpha/2}(n_A + n_B - 2) \cdots \text{(両側検定)} \\ t > t_\alpha(n_A + n_B - 2) \cdots \text{対立仮説「K}:\mu_A > \mu_B\text{」のとき} \end{cases}$$

ならば，帰無仮説「$H:\mu_A=\mu_B$」を危険率 α で棄却する。

例 60歳以上の男性の調査で，現在働いているか働いていないかによって，親しい友人の数が次のようになっていたとします。母集団でも平均の友人数に差があるといえるかどうかを検定してみましょう。

	n	友人の数	標準偏差
働いている	72	8.18	6.52
働いていない	43	6.40	5.43

とりあえず，母分散が等しいと仮定して，

$$s_p{}^2 = \frac{71 \times 6.52^2 + 42 \times 5.43^2}{72 + 43 - 2} = 37.669$$

となり，$s_p = 6.14$ です。したがって，

$$t = \frac{8.18 - 6.40}{6.14\sqrt{\dfrac{1}{72} + \dfrac{1}{43}}} = 1.504$$

自由度 113 の $t_{.025}$ の値は 1.981 ですから（付録参照），「平均友人数は等しい」という帰無仮説は棄却できません。

(2) **母分散が等しくないとき** このときはプールされた標本分散は使えないので，二つの標本不偏分散をそのまま用い

た，次の統計量 t を用います。

$$t = \frac{\bar{x}_A - \bar{x}_B}{\sqrt{\dfrac{s_A{}^2}{n_A} + \dfrac{s_B{}^2}{n_B}}} \tag{8.13}$$

この t は，帰無仮説 $(\mu_A = \mu_B)$ が真であるとき，次式で定義される df の大きさの自由度を持つ t 分布に従うことが知られています。よって，両側検定 $|t| > t_{\alpha/2}(df)$ のとき，帰無仮説を棄却します。片側検定も同様です。

$$df = \frac{(n_A - 1)(n_B - 1)}{(n_B - 1)C^2 + (n_A - 1)(1 - C)^2} \tag{8.14}$$

ただし，$C = \dfrac{\dfrac{s_A{}^2}{n_A}}{\dfrac{s_A{}^2}{n_A} + \dfrac{s_B{}^2}{n_B}}$

(3) **母分散が等しいかどうかを判別する方法**　これは母集団において，母分散 $\sigma_A{}^2$ と $\sigma_B{}^2$ とが等しいときには，標本不偏分散の比が，F 分布に従うという性質を利用します。

母分散が等しいかどうかの検定

> 二つの標本不偏分散のうち，値が大きい方を $s_A{}^2$ とする。このとき，
>
> $$F = \frac{s_A{}^2}{s_B{}^2} \tag{8.15}$$
>
> を求め，この F の値が自由度 $(n_A - 1, n_B - 1)$ の F 分布

> の上側確率αの値F_αよりも大きいとき，危険率αで帰無仮説「$H : \sigma_A^2 = \sigma_B^2$」を棄却し，さもなければ採択する。

　本書では省略しましたが，ふつう統計学のテキストに付けられているF分布表の棄却域はFが1よりも大きい部分しか掲載されていませんので，この検定を手計算で行うときは，Fを計算する際に必ず標本不偏分散の大きい方を分子に持って来るようにして下さい。(逆にしても，原則的には検定できます。)

　さきほどの友人数のデータで，母分散が等しいかどうか検定してみましょう。

$$F = \frac{6.52^2}{5.43^2} = 1.44$$

になります。自由度(71, 42)の5%上側確率の値は1.604なので，「母分散は等しい」という帰無仮説が採択されます。(任意の自由度に対応する上側確率の点の値は，表計算ソフトで計算できます。付録をご覧下さい。)

　なお，統計ソフトでは，平均の差の検定を，T-TESTとかT検定とかMEANといった名前の分析法として扱っており，検定する変数と集団を分けるカテゴリカルな変数とを指定すると，一般的に三つの検定結果が出力されます。一つは，母分散が等しいかどうかのF検定，あとの二つは，母分散が等しいときのt検定と等しくないときのt検定です。結果を読むときは，まずF検定で母分散が等しいといえるかど

うかを判断し，その上で，二つのt検定のどちらを用いるかを決めることになります。

コラム　有意水準

統計ソフトを使って平均の差のt検定や次章で述べるクロス表の独立性の検定，あるいは，回帰分析などでは，tの標本値やχ^2の標本値などのところに$p=0.0018$とか，$p=0.3442$というような数字が記されています。この数字は**有意水準** significance level とよばれています。要するに「差はない」とか「関連はない」という帰無仮説のもとで，当該の標本統計量が出現する確率，つまり，そのデータに基づいて帰無仮説を棄却するときの第一種の誤りの確率のことです。したがって，私たちはこの有意水準の値をみて，この値がαよりも小さければ，危険率αで帰無仮説を棄却してよいということになります。データの検定統計量の有意水準の値が危険率αよりも小さいとき，統計量は「有意である」といい，また「有意に差がある」「有意な関連がある」ともいったりします。

しかし，危険率αをどう設定するかは，私たち自身が決めなければなりません。統計ソフトは，一定の慣行にしたがった帰無仮説のもとで，観測されたデータが出現する確率を自動的に計算してくれますので大変助かりますが，その計算結果からどう判断するかは最終的には私たち自身に任せられているのです。コンピュータは，決して，「棄却しなさい」「採択しなさい」とは指示しません。このことは，くれぐれも注意して下さい。

9 クロス表の読み方と検定

1. クロス表の読み方

1.1 分析途上でのクロス表

　二つの変数の間の関連をみる方法として、クロス表は大変役に立つ道具です。年齢と性別役割分業意識のクロス表とそれに関するいくつかの要約統計量をまとめて表9.1に示しましたが、まずχ^2値からはほとんど何も分かりません。χ^2値は上限の値がケース数やセルの数によって異なるので、χ^2値をみただけでは関連があるのかないのか、強いのか弱いのか、判断のしようがないからです。それに対して、クラメールの連関係数の方は上限が1なので、0.154という値からは、なにかしら関連があるのだということは分かります。さらに相関係数rは、値がマイナスになっていますから、年齢の値が大きくなると性別役割分業意識の値が小さくなる、つまり賛成がふえる傾向が少しあるという関連の方向が分かります。しかしそれ以上のことは分かりません。

　次に、クロス表の方をみて下さい。ここではまったく別の地平が開けてきます。相関係数と比べても、情報量がまるっきり違います。

　今日では、統計ソフトを用いて簡単にクロス表が作れますが、分析でクロス表をどう扱うかについては、次の点に注意

表9.1　年齢と性別役割分業意識

			性別役割分業意識				合計
			1. そう思う	2. どちらかといえばそう思う	3. どちらかといえばそう思わない	4. そう思わない	
年齢	20代	度数	27	97	119	145	388
		行%	7.0	25.0	30.7	37.4	100.0
		列%	6.3	13.7	17.6	14.3	13.7
		全体%	1.0	3.4	4.2	5.1	13.7
	30代	度数	38	150	144	209	541
		行%	7.0	27.7	26.6	38.6	100.0
		列%	8.9	21.2	21.3	20.6	19.2
		全体%	1.3	5.3	5.1	7.4	19.2
	40代	度数	77	165	197	306	745
		行%	10.3	22.1	26.4	41.1	100.0
		列%	18.1	23.4	29.1	30.1	26.4
		全体%	2.7	5.8	7.0	10.8	26.4
	50代	度数	118	152	122	222	614
		行%	19.2	24.8	19.9	36.2	100.0
		列%	27.7	21.5	18.0	21.9	21.7
		全体%	4.2	5.4	4.3	7.9	21.7
	60代	度数	166	142	95	134	537
		行%	30.9	26.4	17.7	25.0	100.0
		列%	39.0	20.1	14.0	13.2	19.0
		全体%	5.9	5.0	3.4	4.7	19.0
合計		度数	426	706	677	1016	2825
		行%	15.1	25.0	24.0	36.0	100.0
		列%	100.0	100.0	100.0	100.0	100.0
		全体%	15.1	25.0	24.0	36.0	100.0

χ^2 統計量 $= 200.8$
クラメールの連関係数 $V = 0.154$
相関係数 $r = -0.193$

注　(1) 相関係数 r は，年齢はもとの1歳きざみで，性別役割分業意識は符号の1～4を数値とみなして計算したもの。
(2) 性別役割分業意識は，「男性は外で働き，女性は家庭を守るべきである」という意見への態度。
(3) 標本は，20代から60代までの女性。1995年のSSM調査。

した方がいいでしょう。

　第一に,「もしかしたらあとで必要になるかもしれない」からといって,最初から大量のクロス表を出力しようなどとは決して考えないことです。とくに調査データの場合,変数の数が100個を超えるものが少なくありません。100個の変数があれば5050個のクロス表が存在します。これらの一つひとつを検討することはまず不可能なことですし,無意味なことです。したがって,クロス表を出力するときは必ず,その段階で分析の焦点になっている限られた変数の組合せに絞り込むことです。

　第二に,いったん分析の焦点として捉えている変数の組合せを絞り込んだら,こんどは積極的にクロス表を作成してみることです。その際,セル度数だけでなく,行パーセント,列パーセント,そして全体パーセントのほか,いくつかの要約統計量も出力します。そして,もともとはクロス表を使わない多変量の計量モデルを分析している場合でも,実際に変数間の関係がどうなっているかを確かめるためには,やはりクロス表が重要です。たとえば,二つの変数のあいだの関係を示す偏回帰係数(10章参照)が有意であっても,具体的にどんな関係なのかは,量的な値をカテゴリカルに区切ったりしてクロス表を出力してみて分かります。

1.2　報告でのクロス表

　他方,分析結果のプレゼンテーションにおいて大事なことは,(a)必要なデータは必ず示す。(b)不必要な余分なデータは

示さない。そして，(c)データの表示は伝えたいメッセージに照して分かりやすくかつ美しく，の3点です。報告でクロス表を提示する場合には，分析の途中とはちがって，セル度数，行パーセント，列パーセント，および全体パーセントのすべてを表9.1のように表示するというのは好ましくありません。ましてや，統計ソフトの出力結果をそのまま罫線がびっしり入った形で報告するなどということは論外です。

またクロス表を提示するときには，二つの変数のうちどちらを行変数としどちらを列変数とするか，そして，行パーセントと列パーセントのどちらを表示するか，それとも両方とも表示するか，というような選択もしなければなりません。

表9.1のクロス表をもとに作成した三つのクロス表が表9.2にありますが，一般的にはこのうち(c)の年齢による行パーセントを示すのがいいでしょう。

(c)と(a)の二つの行パーセント表示の間で，(c)のほうが分かりやすい理由は次の通りです。

私たちは自分にとって分かりやすい枠組みでものごとを理解しようとする傾向がありますが，その枠組みの主なものとして**因果性の枠組み**や**時間的順序**や**変化の枠組み**があります。二つの変数のあいだの関連を読むときにも，私たちは無意識のうちに，こうした枠組みにしたがって理解しようとします。

いまの場合，年齢と性別役割分業意識という二つの変数には，緩やかな意味で年齢もしくは出生コーホートから性別役割分業意識への因果的な関係を想定することができます。そ

表9.2 3種類のパーセント表示

(a) 性別役割分業意識を行変数とする行パーセント

	20代	30代	40代	50代	60代	n
1. そう思う	6.3	8.9	18.1	27.7	39.0	426
2. どちらか…思う	13.7	21.2	23.4	21.5	20.1	706
3. どちらか…思わない	17.6	21.3	29.1	18.0	14.0	677
4. そう思わない	14.3	20.6	30.1	21.9	13.2	1016

(b) 年齢を列変数とする列パーセント

	20代	30代	40代	50代	60代
1. そう思う	7.0	7.0	10.3	19.2	30.9
2. どちらか…思う	25.0	27.7	22.1	24.8	26.4
3. どちらか…思わない	30.7	26.6	26.4	19.9	17.7
4. そう思わない	37.4	38.6	41.1	36.2	25.0
n	388	541	745	614	537

(c) 年齢を行変数とする行パーセント

	1. そう思う	2. どちらか…そう思う	3. どちらか…そう思わない	4. そう思わない	n
20代	7.0	25.0	30.7	37.4	388
30代	7.0	27.7	26.6	38.6	541
40代	10.3	22.1	26.4	41.1	745
50代	19.2	24.8	19.9	36.2	614
60代	30.9	26.4	17.7	25.0	537
全体	15.1	25.0	24.0	36.0	2825

うすると，私たちはどうしてもそこに注目してデータを読もうとします。したがって，表9.1のクロス表を，出生コーホートによる性別役割分業意識の分布のしかたの違いや時間的変化として読む。それに適しているのが(c)の行パーセントです。

この逆に，性別役割分業意識の違いが回答者の年齢に影響しているということは，普通は考えられません。そのため，もしもそのように読むことを強制されたとしても私たちの頭はなかなか受け付けてくれないでしょう。

このようなことは，抽象的に X と Y という変数のクロス表について話をするときには生じない問題です。X と Y といった抽象的なものの場合には，データの背後にある意味は考えないで，単にクロス表の数字の分布をみるだけなので，X を基準にして Y の分布の違いを読むということと，逆に Y を基準にして X の分布の違いを読むということとはまったく同等です。

しかし実際は変数の意味を考えざるをえません。年齢という変数や性別役割分業意識という変数の意味は，抽象的に X という記号で表される変数とは違って，私たちの社会生活にとって具体的な意味を持っています。こうした変数の意味というものを前提にすると，クロス表の読み方，そしてクロス表のパーセント表示のしかたというものが，おのずから決まってきます。

データを読んだり分析したりまた分析の結果を他の人に提示したりするとき，私たちはそのデータを理解するのにもっ

とも適した枠組みに沿って行う。それがデータ分析の結果をプレゼンテーションする際の鉄則です。むろん、あらかじめそのデータのもっともよい理解とはどういうものかについて徹底的に検討した上でのことです。その上でなおかつ、自分にはこのデータはこのように理解するのが一番いいと思える方法でデータを分析して提示すればいいのです。

このように、クロス表を表示するときには二つの変数のうちどちらを基準的な変数にするかをまず考えなければなりません。基準的な変数のそれぞれの値ごとの、もう一つの変数の分布のしかたが％で表されるからです。ここで、どちらが基準的な変数かというのは相対的な分け方であって問題関心にもよりますが、一般的には次のようなaからdの四つの指針が考えられます。

a) 原因 - 結果の因果的順序が想定されるときは、原因の方を基準変数に考える。インフルエンザの予防注射を受けたかどうかの変数と、実際にインフルエンザにかかったか否かの変数とがあるときは、予防注射の有無の方を基準変数にします。
b) 因果関係の有無に関係なく、一般に時間的な順序があるときは、時間が先に来るものを基準変数にする。たとえば、1年前の喫煙の有無と現時点での健康状態という二つの変数があるときは、喫煙と健康状態に因果関係が想定できるかどうかとは無関係に、時間的に先行する1年前の喫煙の有無の方を基準変数にします。

c) 時間の変化を表す変数があるときは，それを基準変数にする。表9.1の年齢に含まれている出生コーホートという変数の場合がまさにこれです。
d) 時間や状況が変わっても，それぞれのケースの値は固定されて変化しないような変数，あるいは変化しにくい変数，または，変化していくのだけれどその変化が自動的であるような変数があるときは，そうした変数を基準変数とする。たとえば，男・女という性別変数とほかの変数とのクロス表を作る場合には，男・女を基準変数にします。個人の性別は（一般に）変わらないからです。

ただし，いつも基準変数を区別できるとは限りません。たとえば，結婚している夫婦をケースとして，夫の年齢と妻の年齢や夫の学歴と妻の学歴とのクロス表を作るときは，どちらが基準変数だとも決められません。このようなときは二つの方向からの読み方を同時に行うしかないでしょう。

基準変数が決まったら，それを行変数に持ってくるのが普通です。というのは，私たちは一般に行列の形の表をみるとき，自然に行の方を優先する感覚が身についています。とくに数字の場合，視線は上から下へではなく左から右へと流れていきます。そのため，基準変数の値ごとの従属変数の分布のしかたが一つの行の中に示されていた方が，一般的には分かりやすいのです。

2. クロス表の独立性の検定

2.1 独立性の χ^2 検定

観測データとしてえられたクロス表についても，その背後にある母集団を想定することができます。たとえば，表9.1では，若い人ほど性別役割分業に反対する傾向がみられますが，これはさしあたって，ここに現れた2825人のデータの中での傾向です。この傾向が，1995年に20〜69歳であった日本の女性たちの全体にもあてはまるものかどうかは，まだ定かではありません。

クロス表に現れた変数間の関連が母集団でも成立しているかどうかを確かめるためには，基本的に，**クロス表の独立性の検定**を用います。

この検定の考え方を図9.1で説明しましょう。（図では，2×2表になっていますが，一般のk行l列として説明します。）図にあるように，変数Xについて，x_1からx_kまでの値をとり，変数Yについてy_1からy_lまでの値をとるような個

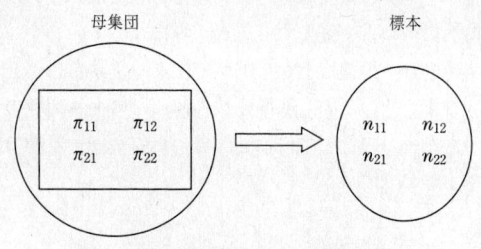

図9.1 クロス表の検定における母集団と標本

体が，母集団でπ_{ij}の分布比率で存在しているとします。これらは全体として1になる比率です。

ここで母集団における分布に関する**帰無仮説**として，「H：**母集団においては，XとYとは独立だ**」という命題を立てます。この命題は，母集団における分布の比率π_{ij}に関して，(9.1) 式のように，それぞれの比率π_{ij}が，周辺比率の積に一致しているということを主張しています。これが「母集団において独立である」ということの意味です。

$$\begin{aligned}&母集団においてXとYが独立\\ &\Longleftrightarrow すべてのi,jの組について \pi_{ij}=\pi_{i\cdot}\times\pi_{\cdot j}\end{aligned} \quad (9.1)$$

次に，この母集団からn個の標本をとり，変数Xと変数Yとを観測して，セル度数n_{ij}からなるクロス表がえられたとします。標本ですから，この観測されたクロス表がそのまま独立な分布になっているとは限りません。しかし，もしも母集団において，(9.1) 式の独立性が成立しているとすれば，標本のクロス表の分布のしかたにはある一定の確率的な制約がかかってきます。たとえば，π_{11}は一つの母比率ですから，標本数n_{11}は，n個の標本における二項分布に従うことになります。

ただし，ここでは母集団においてXとYとが独立に分布しているかどうかが問題なので，単独の二項分布とは異なる確率分布を利用します。それが，**χ^2分布**という確率分布です。

ここで，4章のクロス表の関連性の統計量としてのχ^2値が

9 クロス表の読み方と検定

用いられます。重複しますが、**期待度数 F_{ij} と χ^2 統計量**の定義式を示しておきましょう。

$$F_{ij} = \frac{n_{i\cdot} \times n_{\cdot j}}{n} \tag{9.2}$$

$$\chi^2 = \sum_{i=1}^{k} \sum_{j=1}^{l} \frac{(n_{ij} - F_{ij})^2}{F_{ij}} \tag{9.3}$$

この χ^2 統計量は、もしも母集団において X と Y との分布が独立であるならば、**自由度 $(k-1) \times (l-1)$ の χ^2 分布に従う**、ということが知られています。前にみたように、この χ^2 統計量は、観測されたセル度数の n_{ij} が期待度数の F_{ij} から離れれば離れるほどプラスの方向に大きな値をとることになります。したがって、もしも母集団では独立だという帰無仮説が正しいならば、大きな値の χ^2 値が出現する確率は小さいはずです。このことから逆に、もしも観測データのクロス表から非常に大きな χ^2 統計量がえられたとすれば、そのことは、母集団では独立だという帰無仮説が疑わしいことを意味しています。

χ^2 分布というのは、図9.2にあるように、自由度によって分布の形がやや異なりますが、0以上の値をとり、ある程度大きな値から先の分布はしだいに小さくなっていきます。このことから、大きな値の方向に棄却域を設けて、χ^2 統計量がその領域の値をとったら帰無仮説を棄却する、というふうに設定することができます。

いま、自由度が $df = (k-1) \times (l-1)$ である χ^2 分布において、上側確率がちょうど α になる点を $\chi^2_\alpha(df)$ という記号

図9.2 χ^2分布

$\chi^2_{.05}(12)=21.03$

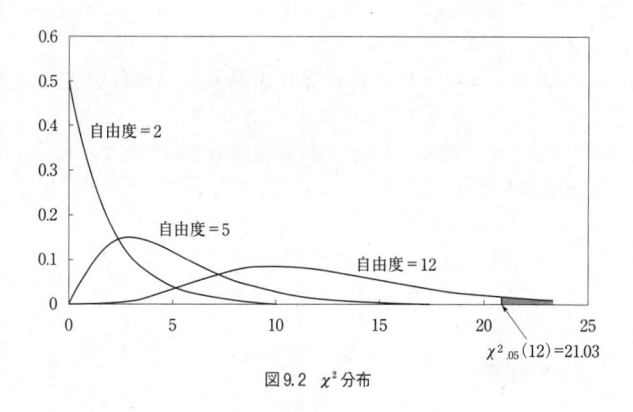

で表すことにしましょう。そうすると、次の原則で、母集団においてXとYとが独立であるといえるかどうかを判断することができます。

クロス表の独立性の検定

> 観測されたχ^2統計量$>\chi^2_\alpha(df)$のとき、危険率αで帰無仮説「H:母集団においてXとYは独立」を棄却し、さもなければ採択する。

つまり、もしも棄却されたならば、「母集団においてXとYは独立ではない、すなわち、関連がある」と判断し、逆に、もしも棄却できないならば、「母集団において、XとYは関連があるとはいえない」と判断することになります。

ここで、表9.1のクロス表に戻りましょう。このクロス表

の χ^2 統計量はすでに計算されていて, χ^2 値は 200.8 になっています。このクロス表は 5 行 4 列ですから自由度は $4\times 3=12$ になります。自由度 12 の χ^2 分布は, $\chi^2_{.05}=21.0$, そして, $\chi^2_{.01}=26.2$ ですから (付録の χ^2 分布のパーセント点の求め方を参照), 200.8 という観測された χ^2 値は, 十分に棄却域に入っています。したがって, 表 9.1 のクロス表からは,「母集団において, 年齢と性別役割分業との間には, 関連がある」と判断していいことになります。

2.2 補足説明

以上が, クロス表の独立性を検定する一般的な方法です。これについて, いくつか補足と注意点とを述べておきましょう。

標本数の条件

まず, この χ^2 検定も, データの χ^2 統計量が近似的に χ^2 分布に従うという性質を利用しているので標本数が少ないときには使えません。ふつうは, すべてのセルの期待度数が 5 以上でなければならないとされています。これは, 観測されたセル度数のことではなく, 独立性を仮定したときに期待されるセル度数が 5 以上だということで, 周辺度数の大きさに依存しています。もしこの条件にみたないデータを分析したいときは, X や Y のカテゴリーの分け方を大まかにして, つまりカテゴリーを結合することで行数や列数を少なくして, 周辺度数を大きくすれば, 期待度数がすべて 5 以上という条

件をクリアーすることができることがあります。

しかし，この条件は非常にゆるやかなものであって，表9.3のように全サンプル数が49しかない場合でも，期待度数はすべて5以上ですからχ^2検定は利用できます。

このクロス表は，表9.1の20代と60代の「そう思う」と「そう思わない」のセル度数をおよそ10分の1にしたものですが，もしもこのようなクロス表が観測された場合，これからはたして母集団における独立性がどう判断されるか，実際にχ^2を計算すると次のようになります。

$$\chi^2 = \frac{(3-7.35)^2}{7.35} + \frac{(15-10.65)^2}{10.65} + \frac{(17-12.65)^2}{12.65}$$

$$+ \frac{(14-18.35)^2}{18.35}$$

$$= 6.88$$

したがって，$6.88 > 6.63 = \chi^2_{.01}(1)$なので，このクロス表からも母集団において20代と60代という年齢と性別役割分業

表9.3　小標本のクロス表

	(a)観測度数			(b)期待度数	
	賛成	反対	計	賛成	反対
20代	3	15	18	7.35	10.65
60代	17	14	31	12.65	18.35
計	20	29	49		

(注)　表9.1のクロス表の，20代と60代の「そう思う」と「そう思わない」の度数を約10分の1にしたもの。

意識との間には，関連があると判断することができます。

どのセルが独立から乖離しているか

クロス表の独立性の検定において帰無仮説が棄却された場合は，母集団において二つの変数のあいだには関連があると判断されますが，どのような関連があるかという点については特定されていません。どのような関連が存在しているのかを教えてはくれないのです。したがって，それを調べるにはまずクロス表そのものを見なければなりません。

このことをより厳密に行うために，ある特定のセルについて，観測された度数が，独立性を仮定したときの期待度数から有意に外れているかどうかを検定する方法があります。これはそれぞれのセルについて，次の (9.4) 式で定義される統計量 Z_{ij} が，近似的に平均 0, 分散 1 の標準正規分布に従うという性質を用いて検定することができます。

$$Z_{ij} = \frac{n_{ij} - F_{ij}}{\sqrt{F_{ij}}} \tag{9.4}$$

たとえば，表 9.1 の 50 代「1. そう思う」と同じく 50 代の「4. そう思わない」の，二つのセル度数について，(9.4) 式を計算してみましょう。

$$Z_{41} = \frac{118 - 92.59}{\sqrt{92.59}} = 2.64$$

$$Z_{44} = \frac{222 - 220.82}{\sqrt{220.82}} = 0.08$$

「そう思う」については，Z の値が 2.64 ですから，独立性から

有意に外れているといえます。「そう思わない」のほうは，Z の値はわずか0.08なので，有意ではありません。このようなセルごとの検定を行っていくと，クロス表全体の中で，どの部分に独立性から有意に外れたセルが存在しているかのパターンを見ることもできます。

標本数による違い

　独立性の帰無仮説が採択された結果，母集団では二つの変数の分布が独立だという判断がなされるとき，注意しなければならないことがあります。まず，一般的な事実として，どのセルの標本数も等しく$1/a$になったとしたら，χ^2の値もやはり$1/a$になるという性質があります。したがって，χ^2の独立性の検定は，同じ関連のパターンを示すクロス表が観測されたとしても，標本数が多くなるほど帰無仮説を棄却することになる傾向があります。逆にいえば，標本数が少なくなれば，母集団で独立だという判断が成立する可能性が高くなるのです。

　たとえば，もしも表9.1のデータが標本数2825ではなくて，約10分の1である283だったとしましょう。それにともなって，すべてのセル度数も，基本的に同じ比率を保ったままで，1/10になったとします。整数値のセル度数で同じ比率を保つことはできませんが，おおよそ，そうなっているものと想像して下さい。この1/10の標本数のクロス表では，χ^2統計量は，もとの値200.8の1/10の20.1程度になります。

　この20.1というχ^2統計量をもとにして独立性の検定を行

うと，$\chi^2{}_{.05}(12)=21.0$ですから，この新しい10分の1のクロス表からは，危険率5％で，母集団において年齢と性別役割分業意識とは独立であると判断されることになります。

これは何か奇妙な感じがします。今の検定は，もとの表9.1の行パーセントのパターンを維持したままで標本数が1/10になっただけだと前提しています。データにおける関連のパターンが変わらないのに，統計的検定を行うとまったく逆の結果が出てくる。これは，やや理解しがたい事態です。

しかしこれは，χ^2検定に限らず統計的検定というものが本来的に持っている注意すべき特性なので，節を改めて説明することにしましょう。

3. 「関連がない」ことの意味

3.1 統計的検定の非対称性

統計的検定は，帰無仮説を棄却することが間違った判断である確率を小さくするという基本原則で組み立てられていますが，その際クロス表の独立性の検定や，比率の差の検定で分かるように，ほとんどの統計的検定は，「関連がない」「差がない」という命題を帰無仮説に設定しています。それは，このような帰無仮説でなければ，標本統計量の確率分布を特定することができないからです。そして，真の世界が図9.3のAのように，実際に「母集団において関連がない」場合には，標本数が多かろうと少なかろうと，同じ危険率αを設定しておけば，誤って「関連がある」と判断する確率は，等し

図9.3 統計的検定の非対称性

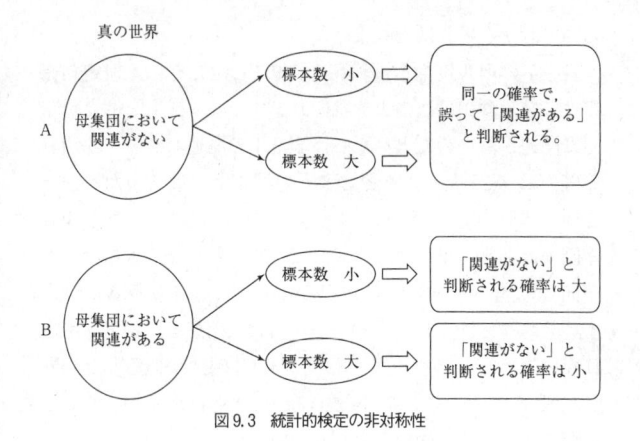

く α におさえられています。

しかし，Bのほうを見て下さい。こちらの真の世界では，母集団において関連があります。このとき，誤って「関連がない」と判断する確率，つまり，第二種の誤りを犯す確率は，標本の大きさによって違いがあります。母集団では関連があるのですから，標本数が多いと，母集団を反映して，「関連がない」という帰無仮説に対して設定される採択域の外に検定統計量が現れる確率が高くなります。しかし，標本数が少ないと，検定統計量が採択域にとどまっている確率が高いままになります。

このように，母集団で関連がある場合とない場合とでは，誤った判断を下す確率との関係のしかたがまったく違います。この非対称性は，統計的検定を活用する上で常に念頭に

おいておかなければなりません。

表9.1のセル度数を一律に1/10にしたときに、検定結果が逆になる理由は次のようになります。まず、もともと母集団に関連がないのだとしたら、表9.1の関連パターンが現れる確率は2825人の標本と283人の標本とではまったく違っていて、標本数が2825人のときにこの関連パターンが現れる確率は非常に小さいのに対して、標本数が283人のデータで同じ関連パターンが現れるのは十分に起こりうることです。それゆえに、2825人のデータでは（間違っているかもしれないというリスクをおかしつつも）「関連がある」と判断し、283人のデータでは「関連はない」と判断するのです。これが、通常の統計的検定で行っていることです。

しかし、逆に、もしも母集団において、表9.1のような関連のあるパターンが実際に存在しているのだとしましょう。このとき、2825人の大きな標本は、「関連はない」という帰無仮説を**正しく**棄却してくれます。しかし、283人の小さな標本は**間違って**採択してしまいます。これが、標本数の違いによっておこることなのです。

3.2 「関連がない」という判断が慎重でなければならない場合

以上のような、統計的検定の非対称性を考えるとき、具体的な研究や実務において注意しなければならないことが明らかになってきます。

先ほど見たように、もしも母集団において関連がないのであれば、標本の数が大きいか小さいかということは問題にな

グループ	母集団の世界（知られていない）	標本
投与しない	病気Aにかかる確率　　3%	$n=200$ 人 発症比率3%
投与する	病気Aにかかる確率　　6%	$n=200$ 人 発症比率6%

比率の差の検定

$$Z = \frac{0.06-0.03}{\sqrt{0.045 \times 0.955 \times \left(\frac{1}{200}+\frac{1}{200}\right)}} = 1.447$$

図9.4　薬害データの検定

りません。しかし，もしも母集団においては関連があるのだとすれば，標本の大小によって私たちが間違った判断をする確率が変わってきます。その確率は，標本数が小さいほど大きくなります。それだけではなく，母集団における関連の度合いが小さい場合，つまり本当は関連がはっきりとあるのだけれども，その度合いが小さい場合にも，間違った判断をする確率は大きくなります。このことは，問題によっては大変深刻です。

　たとえば，ある薬がきわめて危険な副作用を持つかもしれないという疑いがあるとします。はたして，本当にそうした副作用があるかどうかを調べるために，それまでその薬を投与された200人の患者と，同じ症状でも，その薬は投与されていない別の200人の患者とを比較して，はたして疑われているような副作用が存在しているかどうかを調べてみたとします（図9.4参照）。そして問題の薬には，実は服用すること

によって，ある別の病気にかかる可能性を2倍にしてしまう副作用があるとします。他方，この薬が投与されなくても，その新たな病気にかかる可能性は200人について6人，つまり3%の可能性があるとします。したがって，投与された集団については，6%の可能性があることになります。これが，母集団の真の値です。

このとき，実際の200人ずつのデータで，投与されたグループの発症率が6%，投与されなかったグループの発症率が3%だったとしましょう。これは，母比率をそのまま反映した値です。しかし，私たち調査をする側には，この母比率の違いが分かりません。したがって，比率の差の検定を行い，母集団の発症率に差があるかどうかを調べることになります。そうすると，Zの値は1.447となり，この値では5%程度の危険率のとき「薬を服用することによる副作用はない」という帰無仮説は棄却できません。したがって，調査をした研究者は「データに照らしてみて，この薬に副作用があるとはいえない」と判断することになるでしょう。

これは，明らかに間違った判断です。本当は副作用があるのに，統計的検定という考え方に基づけば，副作用はないと判断してしまう。この間違いは，統計的検定というものの性質をよく理解していないために起こるものです。実際，こういう判断のしかたが専門の研究者によってなされたために，深刻な被害が広がってしまった薬害や公害の問題は，少なくありません。

統計的検定は，いわば，刑事裁判における「推定無罪」の

原則,つまり「疑わしきは罰せず」の原則に基づいています。関連がないというのが,ここでいう「無罪」にあたります。人を罰しようとするときには,この原則は必要ですが,薬の害や公害の場合にはこの原則を優先すべきではありません。最大限の安全性の保障という原則の方を優先すべきなのです。

このことは,第二種の誤りを犯すことが深刻な問題であるときには,関連がないという帰無仮説を検定する際に,本当は第一種の誤りではなく,第二種の誤りの方を優先して考えるべきだということを意味しています。これは,検出力 $1-\beta$ を大きくすることを優先すべきだということです。別の言い方をすれば「無関連推定の危険率 β」を小さくすることを優先すべきだということです。けれども通常の統計的検定は,無関連推定の危険率を一義的に小さくするようにはなっていません。

しかし,だからといって,教科書的な検定方法を盲目的に適用するのはよくありません。ここで一つ簡単な方法があります。それは,棄却域を広げることです。つまり,第一種の誤りの確率 α,つまり通常の意味での危険率を上げることです。5%とか1%とかではなく,思い切って20%とか30%に設定してしまう。そこまで上げなくても,たとえば,先ほどの薬の副作用の例の場合,危険率を10%にしてみましょう。対立仮説は,「投与した方の発症率の方が高い」ですから,片側検定になって,Z の棄却域は 1.28 よりも大きい値の領域になります。したがって,帰無仮説は棄却され,副作用

があると判断されることになります。

　このように，問題によっては第一種の誤りの確率である危険率の設定を変える。統計的検定を利用するにあたっては，こうした柔軟な考えを持っていなければなりません。統計的な方法は，あくまで実際の研究や実践のための道具なのです。道具の性能を良く理解して使うことで，はじめて研究や実践の目的に役立てることができるのです。

10 回帰分析

　本章の主題は,量的変数に関する散布図と相関係数の考え方をさらに発展させた分析手法である回帰分析 (regression analysis) ですが,その前に,相関係数の検定について説明しておきましょう。

1. 相関係数の検定

1.1 連続型変数の結合分布

　相関係数がいくらの値だったら関連があると言っていいのかという問題に対する一つの考え方は,「母集団において相関係数は 0」という帰無仮説を棄却できるかどうか,というものです。この検定のためには,まず,**母集団における相関係数**が定式化されていなければなりません。これには,母集団において多変量正規分布をしている二つの連続型の確率変数の間の相関係数という概念を用います。

　まず,連続型の確率変数 X と Y の**結合分布**という概念が重要です。X の値と Y の値を組み合わせたものが,一つひとつの事象として確率にしたがっているとき,その確率分布のことを結合分布といいます。7 章に離散型の結合密度関数が出てきましたが,連続型の場合の結合分布のしかたは,すべての x と y の組合せについての確率 $P(X \leq x$ かつ $Y \leq y)$

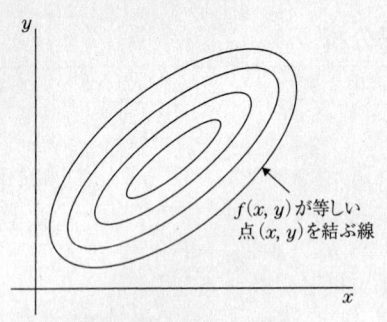

図10.1 結合密度関数を表す等高線図

で定まります。そして、この確率を x と y の関数として表した $F(x,y)$ を、1変数の分布関数と同様に、**結合分布関数**といいます。これをもとにして図10.1の等高線で表されるような連続型の**結合密度関数**が導かれます。この図は、山や谷や平野のある3次元の立体的な地形を2次元の平面の上に描き表すときの等高線と同じで、X と Y の結合密度関数 $f(x,y)$ の高さを表したものです。

結合密度関数 $f(x,y)$ の正式の定義は (10.1) のようになりますが、それよりむしろ図10.2で考えた方が分かりやすいでしょう。

＊結合密度関数の定義

> X と Y の結合分布関数を $F(x,y)$ とするとき、結合密度関数は、すべての x, y について、
> $$F(x,y) = \int_{-\infty}^{x} \int_{-\infty}^{y} f(u,v) dv du \qquad (10.1)$$

を満たす関数 $f(u,v)$ で定義される。

図 10.2 は，結合密度関数を立体的に表したものですが，この山の体積が結合分布の確率の大きさに対応しています。具体的には，点 (x,y) を境にしてこの山の左下部分を切り取ったとき，その体積が，「$X \leq x$ かつ $Y \leq y$」の起きる確率である $F(x,y)$ に対応しています。

なお，単独での密度関数 $f_X(x)$ は，形式的には，

$$f_X(x) \equiv \int_{-\infty}^{\infty} f(x,y)dy$$

で定義され，$f(x,y)$ の山を x の値で縦に切ったときの断面の面積に対応しています。$f_Y(y)$ についても同様です。これらを**周辺密度関数**とよび，これによって X と Y それぞれ単独の分布における，平均や分散や標準偏差が定義できます（7章参照）。

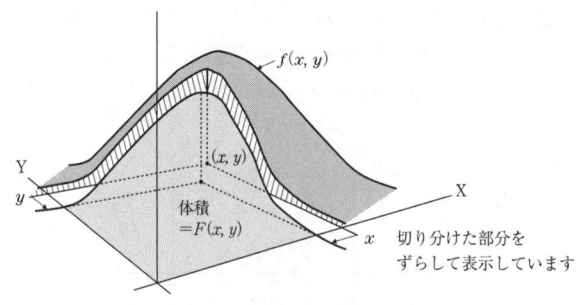

図 10.2 密度関数と分布関数

1.2 共分散と相関係数

結合密度関数を用いて，二つの確率変数の積の期待値 $E(XY)$ が，次の（10.2）式で定義されます。

$$E(XY) \equiv \int_{-\infty}^{\infty}\int_{-\infty}^{\infty} xy f(x,y) dy dx \tag{10.2}$$

これを使って，共分散 $COV(X,Y)$ が，（10.3）式で定義できます。

$$\begin{aligned}COV(X,Y) &\equiv E((X-\mu_X)(Y-\mu_Y)) \\ &= E(XY) - \mu_X \mu_Y\end{aligned} \tag{10.3}$$

ただし，$\mu_X = E(X)$，$\mu_Y = E(Y)$ で，単独の分布における平均を表しています。

こうして，X と Y との相関係数 ρ（ロー）は，（10.4）式のように，データの相関係数と同じく，共分散をそれぞれの標準偏差で割ったものとして定義されます。

$$\rho \equiv \frac{COV(X,Y)}{\sigma_X \sigma_Y} \tag{10.4}$$

この相関係数 ρ というのは，等高線図で考えると，図 10.3 にあるように，等高線の形がどの程度斜めになっているかに

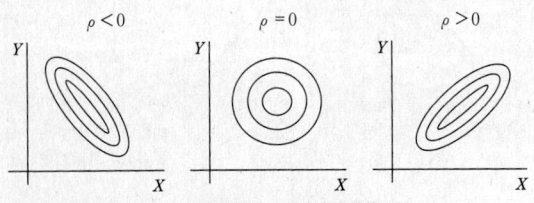

図 10.3　相関係数 ρ と結合密度関数の形

関係しています。

また，この相関係数ρも，データの相関係数rと同じように，必ず最大で$+1$，最小で-1の値をとります。

> ＊相関係数ρは正式には，次式を密度関数とする2変量正規分布におけるパラメターρとして定義されるものですが，それ以外の二つの確率変数についても，一般的に（10.4）式で定義したものを相関係数と呼ぶのが普通になっています。
>
> **2変量正規分布の結合密度関数**
> $$f(x,y) = \frac{1}{2\pi\sigma_X\sigma_Y\sqrt{1-\rho^2}}$$
> $$\times \exp\left\{-\frac{1}{2(1-\rho^2)}\left(\frac{x^2}{\sigma_X{}^2} - \frac{2\rho xy}{\sigma_X\sigma_Y} + \frac{y^2}{\sigma_Y{}^2}\right)\right\}$$

なお，相関係数ρと二つの変数の間の**独立性**には，次のような関係があります。

一般の二つの確率変数XとYについては，
　XとYが独立ならば，相関係数$\rho=0$．
2変量正規分布をしているXとYについては，
　XとYが独立ならば，かつそのときにのみ，
　相関係数$\rho=0$．

1.3 検定のしかた

以上のようにして，母集団における相関係数の概念がはっきりしましたので，これによって，標本の相関係数から検定を行うことができます。

いま，X と Y の二つの変数について，帰無仮説を「H：$\rho=0$」とします。この帰無仮説が真のとき，n 個の標本からなる観測データにおける X と Y の相関係数 r_{xy} について，

$$t = \frac{r_{xy}}{\sqrt{1-r_{xy}{}^2}}\sqrt{n-2} \tag{10.5}$$

が自由度 $n-2$ の t 分布に近似的にしたがうことが知られています。したがって，危険率 α の棄却域は次のようになります。

両側検定のとき　　　　　……　$|t| > t_{\frac{\alpha}{2}}(n-2)$

対立仮説が「$\rho > 0$」のとき　……　$t > t_\alpha(n-2)$

そして，帰無仮説が棄却されるとき，X と Y には「有意な関連がある」ということができます。（厳密にいえば，この方法は母集団が2変量正規分布していることを前提にしていますが，そうでない場合でも近似的方法として使ってかまいません。）

また，危険率 α で，母集団において相関係数が0でないといえるための標本相関係数の値は，(10.6)式で与えられ（両側検定），具体的には，表10.1のようになっています。標本

表10.1　検定で有意であるための相関係数の下限値

n	$\alpha=0.05$	$\alpha=0.01$
100	.198	.262
400	.098	.129
1000	.062	.081

相関係数の絶対値がこれよりも小さいとき,母集団において関連があるということはできません。

$$|r| > \frac{t_{\frac{\alpha}{2}}}{\sqrt{n-2+t_{\frac{\alpha}{2}}^2}} \qquad (10.6)$$

なお,標本データから相関係数rを計算する式は4章の(4.7)式にあります。その際,標準偏差のもととなる分散の計算で,$n-1$で割った不偏分散を用いることがあります。その場合には,共分散((4.6)式)の方もnではなく$n-1$で割っておきます。nか$n-1$かで統一しておけば,相関係数の値にちがいはありません。

2. 1変数による回帰分析

2.1 散布図と回帰直線

ある中学のクラスにおいて,生徒の国語と社会の成績の散布図が,図10.4のようであったとしましょう。ただし,架空のデータです。

こうした散布図は,データとして観測された二つの量的な変数の結合分布のしかたを表しています。この図に見られる国語の成績と社会の成績との関連のしかたを,一本の直線,

$$y = a + bx \qquad (10.7)$$

で表すことを考えてみます。この直線のことを**回帰直線**といい,直線の方程式(10.7)を**回帰式**といいます。

この式の定数aの値と傾きbの値の具体的な数値の決め方

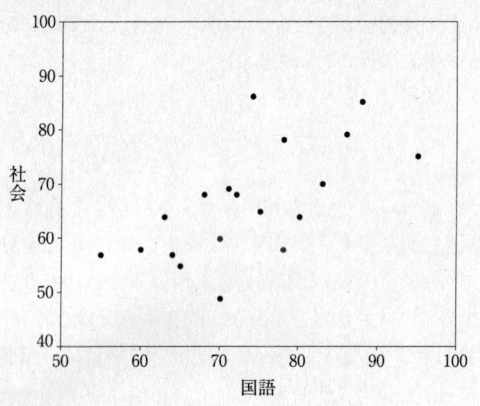

図 10.4 国語と社会の成績の散布図

には，誤差の二乗の和を最小にするという意味の**最小二乗法**という方法が使われます。

あるケース i の誤差 e_i は，図 10.5 に示されているように，観測された実際の y_i と直線上の y_i' との差です。すなわち，(10.7) の直線の方程式の x に i 番目のケースの実際の国語の成績である x_i を代入した，

$$y_i' = a + bx_i \tag{10.8}$$

が直線上における社会の成績になり，これと実際のデータとの差，

$$e_i = y_i - y_i' = y_i - (a + bx_i) \tag{10.9}$$

が誤差です。

誤差 e_i の大きさは，直線の方程式の定数 a と傾き b の値によって変化します。ここで，誤差 e_i にはプラスもマイナスも

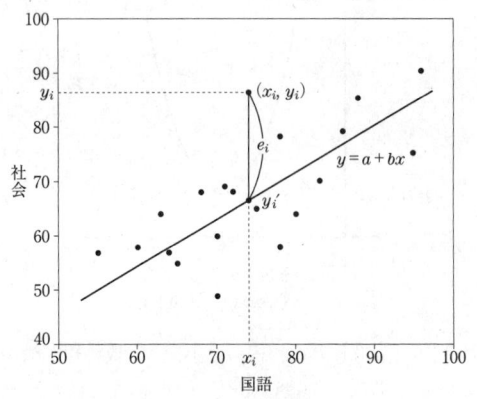

図 10.5 散布図と直線の方程式

ありますから、誤差の二乗の和である (10.10) 式の Q を最小にすることを考えます。

$$Q \equiv \sum_{i=1}^{n} e_i^2 = \sum_{i=1}^{n} (y_i - (a + bx_i))^2 \qquad (10.10)$$

Q の大きさもまた、直線の定数 a と傾き b の値によって変化しますが、Q を最小にするような a と b の値の組合せがあります。したがって、それを求めて回帰式を決定する。これが最小二乗法です。そして、最小二乗法によって求まる a と b の値を、**最小二乗解**といいます。

2.2 a と b の値の計算式

では、具体的に、a と b の最小二乗解をどう求めたらいいでしょうか。

10 回帰分析 219

図10.6 放物線とその最小値

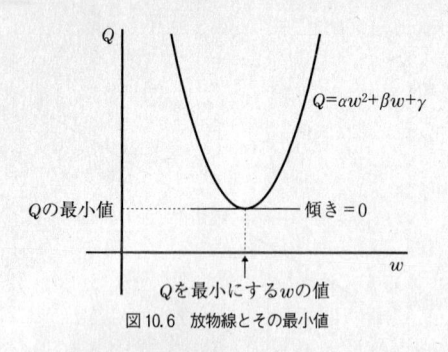

　たとえば、図10.6の放物線の最小値や、放物線が最小になるようなwの値は、曲線Qのグラフの接線の傾きが水平になる点wの値で求められます。それは、Qをwで微分してえられる導関数の値が0だということです。

　図10.6のQは一つの変数wだけの関数ですが、(10.10)式のQは二つの変数aとbの関数になっています。(x_iとy_iはデータとして与えられる値なので、Qを最小化するという目的にとってはaとbが変数になります。)そのグラフは、図10.6を立体化した、下に凸の「ざる」の形をしています。そのとき、「ざる」の先端がQの最小の値になり、その点をaとbの平面の座標におろしたものが、最小値を与えるaとbとの値の組です。

　このようなaとbの値は、数学的には、(10.10)式のQを、aとbとでそれぞれ偏微分してえられる二つの偏導関数が、同時に0になるような値の組として求められます。しかし、その展開は省略しましょう。結論としては、そうした二つの

偏導関数を0とおいた式を整理すると，(10.11) のような比較的簡単な式がえられます。（ここでも，データ上の分散 s_x^2 と共分散 s_{xy} は，n で割ったものでも，$n-1$ で割ったものでも，どちらかに統一してあればどちらでもかまいません。）

$$\left.\begin{array}{l} a = \bar{y} - b\bar{x} \\ s_x^2 b = s_{xy} \end{array}\right\} \qquad (10.11)$$

これより，最小二乗解の傾き b と定数 a の値が次のように決まることになります。

$$\left.\begin{array}{l} b = \dfrac{s_{xy}}{s_x^2} \\ a = \bar{y} - \dfrac{s_{xy}}{s_x^2}\bar{x} \end{array}\right\} \qquad (10.12)$$

回帰式 $y = a + bx$ の傾き b を**回帰係数**，定数項 a を**切片**といいます。この回帰式に，x_i を代入してえられる y の値 y_i' を，回帰による**予測値**といいます。そして，x の方を**独立変数**，y の方を**従属変数**と呼んでいます。（ここでの「独立」というのは，これまでに出てきたクロス表の独立や確率の独立とは関係なく，単に，x の値によって y の値を予測しているため，y を従属，x を独立，として対比的に呼んでいるだけです。）

表 10.2 国語と社会の成績

国語	社会
88	85
78	58
95	75
72	68
96	90
86	79
65	55
83	70
68	68
80	64
78	78
75	65
74	86
70	49
55	57
71	69
64	57
70	60
63	64
60	58
分 散 123.63	128.83
共分散	90.513

実際に,図10.4の散布図について,回帰式を求めてみましょう。実際のデータと,分散および共分散(ともに$n-1$で割ったもの)が,表10.2に示されています。これから,

$$y = 13.169 + 0.732x \tag{10.13}$$

という回帰式が求められます。

この式は,図10.4の散布図における国語と社会との平均的な関係を示しているといえます。つまり,平均的にいえば,国語が0点でも社会は13.169点あり,国語が1点あがると,社会は0.732点あがるという関係があるということです。

3. 重回帰分析

3.1 独立変数が2個の場合

2個以上の独立変数のある回帰分析は,とくに**重回帰分析**と呼ばれます。(10.14)式が,従属変数yを二つの独立変数x_1とx_2とに回帰させたときの重回帰モデルを表しています。

$$y = b_0 + b_1 x_1 + b_2 x_2 \tag{10.14}$$

係数b_1とb_2は,重回帰分析では,**偏回帰係数**(partial regression coefficient)と呼ばれます。

さて,(10.14)式が何を意味しているかを,グラフ的に理解してみましょう。まず,今の場合,前節の散布図に対応するものは,図10.7のように,x_1とx_2とyの3次元からなる立体空間の中に散らばっているそれぞれのケースの観測値(x_{i1}, x_{i2}, y_i)の分布になります。そして,(10.14)の重回帰式は,この3次元空間の中のある一つの平面を表現していま

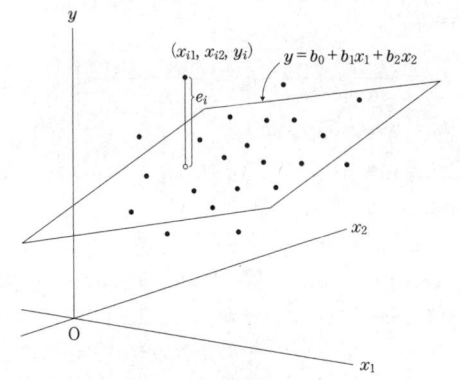

図10.7 独立変数が2個のときのデータと回帰式

す。

実際に観測されたデータは，必ずしもこの平面の上にあるとは限りません。前節と同様に，やはり誤差e_iが存在します。したがって，観測値については，誤差e_iを含んだ(10.15)式が成立しています。

$$y_i = b_0 + b_1 x_{i1} + b_2 x_{i2} + e_i \quad (i=1,\cdots,n) \qquad (10.15)$$

ここで，b_0, b_1, およびb_2の値は，やはりデータの観測値に基づいて，最小二乗法によって決定します。つまり，(10.15)式における誤差e_iの二乗の和Qを最小化する，というやり方です。この場合も，$e_i = y_i - (b_0 + b_1 x_{i1} + b_2 x_{i2})$になるので，$Q$を未知数である$b_0$と$b_1$と$b_2$とでそれぞれ偏微分することによって，$Q$を最小化するような$b_0$と$b_1$と$b_2$との値についての式を導き出します。

その結果が，次の (10.16) 式です。

$$b_1 = \frac{s_{22}s_{1y} - s_{12}s_{2y}}{s_{11}s_{22} - s_{12}^2}, \quad b_2 = \frac{s_{11}s_{2y} - s_{12}s_{1y}}{s_{11}s_{22} - s_{12}^2}$$
$$b_0 = \overline{y} - (b_1\overline{x}_1 + b_2\overline{x}_2)$$
(10.16)

(ただし，$s_{11} = s_1^2$ で，x_1 の分散，s_{12} は，x_1 と x_2 の共分散。以下同様。)

表 10.3 100m 走の時間（秒）
（ケース順は，表 10.2 と同じ）

15.3
13.0
16.4
14.1
14.8
13.6
12.9
15.7
12.4
15.9
14.0
13.3
16.0
12.0
12.9
15.1
14.1
15.9
11.8
13.0

例 先ほどの国語と社会の成績のほかに，表 10.3 のような 100m 走の速さのデータがあるとします。国語のほかに 100m 走の時間をもう一つの独立変数として社会の成績を従属変数とする重回帰分析を行ってみます。結果として，切片と偏回帰係数の値は，(10.17) 式のようになりました。

社会 = 1.822 + 0.632 × 国語
　　　 + 1.335 × 100m 走　　(10.17)

前の 1 変数のときと比べて，国語の偏回帰係数が少し変化し，切片は大きく変わりました。また，走るのが 1 秒遅くなると社会の点が 1.335 点上がるという傾向が見られます。

3.2 一般の重回帰式

独立変数の数が増えると,偏回帰係数を求める式はさらに複雑になってきますが,基本的な原理については,比較的単純な構造があります。

まず,独立変数の数が m 個ある一般的な重回帰式を,(10.18) とします。

$$y = b_0 + b_1 x_1 + b_2 x_2 + \cdots + b_m x_m \tag{10.18}$$

観測データは $(m+1)$ の次元からなる空間の中に散らばっていることになりますが,残念ながら,もはや図で表すことはできません。(10.18) 式そのものは,$(m+1)$ よりも一つ次元の小さな m 次元の空間を表しています。3次元空間の中の2次元の平面,あるいは,2次元空間の中の1次元の直線のようなものです。

この重回帰式の切片 b_0 と係数 $b_1, \cdots, b_m$ について,やはり最小二乗解を求めると,まず $b_1, \cdots, b_m$ の偏回帰係数は,次の (10.19) の連立一次方程式を解くことによって求められます。

$$\left. \begin{array}{l} b_1 s_{11} + b_2 s_{12} + \cdots + b_m s_{1m} = s_{1y} \\ b_1 s_{21} + b_2 s_{22} + \cdots + b_m s_{2m} = s_{2y} \\ \quad \cdots \\ b_1 s_{m1} + b_2 s_{m2} + \cdots + b_m s_{mm} = s_{my} \end{array} \right\} \tag{10.19}$$

先ほどの2変数のときの b_1 と b_2 の式も,実は $m=2$ のときの (10.19) 式を解いてえられたものです。

この方程式の未知数は,b_1 から b_m までの偏回帰係数です。それに対して,観測データから計算することのできる独立変

数のあいだの分散と共分散とが，方程式の左辺の係数として規則的に並んでいます。また右辺には，s_{1y}からs_{my}まで，独立変数と従属変数yとの共分散が順番に並んでいます。

このように，一般的な重回帰式の偏回帰係数は，(10.19)の連立方程式の解として決まります。

切片b_0については，これまでと同じように，(10.19)式を解いてえられる$b_1, \cdots, b_m$を用いて，次の(10.20)式で求められます。

$$b_0 = \bar{y} - (b_1 \bar{x}_1 + b_2 \bar{x}_2 + \cdots + b_m \bar{x}_m) \tag{10.20}$$

＊なお，予測値y'や誤差eには次のような性質があります。

$$\left.\begin{array}{l}(1) \quad \bar{y}' = \bar{y} \\ (2) \quad \bar{e} = 0 \\ (3) \quad s_{ej} = 0 \quad (s_{ej}\text{は，}e\text{と}x_j\text{との共分散。}j=1,\cdots,m) \\ (4) \quad s_{ey'} = 0 \\ (5) \quad s_{y'j} = s_{yj} \quad (j=1,\cdots,m) \\ (6) \quad s_{yy'} = b_1 s_{1y} + b_2 s_{2y} + \cdots + b_m s_{my} = s_{y'}{}^2\end{array}\right\} \tag{10.21}$$

3.3 決定係数

これまで述べてきたことは，重回帰式を立てたときに，切片b_0や偏回帰係数$b_1, \cdots, b_m$をどうやって求めるかという計算方法にすぎません。重要なのは，こうして具体的に求まる重回帰式から，いったい何が分かるのか，何をどう読めばいいのかという問題です。

まず重要な概念が**決定係数**（Coefficient of Determination）です。この概念は，従属変数 y の観測された分散が，(10.22) 式のように，予測値 y' の分散と誤差項 e の分散とに分割可能であることに基づいています。

$$s_y{}^2 = s_{y'}{}^2 + s_e{}^2 \tag{10.22}$$

予測値 y' の分散のことを「説明された分散」といい，誤差項 e の分散のことを「説明されない分散」といいます。このとき，決定係数 R^2 が (10.23) で定義されます。

$$R^2 \equiv \frac{\text{説明された分散}}{\text{観測された } y \text{ の分散}} = \frac{s_{y'}{}^2}{s_y{}^2} = 1 - \frac{s_e{}^2}{s_y{}^2} \tag{10.23}$$

なお，分散ではなくて「平方和（偏差平方和）」の概念を用いても同じように定義できます。「平方和」というのは，たとえば (10.24) 式のように，分散を計算する際の，n もしくは $n-1$ で割る前の $\sum$ の式のことです。予測値や誤差項についても同様です。

$$y \text{ の平方和 } (SS_\text{T}) = \sum (y_i - \bar{y})^2 = (n-1)s_y{}^2$$
$$(s_y{}^2 \text{ が不偏分散のとき}) \tag{10.24}$$

y の平方和を SS_T (Total)，予測値の平方和を SS_E (Explained)，そして誤差項の平方和を SS_R (Residual) という記号で表します。SS は Sum of Squares（平方和）の略です。そうすると，分散についてと同様に，

$$SS_\text{T} = SS_\text{E} + SS_\text{R} \tag{10.25}$$

となっており，(10.26) 式

$$R^2 = \frac{SS_\text{E}}{SS_\text{T}} = 1 - \frac{SS_\text{R}}{SS_\text{T}} \tag{10.26}$$

が成立します。

y の平方和のことを**全平方和**，予測値の平方和のことを**回帰平方和**，誤差の平方和のことを**残差平方和**ともいいますので，決定係数は，全平方和に占める回帰平方和の割合になっています。これは 0 から 1 の間の値をとり，重回帰式に投入した独立変数 x_1 から x_m までの全体によって，y の分散がどの程度説明できているかを表す指標になっています。決定係数が 1 のときは，誤差の分散が 0 で，これは誤差がまったくない，つまり，観測値 y が完全に重回帰式にあてはまっているということです。1 変数の場合には，これは，すべての観測データが $y=a+bx$ の直線の上にあることを意味しています。2 変数の場合には，すべての観測データが立体空間の中の一つの平面の上にぴったりとのっていることを意味しています。

なお，決定係数 R^2 の正の平方根のことを**重相関係数**（Multiple Correlation Coefficient）といい，これは，観測値 y と予測値 y' との相関係数に一致しています。

$$\text{重相関係数} = \sqrt{R^2} = r_{yy'} \tag{10.27}$$

3.4 標準化した偏回帰係数

偏回帰係数の性質を理解するためには，標準化した偏回帰係数の概念を知っておく必要があるでしょう。

標準化した偏回帰係数というのは，従属変数と独立変数についてすべての観測データをあらかじめ**標準化*** しておいて，この標準化された変数を用いて重回帰式を立てたときに求まる偏回帰係数のことです。変数の標準化については 7 章

で述べましたが,標準化したあとの変数は,すべて平均が0で分散が1になっています。

> *観測された任意の量的変数xのすべてのケースの値x_iを,
>
> $$z_i = \frac{x_i - \bar{x}}{s_x}$$
>
> の式でz_iに変換することを標準化という。これは,正規分布している確率変数Xを標準化して標準正規分布のZに変換するのと同様である。

標準化された変数について重回帰式 (10.28) を立てて最小二乗法で解くと,異なる偏回帰係数の値が得られます。もとの偏回帰係数と区別するために,ここではpの記号を使っています。また,(10.28) 式には,切片の項がありませんが,これは,必ず0になるからです。

$$y = p_1 x_1 + p_2 x_2 + \cdots + p_m x_m \tag{10.28}$$

標準化した偏回帰係数と通常の偏回帰係数との間には (10.29) の関係があり,通常の偏回帰係数b_jは,標準化偏回帰係数p_jに,もとのyの標準偏差と当該の独立変数x_jの標準偏差との比をかけたものになっています。

$$b_j = \frac{s_y}{s_j} p_j \quad (j=1,\cdots,m) \tag{10.29}$$

このことから,ふつうの偏回帰係数は,独立変数の標準偏差の大きさに反比例することが分かります。すなわちスケール・フリーではないということです。

3章で，分散や標準偏差はスケール・フリーではないので，不平等度を比較するための指標としては不適切だということを述べましたが，ここでも同じことが起こっています。したがって，通常の偏回帰係数は，独立変数どうしの間で，従属変数 y との関係のしかたの大きさを比較するための指標としては，適切なものではありません。たとえば，社会の成績を国語の成績と 100m を走る時間とに回帰させた場合，100m を走る時間の単位を，秒ではなく 10 分の 1 秒に変えたとしたら，その偏回帰係数はもとの偏回帰係数の 1/10 の大きさに変わります。この点はくれぐれも注意しなければなりません。

標準化した偏回帰係数のほうにはその問題はありませんが，それでも次の点には注意しなければなりません。それは，標準化した場合でも，一緒に投入されている独立変数の組合せによって，独立変数の偏回帰係数の大きさが変わってくるということです。

たとえば，次のように数学と国語と社会の成績の間の相関係数があるとします。

	数学	国語	社会
数学	1	.642	.377
国語		1	.717
社会			1

ここで，数学を社会だけに回帰させたときの標準化した偏回帰係数の値は，相関係数そのものに一致しますので，0.377

になります。(標準化しているので,分散は1,共分散は相関係数に一致していることを (10.12) 式に適用すれば,独立変数が1個のとき,標準化偏回帰係数 = 相関係数。)次に,数学を社会と国語とに回帰させて,上の相関係数の値からやはり標準化偏回帰係数を求めると,国語の係数は 0.766 ですが,社会の係数は −0.172 となって,マイナスになってしまいます。国語が独立変数に追加されたことによって,偏回帰係数の値がプラスからマイナスに変わってしまいました。このようなことは,独立変数同士のあいだでの相関が高いときにはしばしば起こります。したがって,ある x_j の偏回帰係数の値は,x_j が他のどんな独立変数と一緒に回帰式に投入されているかに依存している,ということになります。

4. 検定

4.1 母集団に関する基本前提

重回帰分析もまた,統計的検定の対象になります。統計的検定は,図 10.8 にあるように,観測されたデータの背後にあると想定される母集団の世界の構造を考察するということを意味しています。観測データではこうだったけれども,母集団の世界でも,データに現れたのと同じような変数間の構造が成立しているといえるのかどうか,ということを問題にするのが検定です。

一般的には,重回帰分析における検定は,偏回帰係数の大きさが母集団においては0ではないのかどうかを問題にしま

す。たとえば、さきほどの社会の成績と国語および100m走との分析では、国語の偏回帰係数は0.632, 100m走のそれは1.335でした。もしかしたらこれは、この20人のデータでたまたまそうなっただけで、このデータのもとにある母集団の構造は違うものかもしれないと疑ってみるのが、検定をするということです。

検定のためには、帰無仮説を定式化しなければなりません。母集団と標本観測値との関係は図10.8のようになりますが、重回帰式も、母集団と標本データとの関係を表現する真の関係式として (10.30) 式のように定式化されます。

$$Y_i = \beta_0 + \beta_1 x_{i1} + \beta_2 x_{i2} + \cdots + \beta_m x_{im} + \varepsilon_i \quad (i=1,\cdots,n)$$
(10.30)

この式は、これまでの重回帰式と少し違いがあります。まず、偏回帰係数がbではなく、β（ベータ）になっています。βは、母集団における**真の偏回帰係数**を表しています。次

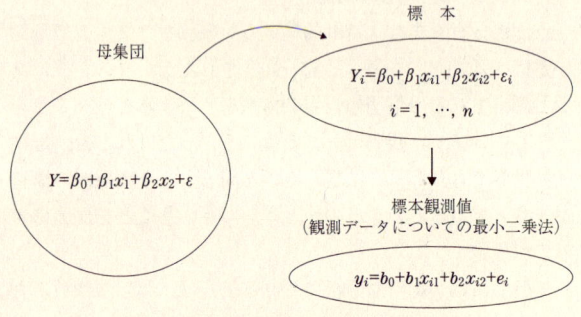

図10.8 母集団と標本観測値（独立変数2個の場合）

に，誤差項がeではなくεで表されます。これは，誤差項が**確率変数**であることを表現するためです。Yが大文字になっているのも，Yという従属変数は誤差項εによって規定されている確率変数であることを表すためです。他方，独立変数xは小文字のままにしてあります。これは，xの方は確率変数ではなく，データで観測されたxの値は，母集団における値を正しく測定していると前提していることを意味しています。

さらに確率変数εについては，(10.31)式のような仮定がおかれます。

$$\left.\begin{array}{l}(1)\ E(\varepsilon_i)=0\\(2)\ V(\varepsilon_i)=\sigma^2\\(3)\ \varepsilon_i と \varepsilon_{i'} とは独立。\quad (i'\neq i)\\(4)\ \varepsilon_i は正規分布にしたがう。\end{array}\right\} \quad (10.31)$$

このように定式化されるのが，統計的検定において用いられる重回帰モデルです。なお，このモデルにおいて，母集団の構造を規定しているのは各$\beta_j\ (j=0,\cdots,m)$とσです。これらを「パラメター」と呼びます。

4.2 偏回帰係数の検定

以上のような重回帰モデルが母集団で成立していると考えましょう。そうすると，私たちが手にしているデータは，このモデルによって規定されているメカニズムによって出現した一組の観測値であることになります。そして，このデータに対して重回帰式を立て，最小二乗法によって切片や偏回帰

係数を計算して求めるとします。その結果としてえられる切片 b_0 や偏回帰係数 $b_1, \cdots, b_m$ は，真の $\beta_0, \beta_1, \cdots, \beta_m$ に対する，観測データからの**推定値**だと考えることができます。そして，観測データのうち，従属変数 y は誤差項 ε のせいで確率分布している Y の実現値になります。したがって，観測データとしての y の分散や y と独立変数との共分散なども確率分布の結果であり，さらに，それらを用いて計算して求められる b_0 や $b_1, \cdots, b_m$ もまた，確率分布にしたがって出現するわけです。つまり，最小二乗法によって求められる偏回帰係数は，確率的に分布している中からたまたま観測されたものだ，ということです。

前項で述べた基本前提のもとで，この確率分布のしかたは，次の (10.32) のようになっていることが知られています。

(1) b_j は，平均 $=\beta_j$，分散 $=c_{jj} \times \dfrac{\sigma^2}{n}$ の正規分布に従う。

(10.32a)

(2) 最小二乗法によってえられる誤差項 e のデータ上の分散

$$s_e^2 = \frac{1}{n}\sum e_i^2 \text{ について,}$$

$$E(s_e^2) = \frac{n-m-1}{n}\sigma^2 \tag{10.32b}$$

ここで，c_{jj} という新しい記号は，データ上の独立変数 $x_1, \cdots, x_m$ の間の分散と共分散の全体構造から x_j の変数につ

いて求められる値で、一般的には式で表すことは難しく、コンピュータで計算して求められる値です。ただ、独立変数が1個だけのときは簡単で、c_{11}の値は$1/s_{11}$になっています。このc_{jj}はとりあえず、コンピュータが計算してくれるものと考えて下さい。

(10.32) より、σ^2にその推定値 $\dfrac{ns_e^2}{n-m-1}$ を代入してえられる次の (10.33) 式のtが、自由度 $(n-m-1)$ のt分布に従うことになります。よって、これを用いてβ_jに関する帰無仮説を検定することができます。(これは8章で述べた平均に関するt検定と同じ構造です。)

$$t = \frac{b_j - \beta_j}{s_e \sqrt{\dfrac{c_{jj}}{n-m-1}}} \tag{10.33}$$

とくに、帰無仮説が「H：$\beta_j = 0$」のときは、「独立変数x_jはyの分布には影響していない」という仮説を意味していて、もしこれが棄却されれば「x_jはyに影響している」と判断することができます。

なお、(10.33) 式の分母は、偏回帰係数b_jの標準偏差の推定値になっており、これを「偏回帰係数の**標準誤差**」と呼びます。t分布の性質から、観測された$|b_j|$がだいたい「標準誤差×2」よりも大きければ、危険率5%の両側検定で、「H：$\beta_j = 0$」を棄却することができます。

また、この「標準誤差×2」の値は、観測値b_jが真の値β_jを中心に約95%の確率で出現する幅を表しています。これによって逆に「$b_j \pm$標準誤差×2」の区間を「真の値β_jの95%

信頼区間」といいます。

4.3 一般的な検定

次に、もっと一般的な検定方法があります。いま、検定したい帰無仮説として、下のように、全部で m 個ある独立変数のうち、あとの方の β_{k+1} から β_m までの $(m-k)$ 個の偏回帰係数はすべて母集団では0だ、という可能性を考えます。

$$\underbrace{\beta_1, \cdots, \beta_k,}_{k 個} \underbrace{\beta_{k+1}, \cdots, \beta_m}_{m-k 個}$$

すなわち、「$H : \beta_{k+1} = \cdots = \beta_m = 0$」です。

この帰無仮説を検定するためには、もとの m 個の独立変数を投入した重回帰式のほかに、もう一つ、はじめの x_1 から x_k まで k 個の変数だけを投入した重回帰式を立てます。そして、それぞれの重回帰式を最小二乗法で解いて、結果として出てくる決定係数をそれぞれ $R_m{}^2$ と $R_k{}^2$ とします。（一般的に多くの変数を投入したときの決定係数の方が、等しいかより大きくなっています。）

x_1 から x_m までを投入したときの決定係数 $= R_m{}^2$

x_1 から $x_k (k<m)$ までを投入したときの決定係数
$= R_k{}^2$

このとき、帰無仮説「$H : \beta_{k+1} = \cdots = \beta_m = 0$」のもとで、次の F が、自由度 $(m-k, n-m-1)$ の F 分布に従います。

$$F = \frac{\dfrac{R_m{}^2 - R_k{}^2}{m-k}}{\dfrac{1-R_m{}^2}{n-m-1}} \tag{10.34}$$

この検定のしかたは,次のように,1個の偏回帰係数が0だという帰無仮説の検定にも使えますし,m個すべての偏回帰係数が0だという帰無仮説の検定にも使えます。

(1) まず,1個の偏回帰係数が0だという帰無仮説の検定ですが,ここで検定の対象となる偏回帰係数が最後のm番目のものだとしましょう。そうすると,$\beta_m = 0$という帰無仮説のもとで,

$$F = \frac{R_m{}^2 - R_{m-1}{}^2}{\dfrac{1-R_m{}^2}{n-m-1}} \tag{10.35}$$

が自由度$(1, n-m-1)$のF分布に従います。この検定のしかたは,さきに述べたt分布を使ったものと完全に一致します。

(2) 次に,β_1からβ_mまでのすべての偏回帰係数が0だという帰無仮説の検定方法は,(10.34)においてkを0にしたものになります。したがって,この帰無仮説のもとでは,

$$F = \frac{\dfrac{R_m{}^2}{m}}{\dfrac{1-R_m{}^2}{n-m-1}} \tag{10.36}$$

が自由度$(m, n-m-1)$のF分布に従います。

もしも、この検定によって帰無仮説が採択されたならば、すべての独立変数が全体として y に対しては有意な関連をもっていないということを意味します。

　この検定はまた、前に述べた平方和の概念を用いても定式化されます。すなわち、$R^2=1-SS_R/SS_T$ でしたから、(10.36) 式の F の式は、

$$F = \frac{SS_E(\text{回帰平方和})/m}{SS_R(\text{残差平方和})/(n-m-1)}$$

$$= \frac{\text{回帰の平均平方和}}{\text{残差の平均平方和}} \tag{10.37}$$

ともなっています。F の値をこの形で求めて、回帰式の全体が有意であるかどうかを検定することを、重回帰モデルの**分散分析**と呼んでいます。

　3.1 の独立変数 2 個の場合で用いた、社会の成績を国語と 100m 走とに回帰させたデータ例について、決定係数と検定結果は次のようになっています。

決定係数 $R^2=0.730$
偏回帰係数の検定 （H：$\beta_j=0$)

独立変数	b_j	標準誤差	t	有意水準
国語	.632	.207	3.046	.007
100m 走	1.335	1.596	.836	.415

分散分析

	平方和	自由度	平均平方和	F値	有意水準
回帰	SS_E=1306.052	2	653.026	9.724	.002
残差	SS_R=1141.698	17	67.159		
全体	SS_T=2447.750	19			

したがって，(1)社会の成績に対して国語は有意だけれども，100m走は有意ではない。そして，(2)モデル全体としては有意，という結果になります。

11 計量モデルの意味

1. さまざまな多変量解析

1.1 多変量の計量モデルの魅力

今日の統計的分析では，しばしば**多変量解析**と呼ばれるさまざまな統計的な計量モデルが広く用いられています。代表的なものとしては重回帰モデルなどがあげられますが，このような多変量の計量モデルには，次のような魅力があります。

第一に，たくさんの変数を扱うことで，従属変数の分布のしかたをよりよく説明できるのではないかという期待があります。たとえば，天気予報に用いる気象モデルは，分析で同時に扱う地点やデータの量が多ければ多いほど，より正確な予報のためのモデルが作成できるとされています。また健康診断でも，検査項目が多いほどより的確な診断につながると考えられています。

第二に，探求しようとする現象が複雑で，ニュートンの力学法則やボイル＝シャルルの法則のような，ごく少数の変数からなる比較的単純な数式では表すことができない場合には，より多くの変数を同時に分析することで，なんとか複雑な現象にアプローチしていくことができるのではないかという期待があります。たとえば，経済学において GDP などを

計算する国民経済計算の計量モデルを作成する際には、数多くの連立方程式に経済的な統計データを投入して解くことによって、モデルの計算式に含まれるさまざまな係数の値を求めるということが行われています。

第三に、多くの変数を同時に扱うことによって、それらの大まかな関係や基本的な構造をとり出したり、あるいは、それらの背後に共通して存在するかもしれない少数の基本的な変数をとり出したりすることができるのではないか、という期待があります。たとえば、かつて知能指数IQという概念が作られて、学校や軍隊などで盛んに測定が試みられたことがありましたが、当時は人々の学校での成績だけではなく、職業生活や人間関係にも関わる共通の能力としての「知能」というものがあり、それは知能指数によって測定できると考えられていました。その際、一つや二つのテストからは分からないとしても、さまざまな設問を多数用意した知能テストの結果であれば、「知能」の測定は可能だろうと考えられたのです。このような問題関心は、知能だけでなく、人々の健康状態や意識のあり方にいたるまで、何らかの尺度を取りだそうとするさまざまな研究にも共通しています。

もちろん、多くの統計的分析はただ単により多くの変数を扱うことをめざしているわけではありません。むしろ、少数の変数を用いて的確な分析をめざすものの方が多いといえるでしょう。

多変量解析と呼ばれる計量モデルにはもう一つ別の魅力があります。

それは**汎用性**です。ここで汎用性というのは、学問分野や現象の特性にはあまり制約を受けることなく、非常に広範な分野の統計的データに対して、基本的に適用可能だということです。

いうまでもなく、統計的な分析手法や計量モデルには、特定の現象に即して開発されたものが、限りなく存在します。気象や地球環境に関するモデルやマクロ経済の統計モデルや金融工学に関するモデルなどがそうです。ここでは、そうした特定の現象に専門特化した統計学の方法については立ち入りませんが、そうしたものもたくさんあるのだということは知っておいて下さい。

本章で扱っている計量モデルは、汎用性のあるものを念頭に置いています。汎用性があることによって、非常に多くの分野でさまざまに活用されるという大きなメリットがあります。そのため、統計分析ソフトの中に組み入れられて、誰でも比較的簡単に利用できるようになっています。そのような多変量解析の手法のうち、主なものをリストアップすると表11.1のようになるでしょう。これでさえ、実際に存在するもののほんの一部でしかありません。

こうした多変量解析の方法は、実際に多くの学問分野でさかんに使われていて、間違いなく学問的に重要な成果を生み出してきています。それだからこそ、多くの学問分野で統計的分析の方法を学ぶことが、学生や大学院生に対して要求されたり期待されたりしているのです。しかし、それと同時に、汎用性があるということの裏側にある特性が必ずしも十

分には理解されていないのではないかという問題も生じています。本章では，まずこの問題を取り上げて説明することにしましょう。

表11.1 多変量解析法の分類

a. 従属変数と独立変数の区別があるもの

従属変数	独立変数	分析法
カテゴリー	カテゴリー	ログリニア分析，数量化Ⅱ類
	カテゴリー＋量*	ロジット（ロジスティック回帰）分析 プロビット分析
量的	カテゴリー	分散分析
	量的	回帰分析，共分散構造分析
	カテゴリー＋量	共分散分析 生存時間分析

＊ケース単位の量ではなく，グループ単位

b. 区別のないもの

変数の性質	分析法
カテゴリー	数量化Ⅲ類，双対尺度法，対応分析，多次元尺度法
量的	主成分分析，因子分析
ケース間の距離や類似性	クラスター分析

1.2 多変量症候群

高度で複雑な多変量解析の方法がパソコンの統計ソフトによって比較的簡単に誰でも利用できるようになったことによって，研究や実務が大いに促進された反面，いくつかの問題

のある症状が生じてきていることも否定できません。

(1) 一番よく見られる症状は、「出来るだけ多くの変数を」というものです。分析に用いる変数は多ければ多いほどいい。したがって、当然、データとして観測する際にもできるだけ多くの変数を集めてくるべきだ、というふうに考えている人、あるいは無意識のうちにそう思っている人は少なくありません。より多くの変数を扱った研究こそがいい研究だという思い込みが存在しているのです。そういう人は逆に、扱っている変数が少ない研究をみるとそれだけで意味がないかのように判断してしまいます。そして、もしも自分自身が扱っている変数の数が少ないとそれだけで不安になってしまいます。

(2) それとよく似た症状に、「出来るだけ複雑な分析法を」というものがあります。単純な分析法よりも出来るだけ高度で複雑な分析法を用いる方がいい、という考えです。こういう人は、単純集計やクロス表のような分析法は見向きもしません。あたかも、そんな幼稚な分析法は子どものおもちゃのようなもので、大人の仕事道具ではないかのように思ってしまうのです。そして逆に高度で複雑な手法を使って分析すれば、それだけの理由で、いい研究になった、と満足する傾向がみられます。

(3) 第三の症状としては、「出来るだけ多くの説明力を」というものがあります。「説明力」というのは必ずしも明確な概念ではありませんし、専門用語として確立したものではありませんが、かなり広く流通している言葉です。分かりやす

い例としては，重回帰分析における決定係数が1に近ければ近いほど「yがよく説明された」といったりすることがあります。そして，独立変数のことを説明変数といい，従属変数のことを被説明変数ということがあります。「説明」という言葉の意味についてはあとで述べますが，「出来るだけ多くの説明力を」と考える人は，重回帰分析を行うときにこの決定係数の値が大きければ大きいほど「いい研究だ」と考えるのです。逆に決定係数が低いままだと，分析として劣ったものである，もっといえば，意味のない分析であると考える傾向があります。

以上の三つは，どういう統計的分析がいい分析であるかについての基準として，非常に多くの人々が漠然と，ときには明確に，抱いているものだといっていいでしょう。しかし，これは間違った基準であると，はっきり言わなければなりません。そして，こうした症状の背景には，より根本的な問題が潜んでいます。

2. モデルと対象世界

2.1 モデルは実体的な構造を表しているか

さてここで問題にしたいのは，「統計的分析モデルの構造は対象世界の構造に一致している」という思い込みです。この思い込みは，それが思い込みであって，そうではない考え方が十分にありうるのだということに気づかせないほど，多くの人々の考えの中に深く浸透しています。

成績と100m走

前章では,社会の成績を国語の成績と100m走の時間とに回帰させる式を,架空のデータを使って立てました。結果として,

$$社会 = 1.822 + 0.632 \times 国語 + 1.335 \times 100\text{m}走 \quad (11.1)$$

という式が求められました。問題は,この式が何を意味しているのかということです。

重回帰式を用いてデータ分析をする人にときどき,この式がまさに,社会の成績と国語の成績とそして100m走との間に「客観的に存在している関係の構造」を表している式だ,と思い込む人がいます。むろん問題なのは,「そういうデータがある」という思い込みのことではありません。実際の分析ではデータがあるのは事実ですから,この思い込みは問題ではありません。そうではなくて,「データを超えた現実の世界において,社会と国語と100m走とは,(11.1)式が表す関係で結ばれている」と考えている,という意味の思い込みです。つまり,社会の成績は,国語の成績が1点高くなれば,0.632点上昇し,100m走が1秒遅くなれば,1.335点も上昇する,そういう「メカニズム」が現実に,社会と国語と100m走との間には成立している,という考えです。

今の例は明白に架空のデータですから,この式が現実だと思う人は多くないかもしれません。しかし,実際の統計的分析は,実際に観測されたデータを用いているという点が重要です。たとえば実際に全国の中学生を何千人も無作為に抽出

してデータを取ってみたら、係数の値は異なるでしょうが、やはり一般的に (11.2) の重回帰式がえられます。

社会 = $b_0 + b_1 \times$ 国語 $+ b_2 \times 100$ m 走 (11.2)

しかも、大量のデータであればデータ上の係数の値は母集団の値にかなり近いと判断できます。そうすると、b_0 や b_1 や b_2 に具体的な値が入った (11.2) 式は全国の中学生の間に実際に存在している関係式になります。このとき、その関係式をデータの背後にある「実体的な構造的なメカニズム」を表していると考えてしまう傾向があるのです。

学歴達成

もっと実際的な例が、社会階層の分析などでみられます。たとえば、学歴達成が出身階層によってどのような影響を受けるかを分析するために、標準化した重回帰分析を行って、

本人の学歴 = $0.262 \times$ 父の学歴 $+ 0.243 \times$ 父の職業

(11.2′)

というような重回帰式がえられることがあります。学歴は教育年数で測定し、父の職業は職業威信という尺度を用いて量的変数にした上で標準化したものです。このとき階層研究者は「学歴達成は、父学歴が1単位の上昇によって0.262、父職業1単位の上昇によって0.243だけ上昇するというメカニズムによって規定されている」と考えてしまうことがあります。上式のような構造が実体的なメカニズムとして存在して

いると思ってしまうのです。

2.2 モデルが汎用的であることの意味

　以上のような例とはちがって,たとえば,ニュートン力学の「力＝加速度×質量」という式や,「物体の間には質量の積に比例した力が働いている」ということは,「実体的な構造的メカニズム」といっていいでしょう。ほかにも,メンデルの法則に現れるような動植物の遺伝という現象がDNAによって規定されているというのも,実体的で構造的なメカニズムと考えられます。また社会的な現象から例を挙げると,商品の生産や供給が減少するとその価格が上昇する可能性が高い,というのも実体的で構造的なメカニズムといえます。

　しかし,はたして社会と国語と100m走との間の (11.1) 式や,学歴に対する父学歴と父職業の関係式は,こういった意味での実体的な関係を表していると考えることができるでしょうか。そうは考えられません。重回帰モデルは汎用的なモデルです。それは現象が何であれ,データに対して適用することができます。したがって,中学生の成績や学歴達成に関する重回帰式は,単に観測されたデータに重回帰モデルを当てはめてみたらこういう係数の値がえられた,という程度に解釈すべきです。このことは,次の例からも確かめられます。

　いま,温度を一定に保ったままで,ある気体の圧力と体積とのデータをいくつか集めて,図 11.1 の散布図にあるようなデータがえられたとします。このデータについて,

$$体積 = b_0 + b_1 \times 圧力 \tag{11.3}$$

という回帰モデルを立てて，計算すると，

$$体積 = 0.601 - 0.051 \times 圧力$$

という結果がえられます。決定係数は 0.557 もあって，当然，回帰係数は有意です。

このことから，「気体の体積は，圧力が 1 単位ふえると，0.051 単位減少する」というマイナスの直線的なメカニズムが現象の世界に存在していると結論することは，はたして正しいことでしょうか。

われわれは，それが間違いだということを知っています。なぜなら，温度を一定に保ったときは，体積は圧力に反比例するのであって，マイナスの傾きをもった直線の式で結ばれているわけではないからです。しかし，たとえ真の世界が反

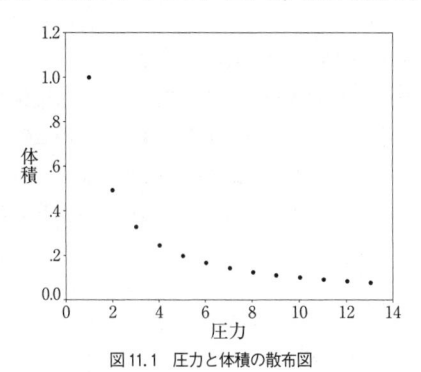

図 11.1　圧力と体積の散布図

比例の構造であったとしても、出現したデータに対して回帰式をあてはめると、かなりもっともらしい計算結果がえられます。

これが、「重回帰モデルは汎用モデルだ」ということの意味です。それは現象を選びません。したがって、逆に重回帰式モデルがデータに対してもっともらしくあてはまったとしても、それは現象が重回帰モデルの構造を実体的に持っていることを意味するものではないのです。

この性質は重回帰分析には限りません。基本的に、統計学の教科書に載っているような多変量解析のモデルはそういう性質をもっています。つまり、どんなデータが投入されても、必ず何らかの答えを返してくる。この汎用性は、統計学および統計的分析というものの非常な強みであるのですが、その利便性の裏にある意味を誤解しないよう注意しなければなりません。

2.3 目の付けどころとしての計量モデル

汎用性のある計量モデルは、対象としている現象の固有の構造に焦点をあててそれを解明しようとしているのではなくて、それぞれモデル特有の観点から観測データの構造を解析しようとしています。いわば「目の付けどころ」が異なるわけです。

この「目の付けどころ」は、多変量解析よりももっと単純な、二つの変数のあいだの関連を測定するさまざまな指標においてもみられます。これらの指標には、クロス表の関連度

を測るχ^2値，量的変数の関連度を測るピアソンの積率相関係数，そして，順序変数の間の関連度を測る順位相関などがあり，それぞれ，質的変数，量的変数，そして順序変数というデータの性質の違いに対応していますが，実際には，データの性質からくる制約はかなりゆるやかなものです。とくに，データがとにかく数値で表現されているのであれば，これらのどの指標も原則として適用することができます。たとえば，国語と社会の成績データは，数値をカテゴリーにまとめればクロス表の分析方法が使えますし，数値から順位を読みとれば，順位相関が計算できます。

これを逆にみれば，同一のデータに対して異なった関連度の指標を適用するとき，そのデータを異なった観点からみているのだということができます。たとえば，ピアソンの積率相関係数は，背後に2変量正規分布を想定するという観点があります。クロス表で分析するときは，量の小さな違いは無視して大まかな分布の特徴に注目しようとしています。あるいはまた，クロス表の関連度指標は基本的に，クロス表にしたときの独立分布という観点からのものです。相関係数は，散布図にしたときの直線的な関連の強さという観点からのものです。そして，順位相関は，もとの量ではなくて値の順位だけに焦点をあてたものになっています。

真っ暗な部屋の中におかれた物体をみるときに，赤い光だけをあてた場合と青い光だけをあてた場合とでは，見えるものが異なってきます。ましてやX線をあてたり，赤外線カメラでみたりすれば大きく異なる映像が浮かびあがってきま

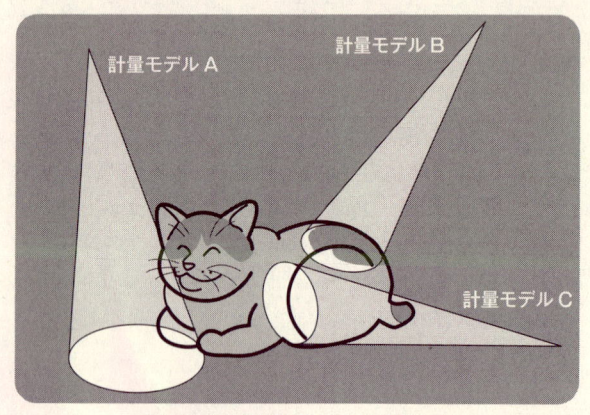

図11.2　それぞれの観点としての計量モデル

す。このように、異なる観点からそれぞれ特有の光をあてて、その結果浮かび上ってくる特有の映像をうつし出す。これが、それぞれの指標が行っていることです。

同じことが、汎用性のある計量モデルについても言えます。それぞれは、図11.2のように、データ（猫）という同一のものに対して、それぞれの観点から特有の光をあててみているわけです。むろん、現象によって、より良い目の付けどころとそうでもないものとがあります。たとえば、次章でみる生起時間というような現象に対しては、重回帰分析やクロス表などではなくて、やはり生存時間分析という特別な方法を用いた方がいいでしょう。

とはいえ、汎用性のある計量モデルは基本的に、現象の実体的な構造を明らかにするものではなくて、現象をそれぞれ

のモデルの観点から分析しているのだということ，これを正確に理解しておくことが必要です。

2.4 モデル特有の観点の3側面

計量モデルを利用するにあたっては，それぞれの計量モデルが，世界に対してどのように特殊な観点や枠組みを用意しているか，ということを理解しておくことがきわめて大切なことです。それぞれの特徴は，図11.3にあるように，三つの側面に分けることができるでしょう。すなわち，(1)データがデータとして出現したり観測されたりするメカニズムに関する仮定，(2)データに現れた変数ないしその背後にある変数の間に想定される関係式，そして(3)観測データから，その関係式に含まれている未知のパラメーターの値を求めるための計算方法です。

重回帰分析を例にして，この三つを説明しましょう。まず(1)の「データが出現するメカニズムについての仮定」にあたるのは，重回帰分析の検定において設けられる母集団と観測

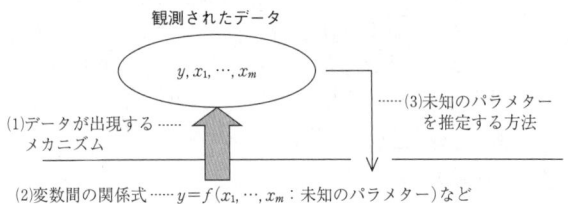

観測されたデータ

$y, x_1, \cdots, x_m$

(1)データが出現する……メカニズム

……(3)未知のパラメーターを推定する方法

(2)変数間の関係式……$y = f(x_1, \cdots, x_m : 未知のパラメーター)$ など

必ずしも観測されない世界

図11.3 モデル特有の観点の3側面

データとの関係についての基本前提です。すなわち、重回帰式で表される変数間の関係が母集団においても成立しており、そこから標本データが観測されるときに誤差項ε_iが影響していて、この誤差項はある一定の確率分布にしたがっている。こうした仮定が、(1)のデータが出現するメカニズムに関する仮定です。

次に、(2)の変数間に想定される関係式とは、まさに$y=\beta_0+\beta_1x_1+\cdots+\beta_mx_m$という重回帰式のことです。従属変数$y$と独立変数$x_1,\cdots,x_m$との間に、このような線型の関係を想定する。これが(2)のポイントです。

そして、最後に(3)の未知のパラメーターを求めるための計算方法。これは、重回帰分析では、誤差の平方和を最小にするという最小二乗法であり、具体的には、観測データの分散-共分散行列を加工していって連立方程式を解く。これが重回帰式における計算方法です。

ほかの分析法には、また別の特殊性があります。さまざまな多変量解析法を学ぶ際には、単に(3)の計算方法を習得するだけではなく、それが、どんな前提によってどんな関係式を想定し、データが観測されたり出現したりするメカニズムとしてどんな風に考えているのかを理解することが重要です。

2.5 説明力とはなにか

「説明」の意味

計量モデルを使って統計データを分析するとき、さまざまな場面で「説明」という言葉が使われます。「変数yをxで説

明する」という言い方や,「このモデルの説明力は高い」という言い方が,ほとんど当たり前のように使われています。しかし,そこには混乱や間違いもないわけではありません。

実際には説明という言葉はいくつかの異なった意味で使われています。

(1) まず第一に,統計的分析に限らず,経験的に観測された事実をある理論が「説明する」という意味での「説明」があります。たとえば,ニュートン力学が月や火星の動きを説明する,ダーウィンの進化論が地上に多様な生物が存在していることを説明する,というようなときの「説明」です。このときの「説明」というのは,経験的な観測事実に対して,事実がそのようなものとして存在していることの「理論的な理由を与える」という意味になっています。

(2) 次に,統計的な計量モデルを用いているときに,その計量モデルが観測された統計的データを「説明する」という言い方があります。たとえば,社会と国語の成績と100m走の時間とからなる統計的データがあるとき,社会の成績を国語と100m走の時間とに回帰させた重回帰モデルが「データを説明する」というような言い方です。このとき,計量モデルがデータにどの程度よくあてはまっているか,ということが「説明力の大きさ」を意味していると考えられています。これは,重回帰分析でいえば,決定係数の大きさとして測定されるものです。

(3) さらに,従属−独立型のモデルの場合には,従属変数に対する個々の独立変数の「説明力」という概念がよく用いら

れます。これはもともと計量モデルに即した概念ではなく，私たちが日常的にさまざまな現象の因果関係について言及するときに使っている言い方を，変数間の関係にあてはめたものだといっていいでしょう。たとえば，ガンの発病には，塩分の取りすぎと喫煙の有無のどちらが影響が大きいかを研究するとき，重回帰分析や分散分析のような従属 – 独立型の計量モデルが用いられることがあります。そして，分析結果の偏回帰係数の大きさやその検定の結果などから，どちらの独立変数がより大きな影響力を持っていると考えられるかを判断したりします。これはモデル全体の説明力という概念とは必ずしも同じではありません。

「モデルの説明力」 ≠ 研究の意義

　データに対する計量モデルの説明力の大きさは，計量モデルを用いた統計研究の研究上の意義の大きさを表していると誤解されることがあります。たとえば社会調査データの場合，よほど「変な」重回帰式を立てない限り，決定係数の大きさは高くてもせいぜい 0.4 のあたり，多くの場合で 0.1 とか 0.2 くらいのところにとどまりますが，それは研究が劣ったものであることを意味すると考える人がいます。というのも，決定係数が小さいということは説明力が弱いということだ，説明力が弱いということは，すなわち私たちの研究が現象を説明したり理解したりする力が弱いということだ，というふうに考えてしまうからです。この考えははっきり言って間違いです。このことは次の例から明らかです。

いま，開発されたばかりの薬が，治療に本当に効果があるのかどうかを研究するとします。こうした研究で，重回帰分析やそれによく似た分散分析が用いられることは少なくありません。そこでは，健康の回復や症状の緩和を従属変数とし，その薬の投与のほか，患者の年齢や体力などを独立変数として統計的に分析します。その結果，どの独立変数も健康の回復という従属変数にはなんら有意な関係がなかった，という結果がでたとしましょう。これは，重回帰分析で言えば，すべての偏回帰係数が0だという帰無仮説が棄却できなかったということであり，そのとき，決定係数は非常に0に近くなります。したがって，この計量モデルには説明力がない，という言い方がされます。しかし，これは研究の失敗を意味しているのでしょうか。いいえ明らかに違います。「この薬には治療の効果がない」という発見は，きわめて意義深い発見です。

計量モデルを用いた研究が意義深いかどうかは，その研究の結果として明らかになることがらが人々や学問の世界での問題関心に答えるものであるかどうかに依存しているのであって，その計量モデルがデータによく適合しているとか，データの分布をよく説明しているかどうかということとは，決して同じではないのです。

検定の有意についての誤解

似たような誤解が，有意性検定の分析にもみられます。比率や平均の差の検定やクロス表の独立性の検定において，

「差がない」「独立だ」という帰無仮説を検定して,棄却されないとき「有意ではない」といいます。このときの「有意 significant」という言葉は,帰無仮説を棄却するかどうかにとって有意であること,つまり,棄却するという判断を導く上で有意な結果がえられた,ということを意味しています。

ところが,これを研究にとって有意義だ,という意味にとってしまう人がいます。したがって,統計的検定によって有意な結果が出れば,それは研究にとって有意義な結果が得られたことであり,逆に,統計的検定の結果が有意でなければ,それは研究にとってあまり役に立たない結果であると考えてしまいます。しかし,これは間違いです。ここでもやはり,分析結果が研究にとって有意義かどうかは,分析における問題関心によります。先ほどの薬の例でも分かるように,「これは治療の効果がない薬である」と判明することは,研究にとって大変有意義な結果です。

このように,計量モデルのデータに対する説明力が低いことや,統計的検定の結果が有意ではないことは,決して研究それ自体の意義の低さを意味するものではありません。

データへの説明力が高くなければ意義が低いと考えがちになる背景には,計量モデルを現象の実体的な構造メカニズムだとみなしてしまうという,実体化の錯覚が働いています。たしかに,もしも計量モデルが実体的な構造的メカニズムを表すものであるならば,それはデータとの適合度が高いものでなければならないでしょう。そう考えて研究を進めるのは

かまいませんが、必ずしもそうでなければならないということはありません。計量モデルは、実体的な構造を表現しているのではなくて、ある観点を提示しているのだと考えるならば、データへの当てはまりがいいか悪いかということは、第一義的な問題ではないのです。

重要なことは、その計量モデルを当てはめてみたことによって、データから何が新しく分かったかということです。どんなに複雑な多変量解析を行ったかは関係ありません。たくさんの変数を放り込めばいいというものでもありません。少数の変数についての単純な分析方法であっても新しい発見があればそれでいいのです。

3. 多変量解析の具体例

表11.1に主な多変量解析の方法をリストアップしましたが、ここではそのうちの従属変数−独立変数という区別のある分析法のいくつかを紹介しておきます。もっとも、これから紹介するもののすべてが従属−独立という区別があるわけではありません。従属−独立という区別を設けたときにも適用できる、という意味のものも含めてあります。

なお、生存時間分析は次章で紹介します。

3.1 回帰分析ファミリー

重回帰分析のほか、分散分析と共分散分析とよばれる分析手法は、基本的に (11.4) のような同じ構造をしています。

$$y = \beta_0 + \beta_1 x_1 + \beta_2 x_2 + \cdots + \beta_m x_m + \varepsilon \tag{11.4}$$

そして，モデルの式を当てはめる単位がそれぞれのケースであって，従属変数のyは，観測された量的変数であるという点でも共通しています。ただし，独立変数の方が表11.2にまとめたように異なっています。

なお，回帰分析ファミリーの場合には，このあとの多くの分析法とちがって，データに照らして，モデルが成立していると言えるかどうかの適合度を問題にする必要は基本的にありません。というのは，モデル自体の中にあらかじめ誤差εが組み込んであるからです。その代わりに，モデル全体のF検定（(10.37)式参照）で，モデルの有効性を判断します。

3.2 ログリニア分析

2個以上のカテゴリー変数からなるクロス表の構造を分析するための方法としてログリニア分析があります。ただし，2個以上といっても，実際的には3個もしくは4個までです。ここでは3個の場合を例にして説明しましょう。

3変数からなるクロス表は3重クロス表と呼ばれ，それぞれのセル度数はn_{ijk}という形で，三つの各カテゴリーを表す添字がついています。ログリニア分析では，観測値n_{ijk}に対応する母集団比率をπ_{ijk}とするとき，π_{ijk}のあいだに何らかの構造的特徴が存在するのではないと考えます。具体的には，標本数nを考慮した$F_{ijk} = n \times \pi_{ijk}$を問題にします。$F_{ijk}$は$n_{ijk}$の理論値と呼ばれます。そして，次の一般モデルを設けます。

$$\log F_{ijk} = u_{...} + u_{i..} + u_{.j.} + u_{..k} + u_{ij.} + u_{i.k} + u_{.jk} + u_{ijk}$$

(11.5)

それぞれの u は，クロス表の各カテゴリーおよびその組合せに対応しており，値がプラスのときは対応するセル度数を増加させ，値がマイナスだと少なくするという効果を持ってい

表11.2　回帰分析ファミリー

分析法	独立変数のタイプと分析の狙い
重回帰分析	x_j は，観測された量的変数。ただし，もとの変数を $x_1 = X_1^2$，$x_2 = X_1 X_2$ など，さまざまに変換したものでもかまわない。主として，β_j が0かどうかを検定する。
分散分析	独立変数はカテゴリカルな変数。一つの独立変数が k 個のカテゴリーを持つとき，その一つひとつが (1,0) の値をとる k 個の x_j としてモデルに投入され，もとの変数は要因 (factor) と呼ばれる。二つ以上の要因を投入するときは，それぞれを「主効果」といい，その組合せを「交互作用効果」という。この際，要因の間では，ケースの分布が（クロス表の意味で）独立になっていることが望ましい。 分析の狙い (イ)　一つの要因の内部では，y への影響に関してどのカテゴリーとどのカテゴリーの間に有意な差があるか。 (ロ)　二つ以上の要因のあいだで，どの要因が有意か，どの要因の影響が大きいか，交互作用効果が存在するか，など。
共分散分析	量的変数とカテゴリカル変数を同時に投入したもの。

11　計量モデルの意味

ます。このとき、クロス表の構造的特徴を「ある u は 0」だという仮説の形で表現し、その仮説が、観測データに照らして成立しているかどうかを統計的に検定するものです。3重クロス表の場合に用いられる主な仮説は次の二つです。

(イ) u_{ijk} がすべて 0。これは、3重クロス表を図 11.4 のように表すとき、「Z のそれぞれの値における X と Y の**関連のしかたが、Z の異なるカテゴリーの間で等しい**」という仮説を表しており、「**交互作用独立モデル**」と呼ばれます。なお、このモデルでは、X, Y, Z を入れかえても同じことが言えます。

(ロ) $u_{ij\cdot}=0$ (u_{ijk} もすべて 0)。これは、図 11.4 で言えば、「Z の各値におけるそれぞれのクロス表は**すべて独立**だ、つまり Z の値をコントロールしたとき、X と Y とは無関係だ」という仮説を表しています。これを「**条件付き独立モデル**」といいます。

パラメター u の推定には、**最尤推定法**という方法が用いられます。これは、観測されたデータの値が出現する確率を最大にするようなパラメターの値の組を求めるという方法で

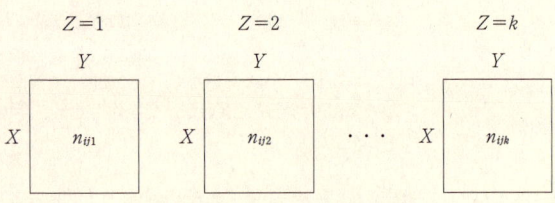

図 11.4 Z の値で分けた 3 重クロス表

す。

どれかの u に「=0」というような制約がかかっている場合, 推定されたパラメーターの値によって定まる理論値 F_{ijk} は, 一般に観測値 n_{ijk} とは一致していません。このため, 観測データからみて設定された仮説が母集団で成立しているといえるかどうかをチェックしなければなりません。これは, 2重クロス表の独立性の検定と似ています。このための統計量は, 一般に (11.6) 式で表される**尤度比検定統計量**が用いられます。

$$G^2 = 2\sum_{ijk} n_{ijk} \log \frac{n_{ijk}}{F_{ijk}} \qquad (11.6)$$

仮説が正しいとき, この G^2 はある自由度の χ^2 分布にしたがうので, G^2 が大きすぎると仮説は棄却されます。これを**適合度検定**ともいいます。

なお, ログリニア分析の分析の単位は「セル」であって,「ケース」ではありません。これは, 上の回帰分析ファミリーとは大きく違います。

3.3 ロジット分析とプロビット分析

たとえば, 性別役割分業に賛成か反対かという2値の従属変数が, 性別, 年齢カテゴリー, 学歴など複数のカテゴリカルな独立変数によってどのように影響されているかを分析したいとき, ロジット分析ないしプロビット分析を用いることができます。ここではロジット分析を中心に説明しましょう。

11 計量モデルの意味　263

ある任意のケースが従属変数の一方の値をとる確率を P とし,この確率 P は,そのケースに関する独立変数の値の組合せによって異なっている,と想定します。このとき,

$$\log \frac{P}{1-P} = \beta_0 + \beta_1 x_1 + \beta_2 x_2 + \cdots + \beta_m x_m \tag{11.7}$$

というモデル式を立てます。ここで,各 x_j はある独立変数のどのカテゴリーに属しているかを識別する $(1,0)$ の変数です。これは,分散分析の右辺と同様です。そして x_j の係数 β_j がプラスであれば,x_j というカテゴリーに属することによって,確率 P が大きくなるという影響があることを意味しています。β_j が 0 であれば影響はないし,マイナスであれば P を小さくするという影響があることになります。

x_j として $(1,0)$ ではない数値を入れることもできますが,その場合は j のカテゴリーに属すすべてのケースについて同一の値を与えます。

モデルの式は,ケースごとにではなく,独立変数の組合せによって定まるグループを単位として立てられています。したがって,グループ g についてモデルで推定される比率を P_g とし,$y_g = \log(P_g/(1-P_g))$ とおけば,上のモデル式は

$$y_g = \beta_0 + \beta_1 x_1 + \beta_2 x_2 + \cdots + \beta_m x_m \tag{11.8}$$

という,重回帰式に似た形をとります。(ただし,単位はケースではなくグループ。)また,

$$P_g = \frac{\exp(y_g)}{1+\exp(y_g)} \tag{11.9}$$

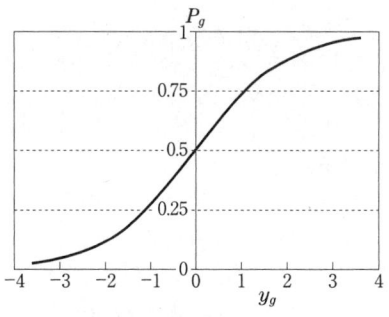

図11.5 ロジスティック曲線

ともなっています。この式は，横軸にy_gをとり，縦軸にP_gをとってグラフにすると「ロジスティック曲線」と呼ばれるものになります（図11.5）。このため，ロジット分析は**ロジスティック回帰分析**とも呼ばれています。

パラメーターの推定には最尤推定法が用いられます。（最小二乗法ではありません。）基本的にはモデルが観測データに適合しているかどうかを適合度検定でチェックしなければなりませんが，適合しなかった場合でも，モデルに基づいて結果を解釈することが多いようです。

分析の主目的は，どのβ_jが有意であるか，その値はプラスかマイナスか，という点にあります。

なお，**プロビット分析**というのは，ロジスティック曲線を表す（11.9）式の代わりに，標準正規分布関数を描いた曲線をあてはめるものだといえます。すなわち式で書けば，

11 計量モデルの意味　**265**

$$P_g = \int_{-\infty}^{y_g} \frac{1}{\sqrt{2\pi}} \exp\left(-\frac{u^2}{2}\right) du \qquad (11.10)$$

を，モデルとして用いるものになっています。

3.4 共分散構造分析

共分散構造分析とは，観測された多数の量的変数間の関係が，もともとはより少数の潜在変数とそれらのあいだの構造的関係とから出現したものだという仮説を立てて，データを分析していくものです。もっとも単純なモデルの例として，図11.6のようなものがあります。

このモデルは，まず人々の「政治的イデオロギー」Z_2は「環境問題に対する総合的態度」Z_1によって影響されている，と想定しています。しかし，これら二つの変数は，直接的には観測できない**潜在変数**です。その代わりに，「政治的イデオロギー」は，人々のx_3（政党支持）やx_4（憲法9条に対する意見）に反映されており，これらは具体的な質問紙調査によって観測できる**観測変数**です。また，「環境問題に対する総合的態度」も，x_1（ダム建設に対する意見）の質問やx_2（ゴミ問題に対する意見）の質問のような観測される変数に反映

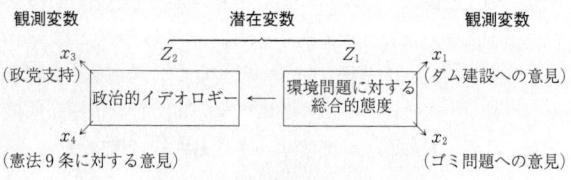

図11.6 共分散構造分析のモデルの例

表11.3 共分散構造分析のための相関係数（架空例）

		x_1	x_2	x_3	x_4
x_1	ダム建設	1			
x_2	ゴミ問題	0.652	1		
x_3	政党支持	0.283	0.254	1	
x_4	憲法9条	0.441	0.318	0.527	1

されているとみなします。そして，変数x_1〜x_4のあいだで観測された分散と共分散の構造，いいかえれば表11.3のような相関係数のデータ構造に図11.6のような潜在変数を含むメカニズムが反映されていると考えるのです。

具体的には，潜在変数どうしのあいだの関係を表す構造方程式と，潜在変数と観測変数との関係を表す測定方程式の2群の方程式を立てて，モデルを特定化します。たとえば図11.6の場合，モデルは，

[構造方程式]　$Z_2 = \beta_0 + \beta_1 Z_1$

[測定方程式]　$x_1 = \gamma_{011} + \gamma_{111} Z_1$

　　　　　　　$x_2 = \gamma_{021} + \gamma_{121} Z_1$

　　　　　　　$x_3 = \gamma_{032} + \gamma_{132} Z_2$

　　　　　　　$x_4 = \gamma_{042} + \gamma_{142} Z_2$

という計5個の式から構成されます。いずれも線型の式に限定されます。

モデルが特定化されると，観測変数のあいだの相関係数ないし分散と共分散がβやγのパラメーターによって規定されますので，このことから逆に，データ上から，パラメーターを最尤推定法で求めていくことができます。（ただし，複雑な

モデルの場合，パラメターの値が一義的には決まらないという問題が生じることがあるので，注意しなければなりません。）

　モデルの適合度検定も重要です。適合度が悪い場合には，推定されたパラメターの値には信頼がおけないということを意味しています。

12 生存時間分析

　本章は，ある出来事が起こる時間を従属変数とする特殊な分析法である生存時間分析について説明します。この分析法は，比較的最近になって普及し，今では医学，薬学，保健学，人口学，社会学，犯罪学，保険学，経営学，経済学，工学など，非常に多くの分野で用いられるようになっているものです。

　この方法は「生存」という言葉からも分かるように，もともとは死亡や寿命などを分析していたことから来ています。そこで，まず結婚の「寿命」，つまり「離婚」の発生という出来事が起こる時間を例にして，分析のしかたを説明していきましょう。

1. 離婚のデータ

1.1 7年目のピーク説の真偽

　結婚すると7年目くらいに破綻することが多いという，まことしやかな俗説があります。近頃は，熟年離婚がふえたとか，海外での新婚旅行から戻って成田空港に着いたとたんの成田離婚が目立つという話もあります。はたして，7年目の離婚が多いとか，熟年離婚がふえたというのは本当なのでしょうか。

　離婚に関する日本のデータは，『人口動態統計』にのってい

ます。結婚と同じように、人々が市役所などに離婚届を提出すると、そのデータが最終的に厚生労働省で集計され、集計結果が毎年の人口動態統計報告書に掲載されるようになっています。ただし、残念ながら、出生や死亡のデータほど詳しくはないので、離婚に関する分析はあまり深められていないのが実情です。そのため、さまざまな憶測が生まれるのです。

まず、離婚7年目ピーク説を検討してみましょう。表12.1に、2000年における日本の離婚件数が、結婚してからの期間の長さごとに示されています。はじめの「0年」は、結婚して1年未満、次の「1年」は2年以内を意味しています。時間のくくり方がふぞろいですが、これは、人口動態統計が昔から

表12.1 2000年（平成12年）における離婚件数

期間	(a)件数	(b)パーセント	(c)有効パーセント	(d)年平均パーセント
0年	17,522	6.63	6.91	6.91
1年	21,748	8.23	8.58	8.58
2年	21,093	7.98	8.32	8.32
3年	18,956	7.17	7.48	7.48
4年	16,893	6.39	6.66	6.66
5〜9年	58,204	22.03	22.95	4.59
10〜14年	33,023	12.50	13.02	2.60
15〜19年	24,325	9.21	9.59	1.92
20年以上	41,824	15.83	16.49	0.82
不詳	10,658	4.03		
総数	264,246	100.00	100.00	

使っている区分のしかたで，データとしては残念ながらこの分け方に基づいて考えていくしかありません。

このデータからは，たしかに7年目ピーク説の「根拠らしいもの」がうかがえます。結婚の継続期間カテゴリーごとのパーセントをみると，「5年から9年」というカテゴリーが，22.0％で最大ですが，「5年から9年」の中心が7年目になります。このことから，離婚のピークは7年目あたりではないかと思う人がいるのかもしれません。

しかし，これは正しくありません。表12.1のデータをもとにした二つのグラフを図12.1に描きました。(1)は，各期間の有効パーセントをグラフにしたものです。そして(2)は，それぞれの期間カテゴリーに含まれる1年平均のパーセントを表しています。違いは一目瞭然ですが，どちらが正しいでしょうか。それは明らかに(2)の方でなければなりません。(1)では期間の幅が1年のものと5年のものとが同じに扱われてしまっています。この図から，もしも，5年から9年の期間の中の1年ごとの離婚件数は1年目や2年目よりも多いと受

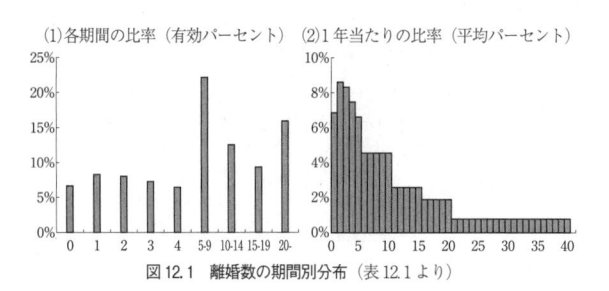

(1)各期間の比率（有効パーセント）　(2)1年当たりの比率（平均パーセント）

図12.1　離婚数の期間別分布（表12.1より）

けとったとしたら，間違いです。実際には，離婚の件数を1年ごとにみた場合，そのピークはむしろ1年から2年未満のところにあって，そのあとはしだいに減少していくというのが本当の姿です。7年目にピークがあるという証拠はどこにもありません。

これらは，データの分布の最頻値を問題にしたものでしたが，分布の代表値にはほかに平均と中央値があります。これも計算してみると，平均値は10.91年，中央値は7.63年になります。中央値は，7年目ピーク説にやや有利な値になっていますが，平均値の方はやはり7年目という数字からはかなり離れています。そして，中央値が7.63年だといっても，それは7年目ピーク説を裏づけるものではなく，単に，結婚してからの長さを7.63年で区切ると，それよりも早く離婚したケースと，それよりも遅く離婚したケースとが，同じ数だけあるというだけのことです。しかもこれは，あくまで離婚したというケースの間だけの話で，離婚していない大部分の夫婦は除いて考えたときのものです。このように，7年目ピーク説には，何も根拠がありません。

ところで，以上の分析には，まだ二つ重要な問題があります。一つの問題は，表12.1のパーセントは，各期間における離婚の確率を表しているわけではないし，その確率と比例しているのでもないということです。

これを説明するために，5年ごとに分けた架空のデータで考えてみましょう。表12.2は，ある年に10万組のカップルが結婚して，その後，5年ごとに10%ずつ離婚していくとき

表12.2 一定の離婚率のもとでの離婚数の分布（架空データ）

	0〜5	〜10	結婚継続年 〜15	〜20	〜25	〜30	〜35	〜40	計
当初期カップル数	100,000	90,000	81,000	72,900	65,610	59,049	53,144	47,830	
離婚数	10,000	9,000	8,100	7,290	6,561	5,905	5,314	4,783	総離婚数 =56,953
総離婚数に占める%	17.6	15.8	14.2	12.8	11.5	10.4	9.3	8.4	100.0

表12.3 結婚初期と中期の離婚比率（%）の推移（実際データ）

期間	1947年	1950	1960	1970	1980	1985	1990	1995	2000
0年	14.10	17.23	16.36	15.19	9.21	7.62	8.35	7.67	6.91
1年	14.68	18.46	13.45	11.66	8.10	7.72	9.19	9.31	8.58
15〜19年	3.83	4.42	5.53	6.13	9.99	12.97	12.73	9.86	9.59
20年以上	3.13	3.53	4.38	5.30	7.72	12.31	13.88	16.41	16.49

の，期間ごとの離婚数とそのパーセントを表しています。最初の5年間に1万組が離婚して9万組のカップルが残り，その9万組も次の5年間に10%，9千組が離婚していく。それを繰り返したものです。この架空データでは，どの5年間をとっても，結婚しているカップルの離婚確率は10%で，すべて同じです。離婚確率に変化はありません。しかしながら，総離婚数に占める離婚件数は着実に減少していっています。

このように，表12.1のような期間別の離婚件数の分布は，期間ごとの離婚確率を表しているわけではありません。実際には，離婚する確率は結婚期間が長くなるほど減少しているだろうと思いますが，表12.1のデータがそのことを直接に示しているわけではないのです。

1.2 結婚継続期間別の離婚率

もう一つの問題は，離婚率を考える際の分母になるべきカップルの数の問題です。表12.1のデータは，2000年に発生した離婚についてのデータですが，このデータはさまざまに異なる年齢のカップルからなっています。違うのは年齢だけではありません。そもそも結婚を開始した時期が異なります。1年以内に離婚したカップルが結婚したのはむろんその1年以内のことですが，10年目のカップルは10年前に結婚した人々です。もしも10年前に結婚したカップルの総数が多かったとしたら，それだけの理由で，2000年のデータにおいて10年目に離婚を迎えるカップルの数が多くなります。

ちなみに，表12.3で1947年以降のトレンドをみると，期

間が「15〜19年」のものが1980年以降に多くなっていますが、次の点に注意する必要があります。それは、「20年以上」が1985年から増えていることです。このちょうど5年差というタイムラグは、たぶん、1980年で「15〜19年」の期間に対応する夫婦の数の総数が多いため、5年後の1985年から「20年以上」の離婚数が増えたという事情があるのではないかと疑われるのです。

このように、単に離婚数だけをみていたのでは、年齢別死亡率に対応するような結婚継続期間別の離婚率は分かりません。厚生労働省の統計では、すべての夫婦数に対する離婚率は計算されていますが、期間別のものは示されていません。

結婚継続期間ごとの離婚確率を求めるには、その年の初めにおける結婚しているカップルの継続期間ごとの総数が分かっていなければなりませんが、残念ながらそういうデータは存在しません。国勢調査などで分かるのは、あくまで、夫や妻の年齢別の結婚しているカップルの総数であって、継続期間別のデータは官庁統計には存在しないのです。

しかしここで、かなり大雑把ですが、一つためしに計算してみることにします。

ある年に結婚したカップルの数は『人口動態統計』にのっています。離婚数も分かります。ここで、1985年の離婚数データから、はじめの3年間の継続期間別離婚率を推定してみることにします。基礎になる数字は次表のようになっています。

離婚率計算のための素データの一部

| 83年結婚数 | 84年結婚数 | 85年結婚数 | 85年離婚数 |

762,552 ……………………………………………→11,710（2年目）
　　　　　　739,991 ………………………………→12,815（1年目）
　　　　　　　　　　　　735,850……→12,655（0年目）

注：データは『人口動態統計』より。

　まず，1985年結婚コーホートのカップルが1年未満に離婚する率が，図12.2の最初の行にあるように，0.017198，約1.72%として求められます。厳密に言えば，1985年の離婚ケースのうち，結婚期間が1年未満のものの中には1984年に結婚したカップルも含まれていますが，今は，おおよその計算をすることが目的なのでこれでいいとしましょう。

　次に，1年目の離婚率を1984年結婚コーホートについて求めてみます。このためにはまず，1984年結婚コーホートが1985年の当初に何組残っているかという「1年目結婚生存組数」を求めなければなりません。これには，1985年の0年目の離婚率から，0年目の結婚生存率を0.982802と推定し，これを1984年の結婚数739,991に適用します。この計算は，図12.2の第2欄の第2行で行っており，727,265組という推定値がえられます。これを分母として，1985年の1年目の離婚数12,815から1年目の離婚率を求めると，第2欄の第1行のように，0.017621，約1.76%という推定値がえられます。

　2年目の離婚率も同様です。まず，2年目当初の結婚生存率が，「0年目生存率×1年目生存率」として，②の0.965484と推定されます。これに1983年の結婚数762,552を適用し

276

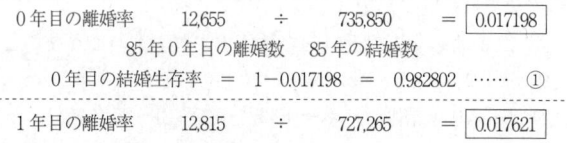

0 年目の離婚率	12,655	÷	735,850	=	0.017198
	85 年 0 年目の離婚数		85 年の結婚数		

0 年目の結婚生存率 = 1−0.017198 = 0.982802 …… ①

---

1 年目の離婚率	12,815	÷	727,265	=	0.017621
	85 年 1 年目の離婚数		84 年結婚コーホートの 1 年目当初結婚生存数		

⇧

84 年結婚コーホートの 1 年目結婚生存組数	=	739,991	×	0.982802	(①より)
		84 年の結婚数		0 年目の結婚生存率	

0〜1 年の結婚生存率 = 0.982802 × (1−0.017621) = 0.965484 …… ②

---

2 年目の離婚率	11,710	÷	736,232	=	0.015905
	85 年 2 年目の離婚数		83 年結婚コーホートの 2 年目当初結婚生存数		

⇧

83 年結婚コーホートの 2 年目結婚生存組数	=	762,552	×	0.965484	(②より)
		83 年の結婚数		0〜1 年目の結婚生存率	

図12.2 離婚率の計算プロセス

て，2 年目の結婚生存組数が 736,232 と推定され，これを分母にして，0.015905，約 1.59％ として求まります。

以上のような計算を，1981 年から 1985 年のあいだに結婚したコーホートと，1966 年から 1970 年までの結婚コーホートについて行ってみました。その結果が表 12.4 です。5 年をまとめた結婚コーホートにしたのは，5 年目以降の離婚数のデータが 5 年ごとにまとめられているためです。なお，こ

の計算では死別の影響は考慮されていません。

表12.4はあくまで近似的な数値ですが,次のようなことが分かります。

(1) 66〜70年結婚コーホートに比べて,81〜85年結婚コーホートの離婚率はやはり明らかに増大しています。どの期間をとっても,大体1.5倍前後にふえています。

(2) どちらのコーホートでも,基本的には,1年ごとの離婚率は結婚継続期間がふえるにしたがって減少していっています。とくに,古いコーホートは0年目が1.41%であるのに対して,15〜19年の期間では1年当り0.49%の離婚率しかありません。新しいコーホートは,若干減少のしかたがゆるやかです。

(3) いまの点を別の角度からみれば,古い結婚コーホートの方が,相対的に,早いうちに離婚する割合が高いといえます。新しいコーホートは0年目と1年目がほぼ同じ離婚率で,2年目になってようやく少し低下しています。成田離婚が注目されるようになったのは比較的最近のことですが,1年以内の離婚が多かったのはむしろ,古い世代の方だったと思われます。

表12.4 年間離婚率の推定値 (%)

	0年	1	2	3	4	5〜9	10〜14	15〜19
81〜85年結婚コーホート	1.72	1.76	1.59	1.41	1.21	0.94	0.76	0.75
66〜70年結婚コーホート	1.41	1.15	0.99	0.85	0.76	0.63	0.55	0.49

二つの結婚コーホートの離婚傾向を図で表すには，図12.3の二つのグラフがいいでしょう。(a)のグラフは，ただ単に表12.4を折れ線グラフにしたものです。これが，各1年ごとの短期的な離婚確率を表しており，あとで述べる「ハザード率」に対応するものです。(b)の方は，結婚生存率の継続期間による変化を示したものです。結婚生存率は，時間とともに着実に減少していきますが，減少のしかたが明らかに二つのコーホートで異なっています。このグラフも，のちに述べる「生存関数」というものに対応しています。

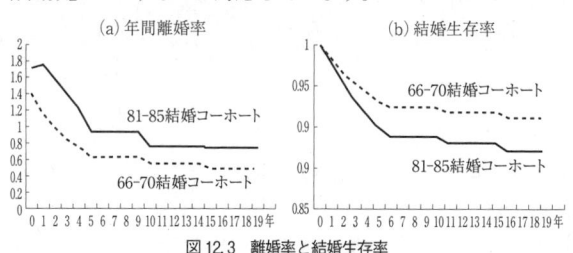

図12.3 離婚率と結婚生存率

2. 平均寿命

2.1 寿命の密度関数と生存関数

平均寿命という言葉は誰でも知っていますが，ここで改めて説明しておきましょう。

生れたばかりの赤ちゃんが生き続ける時間の長さ，つまり寿命 T が確率分布しているとします。そして，この赤ちゃんが t 歳になるまでに亡くなる確率を，分布関数 $F(t)$ で表

すとします。$F(0)=0$で，$F(1)$は1歳の誕生日を迎えるまでに亡くなってしまう確率，$F(100)$は100歳までに亡くなる確率です。逆に，$1-F(100)$は，100歳以上まで生きる確率です。$F(t)$は0からはじまって，しだいに1に近づいていきます。そうすると，t歳になってから$t+1$歳になるまでの間に亡くなる確率が，密度関数$p(t)$として表せます。

$$p(t)=F(t+1)-F(t) \tag{12.1}$$

この密度関数を使って，寿命Tの平均値つまり**平均寿命**は，(12.2)式のμ_Tとなります。

$$\mu_T = \sum_{t=0}^{\infty}(t+0.5)p(t) \tag{12.2}$$

$\sum$の中で0.5を足しているのは，たとえば，1歳未満で亡くなる場合の平均の死亡年齢は0.5歳だと考えるからです。(平均寿命の式は，慣例的には別の特殊な式で表されますが，本テキストでは，「平均」の一般的な定義に即した表現のしかたをとりました。実質的には変わりはありません。)

次に，この密度関数$p(t)$をデータから求める方法を説明しましょう。いま，「t歳になるまで生存している確率」は，

$$S(t)=1-F(t) \tag{12.3}$$

になります。$S(t)$は**生存関数**とよばれています。生存関数は分布関数のちょうど逆ですから，図12.4のように1から出発して，しだいに減少していきます。

さきほどの密度関数の定義から，

$$p(t)=S(t)-S(t+1) \tag{12.4}$$

となっています。

ここで，t歳になったばかりの人が$t+1$歳になるまでに亡くなってしまう**短期的死亡率**というものを考えてみましょう。この死亡率は，$p(t)$と関係していますが，同じではありません。短期的死亡率は，「t歳になった時点で生存している人々の間での死亡率」で，条件付確率になっています。つまり，生存率$S(t)$の中に占める$p(t)$の割合です。したがって，この短期的死亡率を$h(t)$という記号で表せば，

$$h(t) = \frac{p(t)}{S(t)} \tag{12.5}$$

になります。したがって逆に，

$$p(t) = h(t)S(t) \tag{12.6}$$

となっています。

短期的死亡率$h(t)$は，死亡統計から推定できます。いま，t歳の人口数をx_tとし，ある1年間にt歳で亡くなった人の

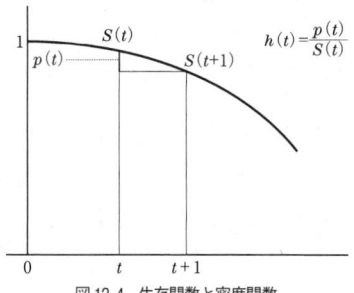

図12.4 生存関数と密度関数

数をd_tとしますと,

$$h(t) = \frac{d_t}{x_t} \tag{12.7}$$

でもって,この短期的死亡率と考えることができます。d_tは年齢別死亡数,$h(t)$は年齢別死亡率にあたります。

次に,年齢別死亡データから,すべてのtについて$h(t)$の値が与えられているとします。この$h(t)$から,生存率$S(t)$を求めるには,次の(12.8)式を使います。

$$S(t+1) = S(t)(1-h(t)) \quad (t=0,1,\cdots) \tag{12.8}$$

これを用いると,$S(0)$はアプリオリに1ですから,

$S(0) = 1$
$S(1) = 1 \times (1-h(0))$
$S(2) = S(1) \times (1-h(1))$
$\vdots$

というふうに,順番に積み重ねていけばすべてのtについて生存率$S(t)$の値が求められます。

(12.8)式が成立することは,次のようにして確かめられます。まず,(12.5)式に(12.4)式を代入して,

$$h(t) = \frac{S(t) - S(t+1)}{S(t)} \tag{12.9}$$

となり,これを$S(t+1) =$ の式に変形すれば(12.8)式です。(12.8)式は,離婚率の計算の際に,結婚生存率を求めた式と同一です。

寿命について実際の計算結果をグラフにしたものを,図

12.5a に示しました。これは，平成 12 年（西暦 2000 年）の，日本の男性の死亡データをもとに計算されたものです。これをみると，だいたい 75% の人が 70 歳くらいまで生存し，その後急速に亡くなる人が増えていって，80 歳を少し過ぎたところで 50%，87 歳くらいで 25% に減少していきます。女性の場合の生存関数のグラフは，これより少しだけ右よりの曲線になります。

また，この生存関数にもとづく密度関数 $p(t)$ のグラフも図 12.5b に示しておきました。

a. 男性の生存関数 $S(t)$

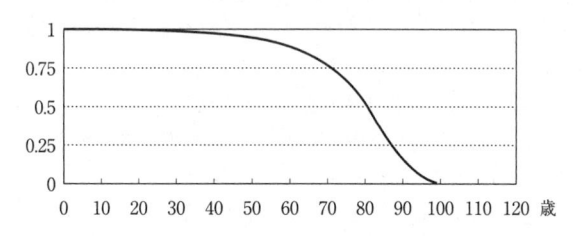

b. 密度関数 $p(t)$

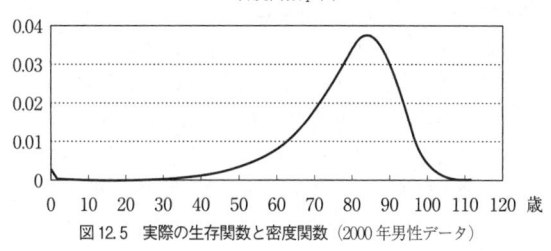

図 12.5　実際の生存関数と密度関数（2000 年男性データ）

2.2 平均寿命と平均余命

いうまでもありませんが，これらの生存関数や密度関数は，日本人の中のある具体的な年齢層や出生コーホートについての実際の死亡年齢分布を示しているものではありません。ある年次に観測された年齢別の死亡率データを積み重ねていって作られたものなので，いわば年齢横断的，あるいは出生コーホート横断的な死亡年齢の分布を表しているものです。

平均寿命も同じで，これは決して，平成12年に0歳である赤ちゃんの実際の平均寿命ではありませんし，100歳の人の実際の平均寿命でもありません。あくまで，平成12年の年齢別死亡率がずっと当てはまると仮定した上での平均の死亡年齢を表しているものです。

さて，これとは別に**平均余命**という概念があります。これは，たとえば65歳まで生きた人があと何年生きるかの平均値を求めたものです。

社会保障費の総額にとっては，平均寿命よりもむしろ高齢者の平均余命がどうなっているかが大きく影響してきます。たとえば，64歳で50%の人が亡くなり，66歳で残りの人がすべて亡くなった場合，平均寿命は65歳です。

他方，50歳で50%の人が亡くなり，80歳で残りのすべてが亡くなった場合も平均寿命はやはり65歳です。しかし65歳からの社会保障費にかかる額は大きく違います。最初の例では1年間だけ支給すればいいのに対して，第2の例では15年間支給しなければなりません。実に，15倍にもなるわけで

す。これは，第1のケースの65歳時の平均余命が1年であるのに対して，第2のケースのそれは15年になるからです。

t_0歳の人の平均余命は，これまで用いてきた関数や概念を使って（12.10）式で計算できます。

$$\mu_{t_0} = \frac{1}{S(t_0)} \sum_{t=0}^{\infty} (t+0.5) p(t_0+t) \qquad (12.10)$$

なお，0歳の人の平均余命が平均寿命ですが，平均寿命まで生きた人の平均余命は，当然のことながら，0年ではありません。たとえば2000年のデータでは，男性の平均寿命は77.72歳で女性は84.60歳ですが，78歳の男性の平均余命は9.6歳，85歳の女性の平均余命は6.6歳あります。これは，0歳の人の平均余命を計算するときには，平均寿命よりも早く亡くなる人とそれより遅く亡くなる人の平均が計算されているのに対して，平均寿命まで生きた人の平均余命は，そこまで生存した人だけの間で計算しているからです。

3. 生存時間分析の方法

3.1 指数分布

考古学の年代測定に使う炭素14元素分析法も，離婚や寿命と同じような生存時間に関する確率モデルを用いています。炭素14元素を含めて，一般的に，1個の放射性元素はある時間が経つと崩壊して別の元素に変わってしまいますが，その時，崩壊する時間Tは，次の（12.11）式の分布関数$F(t)$および密度関数$f(t)$に従っています。

$$F(t) = 1 - e^{-\lambda t} \quad (\lambda > 0) \tag{12.11}$$
$$f(t) = \lambda e^{-\lambda t}$$

これを**指数分布**といいます。λ(ラムダ)は,崩壊が起こる早さを規定しているパラメーターで,λが大きいと崩壊が早く起きます。炭素14の半減期が5,368年だということは,$F(5368)$がちょうど $\frac{1}{2}$ になるということですから,炭素14の場合のλは,

$$1 - e^{-\lambda \times 5368} = \frac{1}{2} \text{ より,}$$

$$\lambda = \frac{1}{5368} \log 2 = 1.291 \times 10^{-4} \tag{12.12}$$

になっているということです。

指数分布には,t_0 時点までに崩壊しなかったという条件のもとで,それから t 時間後までに崩壊する確率が,どの時点 t_0 をとっても同じで $F(t)$ に一致している,という性質があります。これは,次のようにして確かめられます。

$$P(T < t + t_0 | T > t_0) = \frac{P(t_0 < T < t + t_0)}{1 - F(t_0)}$$
$$= \frac{F(t_0 + t) - F(t_0)}{1 - F(t_0)} = \frac{e^{-\lambda t_0} - e^{-\lambda(t + t_0)}}{e^{-\lambda t_0}}$$
$$= 1 - e^{-\lambda t} \tag{12.13}$$

したがって,これまで1万年のあいだ崩壊せずに残った炭素14元素も,たったいまできたばかりのものも,これから t 時間後までに崩壊する確率は同じです。

生存時間のモデルの分析には,短期死亡率の $h(t)$ とほと

んど同じ,

$$h(t) = \frac{f(t)}{S(t)} \tag{12.14}$$

が重要な役割を果たします。死亡の場合と違って,分子の密度関数は連続型変数の密度関数になっています。$h(t)$のことを**ハザード関数**と呼びます。ハザードというのは,英語で偶然的に起こる災害とか危険のことを意味していますが,必ずしも悪い出来事だけを扱うものではありません。ハザード関数が表しているのは,「t時点までは出来事が起こらなかったという条件のもとでt時点で出来事が起こる確率密度」で,ハザード関数の大きさは,**ハザード率**とも呼ばれます。

指数関数の特徴は,ハザード関数が,

$$h(t) = \lambda \tag{12.15}$$

となって,時間tとは無関係に一定だということです。これはさきほどの,(12.13) 式で示された,どの時点をとっても崩壊の時間の条件付き確率が等しいことの,別の表現になっています。

3.2 生存時間分析の統計手法

炭素14元素の崩壊や,離婚や死亡という現象には,ある共通の特徴があります。これらは図12.6のように,ある状態がしばらく継続した後に,t_iの時点で別の状態への移動(遷移 transition)が起こるという現象です。このように,ある状態がしばらく続いた後に,その状態が終わってしまう,あるいは別の状態に移ってしまうという出来事が起こる時間の

ことを**生起時間**（英語では failure time（失敗が起こる時間））と呼ぶのが一般的です。このような現象には，次のようなものがあります。

　医学・生物学……… 死亡，出産
　　　　　　　　　　病気にかかる，病気から回復する，症
　　　　　　　　　　状が再発する
　社会学・経済学…… 結婚，離婚
　　　　　　　　　　企業が倒産する，転職する，退職する
　　　　　　　　　　逸脱行動が再び起こる
　　　　　　　　　　交通事故を起こす
　工学………………… 故障が起こる，事故が起こる

このような生起時間の分布のしかたを統計的に分析する手法が**生存時間分析**です。もともと，平均寿命など人々の死亡に関する統計的分析の手法が基盤にありますが，比較的最近

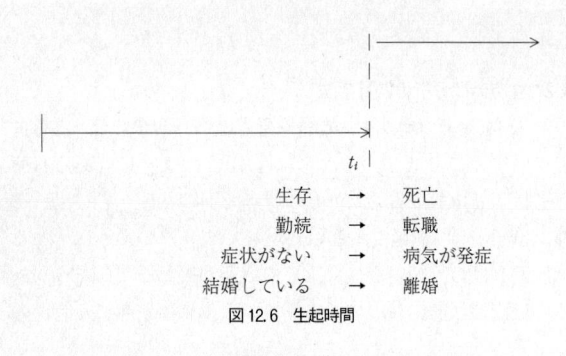

　　　　　　　生存　　→　　死亡
　　　　　　　勤続　　→　　転職
　　　　　　症状がない　→　病気が発症
　　　　　　結婚している　→　離婚

図 12.6　生起時間

になって，必ずしも人口統計のような非常に膨大なデータでなくても，生起時間に関する標本データから，生存時間の分布構造や分布のしかたに影響を与える要因を明らかにすることができるようになってきました。

たとえば，タバコを吸う人と吸わない人とでガンが発症する時間や死亡する時間に差があるかどうか。ある治療法を施した人と施さない人とで，症状が回復した時間に差があるかどうか。古い世代と比べて新しい世代の方が，結婚してから離婚に至るまでの時間が早くなっているかどうかなど，二つ以上のグループの間で生起時間の分布のしかたを比較したいという問題関心を持つことが少なくありません。

こうした問題を分析するための一般的な統計的手法が，今日では多くの統計ソフトに含まれています。そのうち，比較的よく使われる三つをこれから紹介しますが，はじめにこれらの手法を使うための**データの基本構造**を述べておきましょう。

データは，通常の統計的データと同じように，ケースと変数とからなる行列の形をしています。変数には，基本的に次の3種類があります。

(a) 生起時間を表す量的変数　1個
(b) 出来事（event）が起こったかどうかを識別する変数　1個 ｝必須
(c) 生起時間の分布に影響している変数
　　・カテゴリカルな要因（factor）変数

12　生存時間分析　289

・量的な影響変数（共変量と呼ばれる）

まず，(a)個別ケースの生起時間を表す量的変数がなければなりません。死亡であれば，死亡年齢など死亡までの時間，離婚であれば，結婚してから離婚するまでの期間，あるいは転職であれば，入社してから転職するまでの時間などがあります。

次に(b)の，そうした出来事が起こったのかどうかを識別する変数が存在しなければなりません。なぜなら，生存時間分析を行うためには，出来事が起こったケースだけではなく，起こっていないケースも含めて分析しなければならないからです。出来事が起こっていないケースが多いということは，それだけ，出来事が起こりにくいということを表しています。そのようなケースを分析に加えるためには，この第2の変数を使って，出来事が起きたケースなのかそれとも起きなかったケースなのかを識別する必要があるのです。

なお，生存時間の分析には**センサリング**という問題があります。これはたとえば，病院に通院して治療を受けていた患者がある時から来なくなってしまって，はたして病気が治ったのかどうか分からないというような，途中で観測が途絶えてしまうことをいいます。あるいは，ある学校の同学年の卒業生名簿のデータから，結婚や死亡その他の人生における出来事について生存時間分析を行おうとする場合でも，ある時点から消息が分からなくなってしまう人が出てきますが，これもセンサリングです。

こうしたセンサリングが起こったケースでも，もしも「いつから観測が途絶えたのか」が明確であれば，分析には加えることができます。その時は，「センサリングが起こった時点」を，(a)の生起時間を表す量的変数の値とし，他方で，(b)の出来事が起こったかどうかを識別する変数の方には，「起こっていない」ことを示す値を入れておきます。そうすると，少なくとも，センサリングの時点までは出来事が起こらなかったという情報が分析に活用できるのです。

　最後に，(c)「影響を及ぼす変数」はさまざまです。一番分かりやすいのは，ある治療をしたかしなかったか，喫煙していたかしていなかったか，男性か女性かなどの，グループ分けの変数です。しかし，基本的には何でもかまいません。

3.3　具体的な分析法

　このあと，具体的な三つの分析法を簡単に紹介しておきましょう。詳しくはより専門的なテキストを参照して下さい。

カプラン゠マイヤー（Kaplan-Meier）法

　二つ以上のグループからなる生起時間の個別データに対して，カプラン゠マイヤー法は主に次のことを行います。
（1）最尤推定された生存関数のグループ別プロット。
（2）グループ間での，生起時間の平均の差，および中央値の差の検定。

例　二つの会社において，ある時点で入社した社員が退職していった時間のデータが表12.5のようになっているとしま

表12.5 新入社員の退職までの期間（月）

会社A	会社B
2	6
3	15
14	18
16	20
16	30
20	36
22	45
27	60
33	74
35	96
40	120*
42	120*
52	120*
53	120*
64	120*
70	120*
79	120*
85	120*
108	120*
120	120*
120*	120*
120*	120*
120*	120*
120*	120*
120*	120*

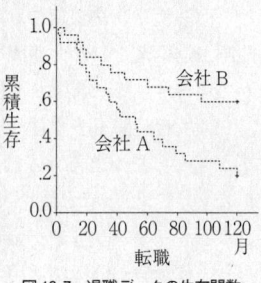

図12.7 退職データの生存関数

す。観測期間は10年間で，＊は，観測期間中は退職していないことを表しています。このデータから，カプラン＝マイヤー法で生存関数を推定したのが，図12.7です。

平均生起時間を比較した結果が，表12.6です。中央値は，会社Bのデータでは転職していない人のほうが多いため，計算できません。ケース数はごく僅かですが，どの検定統計量を用いても，有意な差が出ていることが分かります。

コックス回帰（Cox Regression）

コックス回帰は，生起時間に対して，個体のさまざまな属性や要因のうち，どれがどのように影響しているかを，多変量解析の形で分析したいときに用いられます。むろん，二つ

表12.6 カプラン=マイヤー法の分析結果

	生起時間の			
	平均	標準誤差	中央値	標準誤差
会社A	60.04	8.60	52.00	10.82
会社B	88.00	8.57	—	—

平均の差の検定

検定統計量	値	有意水準
対数ランク	7.35	0.0067
Breslow	5.72	0.0168
Tarone-Ware	6.54	0.0105

のグループ間での比較もできますが，ほかに，個体の年齢のような量的変数の影響のしかたなど，複数個の要因を重回帰分析のように同時に分析することができます。

コックス回帰の基本モデルは，ハザード関数 $h(t)$ の対数について (12.16) 式のような線型の式をあてはめるものです。

$$\log h(t) = b_0(t) + (b_1 x_1 + b_2 x_2 + \cdots + b_m x_m) \quad (12.16)$$

ここで，各 x_j は，ハザード関数つまり生存関数に影響を与えていると考えられる要因を表しており，データとして投入されるものです。これらの要因は共変量（covariate）と呼ばれます。

コックス回帰分析の目的は，主として次の二つです。

(1) 各共変量 x_j の係数 b_j の推定値を求める。
(2) b_j の真の値が 0 であるという帰無仮説を検定する。

したがって，ほとんどが重回帰分析の場合と同じように理解することができます。具体的には，

i) 各共変量 x_j の係数 b_j の推定値をみる。もしこの値がプラスならば，b_j の値が大きいほど，ハザード率が高い，すなわち，生起時間が早くなる傾向があることを示しています。もしもマイナスならば，その逆にハザード率が低くなり，生起時間が遅くなる傾向があることを示しています。

ii) 各係数 b_j の検定結果をみて，もし有意でなければ，母集団において共変量 x_j はハザード率の大小には影響していない，より正確にいえば，影響しているとはいえないと判断します。さもなければ，x_j はハザード率すなわち生起時間の分布のしかたに対して有意な影響があると判断できます。

なお，共変量 x_j に性別や治療の有無などのカテゴリー変数を用いることも可能です。

例として，先ほどと同じデータに，x_1 として，会社 A＝1，会社 B＝0 の値を入れてコックス回帰を行ってみると，表 12.7 のような分析結果がえられます。係数 b_1 の値が 1.014 で，ハザード率を有意に高めていることが分かります。

このコックス回帰は，ハザード関数 $h(t)$ が時間 t の値に

表 12.7　コックス回帰の分析結果

b_1 の推定値	標準誤差	有意水準
1.014	0.390	0.009

よって変化する可能性を含んでおり、それは (12.16) 式の第一項の $b_0(t)$ で表現されています。しかし、分析の焦点は、t の値による変化のしかたではなく、あくまで共変量 x_j によるハザード率の違いです。第一項の $b_0(t)$ は、共変量 x_j とは無関係に、すべての個体に対して共通に影響しています。したがって、ハザード関数 $h(t)$ は、log を使わないで表現すれば、

$$h(t) = (t による共通の変化) \qquad (12.17)$$
$$\times \underset{\parallel}{(共変量によって影響されている部分)}$$
$$\exp(b_1 x_1 + \cdots + b_m x_m)$$

となっており、$h(t)$ が「共変量による影響の部分」に比例する式になっています。このため、コックス回帰のことを「比例ハザードモデル」ともいいます。

ワイブル分布

ワイブル分布のモデルは、

$$\log \alpha = -(b_0 + b_1 x_1 + b_2 x_2 + \cdots + b_m x_m) \qquad (12.18)$$

とおいたとき、ハザード関数と生存関数が、

$$h(t) = \alpha \gamma t^{\gamma-1}, \ S(t) = \exp(-\alpha t^\gamma) \qquad (12.19)$$

として特定化されるものです。γ（ガンマ）はデータによって定まるパラメーターで、$\gamma > 1$ のとき、$h(t)$ は t の増加関数になり、$\gamma = 1$ のときは指数分布のように $h(t)$ は一定で、そして $\gamma < 1$ のとき、$h(t)$ は減少関数になっています。

符号の向きが逆であることを別にすれば、このモデルはコ

ックス回帰のモデルの特殊ケースと考えることもできます。

この特殊なワイブル分布がよく利用される理由の一つは,
$$\log(-\log S(t)) = \gamma \log t + \log \alpha \qquad (12.20)$$
という式が成立しているので, データから生存関数 $S(t)$ を求め, 横軸に $\log t$ をとり, 縦軸に $\log(-\log S(t))$ をとったグラフが直線になるという点にあります。つまり, このグラフが直線に近ければ, データはワイブル分布に従っているということができます。

なお, 統計分析ソフトでワイブル分布を用いるときは, 一般に (12.18) 式で明らかなように, 係数 b_j の値が正のときは, x_j が大きいほどハザード率を「下げる」ことを意味していますので, 注意して下さい。

13 因果関係を考える

1. 「なぜ」に答える統計分析

1.1 データから生じる問い

かつて1960年代までは，東京の夏でもエアコンなしで過ごすことができました。昼間の暑さを扇風機でしのげば，夕方にはやや涼しさを感じることができました。しかし今ではとても無理です。最近では，東京だけではなく仙台や札幌でもエアコンを付けている家が増えつつあります。また，かつては，雪の多かった日本海側や，東北地方の平野部の積雪もずいぶん少なくなりました。

東京の平均気温は20世紀の100年間で3.0度上昇したといわれており，国内の他の都市でも同じような傾向が観測されています。小都市や農村での変化はもう少し小規模ですが，日本全体でこの100年間に気温が上昇したことは観測データから明白です。

こうした気温上昇は必ずしも日本だけではなく地球規模のものであって，その主な原因は工場や自動車によって排出される大気中の二酸化炭素による温室効果ではないかと疑われています。これが本当に正しいかどうかはまだ専門家のあいだで議論が続いていて確かではありませんが，この100年に東京の平均気温が3.0度上昇したというのは厳密に測定され

た観測データです。単に昔は夏でもエアコンなしで十分過ごせたのに今はとても不可能だ，というような感覚的なものではありません。そうしたデータを目の前にすると，「なぜそうなっているのか」という問いが生じてきて，それに対する答えも知りたくなります。

あるいは，日本の少子高齢化が合計特殊出生率の大幅な低下によって加速されていることもよく知られていますが，この場合でも，なぜ合計特殊出生率は低下したのかという問いが立てられ，その答えを求めて多くの研究がなされています。

このように私たちは，あるデータが観測されるとその現象が「なぜそのようになっているのか」という問いを立て，それの答えを求めようとします。「なぜ」という問いは，しばしば結果に対する原因を問うものだと理解されていますが，見つかる答えは必ずしも因果的なものとは限りません。火事が起こった原因はタバコの火の不始末だというのは因果的な答えですが，月が地球の周りを回っているのはニュートン力学の法則によるものだという答えは少し違います。したがって，因果的な答えを求めているというよりも，11章で述べたような実体的な構造的メカニズムを求めていると言ったほうがいいでしょう。ただ，この言葉は長すぎるので，単に「因果関係」という言葉で，広くそうした実体的な構造的メカニズムも含めて考えることにしたいと思います。

統計的データは「なぜ」という問いの宝庫です。一つの統計データから，さまざまな問いが生じてきます。たとえば12

章の離婚に関するデータから,「66〜70年結婚コーホートよりも81〜85年結婚コーホートで,離婚率が上昇しているのはなぜか」,「結婚継続期間が長くなると離婚のハザード率が減少するのはなぜか」,あるいは「0年目や1年目の離婚割合が15年以上や20年以上の割合よりも高いのは1970年頃まででであって,最近は逆転しているのはなぜか」というような問いが生じてきます。

こうした「なぜ」の問いに対して,何とかその答えを見つけようと私たちはさまざまな探求を行います。比較的簡単に見つかることもあれば,なかなか見つからないこともあります。見つかったと思っても,あとで間違いだと判明することも少なくありません。この点に関連して,統計的分析の目的は,大きく次の二つに分けることができます。

第一の目的は,「問い」を喚起するようなデータを提供することです。これは,観測されたデータについてさまざまな統計指標を計算したり多変量解析を行って,現象がどうなっているかを記述していくような通常の意味での統計的分析です。すべての統計的分析は,とくに意識しなくてもこの目的を果たしており,平均値の変化やある統計指標の比較はつねに「なぜそうなっているのか」という問いを喚起する潜在的な可能性を含んでいます。

第二の目的は,そうした「問い」に対して,正しいと思われる「答え」を統計的分析を通じて提示したり,間違っていると思われる「答え」を批判することです。この目的のための統計的分析には,やや意識的な努力が必要です。というの

は，どのような統計的分析を行えば当該の「なぜ」の問いに答えたことになるのかについて，かなり周到な考察が必要だからです。たとえば，1970年以降の合計特殊出生率の低下と同じ時期の東京の熱帯夜の日数の増大とはほぼ連動していますが，この二つのデータを示したからといって「なぜ出生率は低下したか」という問いに答えたことにはなりません。

本章で説明するのは，このうちの第二の「答えを提示したり批判したりする」ための統計的分析の基本的な方法です。これを **「なぜ」のための統計的分析** と呼ぶことにしましょう。

1.2 「なぜ」に答えるための手順

この方法は，基本的にそれぞれの「なぜ」の問いに即して個別的に考えていくもので，とくに決まった方法が存在するわけではありません。ただ，一般的にはだいたい図13.1のような手順を踏むと考えて下さい。(この図では，重回帰分析を用いるようになっていますが，むろんこれは例として挙げただけで，これに限る必要はまったくありません。)

これについて，順番に説明しておきましょう。

(0) 初めに，「なぜ」の問いを引き起こすデータがあります。「なぜ出生率は低下しているのか」「なぜかつては相対的に初期の離婚率が高かったのか」というような，データに触発された「問い」が存在します。「問い」があってはじめて「答え」の探求が意味をもちます。

(1) 続いて，統計的分析に入る前に，「なぜ」に対する「仮説としての答え」を考えておかなければなりません。「これこ

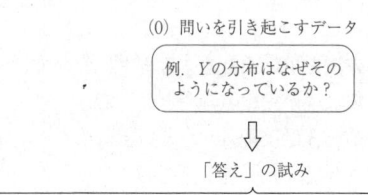

(0) 問いを引き起こすデータ

例. Yの分布はなぜそのようになっているか？

⇩

「答え」の試み

(1) 仮説としての答え（構造的メカニズム）

$Y \leftarrow X_1$
$Y \dashleftarrow X_2$

⇨

(2) 仮説をチェックするための統計的分析の方法

・使用する計量モデルの特定化
・予想される構造
「$y = \beta_0 + \beta_1 x_1 + \beta_2 x_2$ において $\beta_1 > \beta_2$」

⇨

(3) 観測データの統計的分析

観測されたデータ
$y = b_0 + b_1 x_1 + b_2 x_2$
$b_1 > b_2$
?

(4) 分析にもとづく仮説のチェック

図13.1 「なぜ」の統計的分析の手順

れのメカニズムや構造があるから，このようなデータが現れてくるのだ」という「答え」です。そしてそれを「仮説」の形で定式化しなければなりません。これは，世界がどのようになっているかについての構造的な仮説です。たとえば，「出生率の低下は直接的には婚姻率の低下によるが，婚姻率が低下したのは，独身であることに対する結婚することの相対的なメリットが低下したためだ」というような仮説が，一つの例です。このような仮説を思いつかないと先へは進めません。単なる統計的検定のための帰無仮説ではありませんから注意して下さい。

(2) 次に，この仮説をチェックするための統計的分析の方

法を考えます。むろん，一つに限定されるものではありません。そして，この方法を用いたとき，データにおいてどのような結果が現れたら仮説が検証されたといえるか，また，逆にどのような結果のときは反証されたといえるのかが特定化されていなければなりません。実は，このステップが最大の難関です。(1)のステップで示された構造的仮説を検証するためにどのような統計的分析を行えばいいのかが，簡単に見つかるとは限らないからです。たとえば，上の「結婚の相対的メリットの低下」という仮説くらいは誰でも思いつきますが，どんなデータを使ってどのように分析をし，出てきた結果がどうであれば「婚姻率の低下の原因は，結婚の相対的メリットの低下にある」という「答え方」が検証されたことになるのか，容易には分かりません。しかし，ともかく仮説を確かめるための何らかの分析の方法を考え出す必要があります。

(3) 分析の方法が決まれば，あとは楽です。まず，実際にデータを収集してその方法に基づいて分析し，仮説にあった結果がえられているかどうかをチェックします。

(4) そして最後に，そのデータ分析の結果からもとの仮説について何がいえるのか，はたして，その仮説を受け入れることができるのかどうかについて，検討し，判断を述べます。

おおまかには，統計的検定の作業とよく似ています。ただし，統計的検定では，帰無仮説も検定方法も決まったものがすでに与えられているのに対して，「なぜ」の統計分析には決まったものがないので，すべて自分で考えていく必要があり

ます。

　なおここで強調しておきたいことは，言うまでもなく「答え」というのは常に一つの仮説であって，正しいこともあれば間違っていることもあるということです。そのため一つのデータに対して複数の異なる答えが提示されて，なかなか決着がつかないこともあります。たとえば，1980年代から1990年代にかけて，日本の所得分布の不平等度が増したのではないかという議論が話題になったことがあります。確かに，いくつかの所得データについてジニ係数を求めると，その期間にやや上昇しているような結果がえられます。そして，それに対してさまざまな「答え」らしきものが提示されました。たとえば，「日本の中流が崩壊しつつある」「勝ち組と負け組との二極分化が進んでいる」というような答えを出した人もいます。あるいは，規制緩和と競争原理を重視した「新自由主義的な政策」がとられたためだという答えもあります。それに対して，所得のジニ係数の上昇は，中流崩壊というような現象ではなくて年齢間の所得格差がやや拡大したことが原因だとする「答え」も現れました。さらに，年齢間の格差によってよりも，むしろ高齢者のあいだで所得格差が急速に拡大したことが，全体の係数に影響しただけだ，という答えもありました。

　これらは，ある程度データによってチェックすることができますが，ここで重要なことは図13.2のように，一つのデータに対して複数の答えがありうるということです。それは，別々の人から出されることもあれば，一人が複数個思いつく

13　因果関係を考える　303

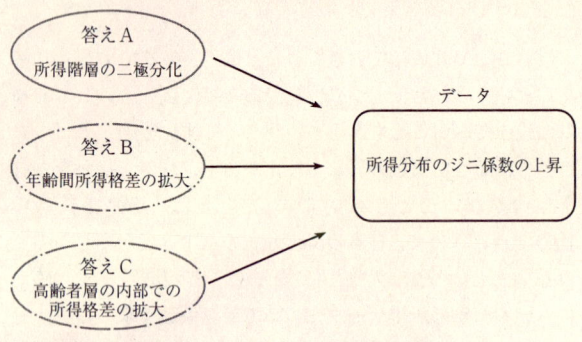

```
答えA
所得階層の二極分化

答えB
年齢間所得格差の拡大

答えC
高齢者層の内部での
所得格差の拡大

データ
所得分布のジニ係数の上昇
```

図13.2　一つのデータに対する複数の「答え」

こともあります。そして,「なぜのための統計分析」で行うべきことは,提示された複数の答えのうち,どれが正しいのか,あるいはどれがより有効な答えなのかを,検討することです。

先に述べたように,「なぜ」のための統計分析には,一般的にいつでもどこでも通用するような方法は存在しません。それぞれの「問い」に応じてそのつど考案せざるをえないのです。

しかし,「なぜ」の問いに対する答え方の原型となるような,非常に基礎的な分析手法はいくつか存在します。「なぜ」の問いに答えるために,どのようなデータ分析のしかたがありうるかを考える上で,これらは初歩的なモデルとして参考になります。そのまま使えるとは限りませんが,構造的な仮説に対応する統計的分析方法として,知っておくべきものだといえるでしょう。

以下では，そうした基礎的な分析手法のうち，三つのものを説明します。

2. 疑似相関と偏相関係数

ある二つの変数のあいだに本当は直接的な因果的関係は存在しないのに，それらのあいだに強い相関関係が観測されることがあります。たとえば，日本社会では年齢と個人所得にかなりの正の相関があると同時に，自民党支持も高齢者のほうがやや高いという傾向がありますから，所得と政党支持率との関係をみると，所得の高い人が自民党を支持する傾向があるというデータがえられます。しかし，このことから，所得の高い階層の人は現状の政治に満足しているので自民党を支持しているのだ，と結論づけるのはちょっと性急でしょう。

二つの変数 x と y の間に直接的な因果的関係は存在しないにもかかわらず，データの見かけ上は相関が存在することを

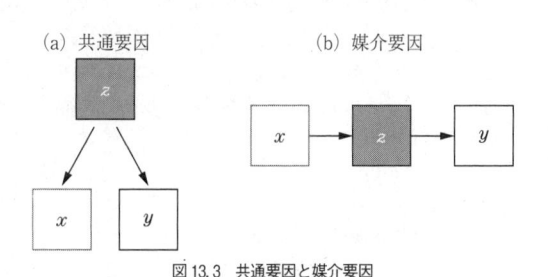

図 13.3 共通要因と媒介要因

疑似相関といいます。疑似相関が生じるのは、基本的には図 13.3(a)のように、共通の要因 z が存在していて、x と y の双方に対して因果的な影響を及ぼしているからだと考えられます。たとえば今の例では、年齢が共通要因で、所得と政党支持との関係は疑似相関かもしれません。なお、図の(b)のように、z が x から y への因果的関係の途中に位置する媒介要因である場合には、必ずしも疑似相関とはいいません。

量的変数について、疑似相関をチェックするのが偏相関係数です。x と y の（ピアソンの積率）相関係数 r_{xy} が、共通要因 z による疑似相関ではないかと疑われるとき、次のような、z をコントロールした**偏相関係数** $r_{xy \cdot z}$ を計算してみます。

$$r_{xy \cdot z} = \frac{r_{xy} - r_{xz} r_{yz}}{\sqrt{(1 - r_{xz}^2)(1 - r_{yz}^2)}} \tag{13.1}$$

＊偏相関係数 $r_{xy \cdot z}$ のもともとの定義は、次のようになっています。変数 x と y が共通の要因 z によって規定されているという (13.2) 式を立てると、x の誤差項 e は、x の値のばらつきのうち、z とは無相関な部分を表しています。同じようにして、(13.2b) 式の u も y の値のばらつきのうち、z とは無相関な部分を表しています。偏相関係数 $r_{xy \cdot z}$ は、これらの式における誤差項同士の相関係数 r_{eu} として定義されます。

$$x = a + bz + e \tag{13.2a}$$
$$y = c + dz + u \tag{13.2b}$$

そして、誤差項が共通要因 z とは無相関だという条件の下で、e と u の相関係数を計算していくと、(13.1) 式が導か

れるのです。

なお，通常の相関係数のことを，偏相関係数と区別するために，**単相関係数もしくは0次の相関係数**ともいいます。

例として，10章の国語と社会と100m走の架空のデータについて，偏相関係数を求めてみましょう。相関係数は表13.1のようになっています。

表13.1 相関係数行列

	社会 (y)	100m走 (z)
国語 (x)	.717	.579
社会 (y)		.528

これから，まず100m走をコントロールしたときの国語と社会の偏相関係数は，

$$r_{xy \cdot z} = \frac{0.717 - 0.579 \times 0.528}{\sqrt{(1-0.579^2)(1-0.528^2)}} = 0.594$$

となって，もとの相関係数より少し小さくなりますが，それほど大きな減少ではありません。あとの二つも計算してみると，

$$r_{yz \cdot x} = 0.199 \qquad r_{xz \cdot y} = 0.339$$

となります。一番大きく減少したのが，$r_{yz \cdot x}$ です。したがって，**もしも国語の成績が社会の成績と100m走に対する共通要因であるならば**，社会と100m走との単相関係数0.528というのは，かなりの程度，疑似相関の部分が大きいといえるでしょう。

偏相関係数を計算してみることは，いまの例に即していえ

ば「なぜ社会の成績と 100 m 走とには 0.528 もの相関があるのか」という問いに対して,「国語の成績が共通要因になっているからだ」という仮説的な答えを用意し,それをデータからチェックしてみることを意味しています。

なお,偏相関係数は,コントロールする変数が一つだけでなく二つ以上の場合についても定義することができます。二つ以上の場合というのは,x と y とを共通要因で説明する(13.2)式において,2個以上の変数を投入することを意味しています。そのときの誤差項のあいだの相関係数が,x と y のあいだの高次の偏相関係数で,たとえば $r_{xy \cdot zw}$ のように表されます。一般に k 個の変数をコントロールしたときは,**k 次の偏相関係数**といいますが,ここではその計算式を述べるのは省略することにします。

3. クロス表における要因のコントロール

カテゴリカルな変数の場合にも,偏相関係数とよく似た分析法があります。まず,具体例から説明しましょう。

かつて第二次大戦中に前線で戦うアメリカ軍の兵士たちに対して,政府のイニシアティブのもと,アメリカ社会学者による大規模な社会調査が実施されました。社会学者たちは,兵士たちの不満の構造を分析するために戦争中の軍隊での調査とは思えないほど,突っ込んだ質問を行っています。なかでも大変興味深い質問は,「あなたは本来,召集を猶予されるべきだったと思いますか」というものでした。こんな質問が

許されたとはちょっと信じがたいことですが、とにかくこの質問への回答のうち、「いいえ、志願した」もしくは「いいえ、猶予されるべきではなかった」と回答した者の割合（％）を、兵士たちの年齢、未婚・既婚、そして学歴に分けて見ると、表13.2のようになっていました[1]。

表13.2 「あなたは本来、召集を猶予されるべきだったと思いますか」の質問に対する「志願した」もしくは「猶予されるべきではなかった」の回答の％

	未婚		既婚	
	学　歴			
年齢	低学歴	高学歴	低学歴	高学歴
30歳以上	68％(320)	77 (157)	59 (193)	64 (128)
25〜29	72 (323)	89 (289)	60 (124)	70 (146)
20〜24	73 (572)	85 (719)	67 (144)	76 (105)
20歳未満	79 (200)	90 (217)	—	—

（　）内は分母となるケース数。『アメリカ兵』I, p.124, Table 3 より。

この％に含まれていない人、たとえば30歳以上で未婚で初等教育の場合には32％の人が、「はい、猶予されるべきだったと思いました」と回答しています。これは、召集されたということについて一定の不満を抱いている人だと考えることができます。

以下では、「志願した」もしくは「猶予されるべきではなかった」という回答を「召集に満足」、そしてそれ以外の回答を

---

[1] Samuel A. Stouffer et al., 1949, *The American Soldier: Adjustment during Army Life* (vol. I), Princeton: Princeton University Press.

「召集に不満足」と解釈することにします。そうするとこの表から、年齢、未婚か既婚か、そして学歴の三つの要因によって、召集への満足・不満足が異なっていることが分かります。一般的に、年齢が低いほど、未婚の人ほど、そして高学歴ほど、満足の割合が高くなっています。これについて、『アメリカ兵』の著者たちは「相対的剥奪」という概念を用いて説明しています。すなわち、「多くの男たちにとって、兵士になることは、きわめて大きな剥奪を意味する。しかし、その際、自分が犠牲になっているという感覚は、彼らの比較の標準に依存して、大きかったり小さかったりするのである」(『アメリカ兵』p. 125) と考えられるわけです。

　今、三つの要因のうち、とくに「学歴」に注目してみましょう。ここで「高学歴」というのはハイスクール卒業以上の学歴のことです。当時は、ハイスクール卒の割合がまだ5割にみたず、相対的に高学歴でした。著者たちは、なぜこの高学歴者の方が満足が高いかについて、次のように説明しています。まず、戦時経済のもとで、農業や熟練工などの職業についていることがしばしば兵役が免除される理由になっており、それは低学歴である傾向があったのに対して、専門やホワイトカラーの職業には召集猶予はまずなかったことを指摘します。その上で、「平均的に見て、徴兵された低学歴の男性は、彼自身よりも召集猶予の資格に乏しいにもかかわらず、実際には職業上の理由から召集が猶予されている知人を数多く挙げることができただろう」(p. 127) と述べています。つまり、高学歴層よりも低学歴層の男性の方が、友人・知人た

ちに召集猶予された人が多い，という訳です。

一般に徴兵制といっても，健康状態や結婚しているかどうかなどで免除や猶予が設けられているのが普通ですが，第二次大戦中のアメリカは，民間の軍需産業に従事すべき熟練労働者の確保を重視していました。そうした労働者は兵士としての召集が猶予される割合が高かったのです。彼らは，高校を出ていない低学歴者がほとんどでした。したがって，ある一人の低学歴者の若者の目から見ると，自分の周囲の同じような低学歴の知人の中に兵士への召集を猶予された者がいるという確率は，かなり高いものだったと考えられます。軍需産業の労働者として働くことと兵士として戦うことでは明らかに兵士の方が危険で辛いことですから，召集された兵士にとって，あの人は召集猶予されたのになぜ自分が召集されなければならないのかという不満を持っても不思議ではありません。

『アメリカ兵』の著者たちはこのように考えて，召集への満足・不満を「相対的剥奪」という理論で説明しました。

この説明はきわめてもっともらしいと言えると思いますが，じつはデータで確かめられた訳ではなく，著者たちの推測にとどまっています。

これに関して，のちに，ケンドールとラザースフェルドという社会調査法の専門家が，もしも適切なデータがえられていたならば，その説明の当否は次のようにして確かめることができたであろうとして，クロス表の新しい分析法を提唱しました[2]。

13 因果関係を考える

まず最初に，表13.2を学歴に関してまとめた，表13.3のようなクロス表が与えられているとします。(このクロス表の高学歴者の満足・不満の分布は，じつは『アメリカ兵』に掲載されている表13.2と一致していません。ケンドールとラザースフェルドは『アメリカ兵』の表をもとにして考察しているので，本来は一致するはずなのですが，理由は分かりません。説明の都合上，これ以降は，表13.3をもとにすることにします。)

表13.3 「あなたは本来，召集を猶予されるべきだったと思いますか」への回答分布

	召集に満足		召集に不満足		計
	n	%	n	%	
高学歴	1556	88.4	205	11.6	1761
低学歴	1310	69.8	566	30.2	1876

さて，この表では明らかに学歴によって召集への態度に差があります。高学歴者は9割近くが召集に不満を感じていないのに対して，低学歴では3割もの人が不満を表明しています。

ここでかりに「あなたの友人や知人のなかで，民間経済にとって欠かすことのできない職業についているという理由で，召集を猶予された人はいますか？」という質問文があり，

---

2) Patricia L. Kendall and Paul F. Lazarsfeld, 1950, Problems of Survey Analysis, pp. 133-196, in Robert K. Merton and Paul F. Lazarsfeld ed., *Continuities in Social Research: Studies in the Scope and Method of "The American Soldier"*, New York: Free Press.

それへの回答があったとします。(実際には、この質問文はありませんでした。あくまで、架空のものです。)そして、この質問に対して、「ある」と回答した人と「ない」と回答した人に分けて、学歴と召集への満足・不満とのクロス表を別々に作成するとします。その結果、もしかしたら表 13.4 のような結果がえられるかもしれません。

表 13.4 友人・知人に猶予者のありなしで分割された架空のクロス表

	友人・知人に猶予者あり					友人・知人に猶予者なし				
	召集に満足		召集に不満足		計	召集に満足		召集に不満足		計
	n	%	n	%		n	%	n	%	
高学歴	210	62.7	125	37.3	335	1346	94.4	80	5.6	1426
低学歴	939	63.3	545	36.7	1484	371	94.6	21	5.4	392

この表をみると、友人・知人に猶予者がいる場合、いない場合のそれぞれでは、召集されたことへの満足-不満足に関する学歴の違いはまったく消えてしまっています。学歴のいかんに関わりなく、友人・知人に猶予者がいる兵士たちの約 37% が不満を表明しているのに対して、そうした友人・知人を持たない兵士たちはわずか 5% 程度だけが不満を表明しているのです。その一方で、友人・知人に召集猶予者がいるかどうかが学歴によって大きく異なっていることが分かります。高学歴者で「いる」と答えたのは 19.0% にすぎませんが、低学歴者では 79.1% もいます。したがって、図 13.4 のように、学歴の違いは、友人・知人に召集猶予者がいるか否かの分布の違いを通じて、召集に不満があるかないかの違いに

13 因果関係を考える 313

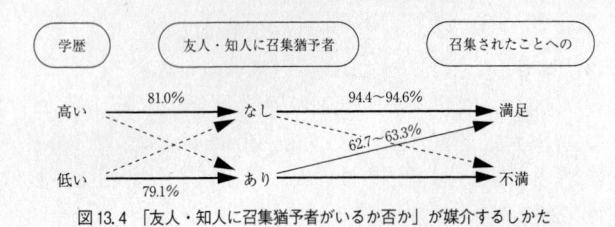

```
  学歴        友人・知人に召集猶予者           召集されたことへの

  高い ━━81.0%━━▶ なし ━━94.4～94.6%━━▶ 満足
           ╲   ╱              ╲  ╱
            ╲ ╱                ╲╱
            ╱ ╲          62.7～63.3%
           ╱   ╲              ╱  ╲
  低い ━━79.1%━━▶ あり ━━━━━━━━━━━▶ 不満
```

図13.4 「友人・知人に召集猶予者がいるか否か」が媒介するしかた

結びついていることが分かります。

 以上の分析は，あくまで架空の質問文とその回答分布を使ったもので，実際に観測されたものではありません。しかし，ここで提示された分析のしかたは，次のような形で，実際の観測データに一般的に応用することができます。

(1) 変数xとyとの関連を示すクロス表［xy］があるとします。（残念ながら，クロス表を表現するいい記号表記がありません。）
(2) この関連が第三の変数zによって媒介されたものかどうかを調べるために，もとのクロス表をzの値によって分割した部分クロス表からなる3重クロス表［$xy\cdot z$］を作成します。
(3) このzの値ごとの部分クロス表において，xとyの関連が消滅しているかもしくは著しく減少しているとき，zがxyの関連を媒介していると判断する。

 この分析法は，11章で紹介したログリニア分析を用いると

厳密に行うことができます。「xy の関連が z によって完全に媒介されている」という仮説は，xyz の3変数からなる3重クロス表のセル度数の理論値を F_{ijk} とするとき，

$$\log F_{ijk} = u_{...} + u_{i..} + u_{.j.} + u_{..k} + u_{i.k} + u_{.jk}$$
$$(u_{ij.} = 0) \tag{13.3}$$

という条件付き独立のモデルで表されますから，3重クロス表の観測データに対してこのモデルを適用してみて，統計的検定によって「棄却されない」という結果がえられれば，この仮説を受け入れることができます。

なお，ここで述べた分析法は，z が媒介変数ではなくて共通の要因だという仮説についても用いることができます。

4. 要因分解法

上で述べた要因コントロール法をもう少し一般化して，x と y の関連のしかたがどの程度第三の変数 z の媒介によってもたらされたものなのかをみていく方法があります。この方法は，一般的な応用性の高いものですが，ここではその基本的なやり方だけを説明することにしましょう。

例として，4章で用いた調査年と性別役割分業意識とのクロス表を用います。このクロス表では，1985年と比べて1995年には，性別役割分業に反対する意見が大幅に増大していて，四つの選択肢を「賛成」と「反対」の二つにまとめると，賛成率は 66.0% から 40.0% へと大きく減少していました。これにはさまざまな要因が考えられますが，いま，学歴

構成の変化が影響しているのではないかという可能性を検討してみましょう。というのは、学歴が高い人ほど性別役割分業に反対する傾向があると思われますが、85年よりも95年のサンプルにおいて学歴構成が高い方へシフトしたために、反対する意見が増えたとも考えられるからです。

一方、これと対立して、学歴構成の変化によってではなく、それぞれの学歴の内部で性別役割分業への反対が増えたのが原因だ、という可能性もあります。

この二つの要因は、クロス表ではかなり明確に区別できます。

いま、X を調査年（1985年と1995年）、Y を性別役割分業意識（賛成か反対か）、そして Z を学歴（短大以上、高卒、中卒）とする3重クロス表を考えて、X が第 i カテゴリー、Y が第 j カテゴリー、Z が第 k カテゴリーの度数（ケース数）を n_{ijk} で表すとします。また、$n_{i\cdot\cdot}, n_{ij\cdot}, n_{i\cdot k}$ などで、周辺度数を表すものとします。このとき、次の式が恒常的にどんなデータについても成立しています。

$$\frac{n_{ijk}}{n_{i\cdot\cdot}} = \frac{n_{i\cdot k}}{n_{i\cdot\cdot}} \times \frac{n_{ijk}}{n_{i\cdot k}} \tag{13.4}$$

したがって、$[xy]$ のクロス表の行パーセントに関して、

$$\frac{n_{ij\cdot}}{n_{i\cdot\cdot}} = \sum_k \frac{n_{i\cdot k}}{n_{i\cdot\cdot}} \times \frac{n_{ijk}}{n_{i\cdot k}} \tag{13.5}$$

となっています。この (13.5) 式を、x の第 i カテゴリーごとに比率を表す記号で置きかえると、次のように簡略化できます。

各iについて, $p_{\cdot j}=\sum_k q_k \times p_{kj}$ (13.6)

($p_{\cdot j}$=「$y=j$」の比率, q_k=「$z=k$」の比率, p_{kj}=「$z=k$の中での$y=j$」の比率)

ここで,「$j=1$」を「性別役割分業に賛成」としてその比率だけに注目すれば,

$$p_{\cdot 1}=\sum_k q_k \times p_{k1} \quad (13.7)$$

と書けます。この場合, 各調査年について, $p_{\cdot 1}$は「全体の賛成比率」, q_kは「学歴kの構成比率」そしてp_{k1}は「学歴kの賛成比率」を意味しています。

この式を用いて, 二つの仮説を次のように定式化することができます。

(A) 学歴構成変化仮説　　　性別役割分業の賛成率の減少は, 学歴構成q_kが変化したためである。

(B) 学歴別賛成率変化仮説　性別役割分業の賛成率の減少は, 学歴別の賛成率p_{k1}が変化したためである。

したがって, もしもAの仮説が正しいならば,「1995年の学歴構成」と「1985年の学歴別賛成率」との組合せによって求められる賛成率が1995年の観測値に近くなるはずです。逆に, もしもBの仮説が正しいならば「1985年の学歴構成」と「1995年の学歴別賛成率」との組合せによって求められる賛成率が1995年の観測値に近くなると予測できます。

では，実際にみてみましょう。

学歴構成と学歴別賛成率のデータは表13.5のようになっています。

表13.5 仮説Aと仮説Bをチェックするためのデータ

	(a) 学歴構成比率 (q_k)			(b) 学歴別賛成率 (p_{k1})			
	中卒	高卒	短大・四大	中卒	高卒	短大・四大	全体
1985年	35.2%	50.8	14.0	72.1%	67.1	47.0	66.0
1995年	24.7	54.2	21.1	49.9	39.3	30.4	40.0

この数値を用いて，それぞれの仮説に基づく理論的賛成率を求めると，次のようになります。

$$p^A\cdot_1 = \sum_k (1995\text{年の}q_k) \times (1985\text{年の}p_{k1}) = 0.641$$

$$p^B\cdot_1 = \sum_k (1985\text{年の}q_k) \times (1995\text{年の}p_{k1}) = 0.418$$

Bの学歴別賛成率が変化したためだという仮説に基づく理論値 $p^B\cdot_1$ が，実際の1995年賛成率40.0%に非常に近いのに対して，Aの学歴構成が変わったからだという理論値 $p^A\cdot_1$ は，大きく異なっていることが分かります。したがって，1985年から1995年にかけての賛成率の大幅な減少にとっては，学歴構成の変化はほとんど寄与しておらず，各学歴で賛成率が低下したためであると判断することができます。

5. 答えの仮説とデータの分析

本章では，データが示す現象に対して，「なぜそのような現象がみられるのか」という問いに答えようとするための三つ

の方法として,偏相関係数,クロス表における要因のコントロール,そして要因分解法を説明しました。これらはいずれも比較的単純な方法ですが,「なぜ」に答えるための統計的分析法として基礎的な役割を果たしているといえます。

ここで念のために,あらためて注意を促しておきたいこと二つがあります。第一は「なぜ」に答える試みは,「構造的メカニズム」を思いつくことから始まるのであって,計量分析モデルを利用することから始まるのではない,ということです。たとえば,3節でアメリカの兵士の例を挙げましたが,学歴による不満度の違いというデータが社会学者によって観測された時点では,紹介したような統計的分析法はまだ確立していませんでした。したがって,彼らは「なぜ学歴による違いが生じるのか」という問いに対して,まず「学歴の違いによって生じる媒介的メカニズムには一体どんなものがあるのだろうか」という点についての構造的な答えを探していったのです。そうやっていくうちに,召集猶予の確率の違いが関係しているかもしれないという仮説を考えたのです。実際のデータではこの仮説を検証することはできませんでしたが,もし「召集猶予された友人・知人がいるか否か」という質問文があったならば,その回答でクロス表を分けるという分析法を思いついたのです。つまり,探求の順序は図13.5のようになっているのであって,その逆ではない,ということです。

第二に,「なぜ」に答えるための統計分析で利用されるデータや,その分析結果はそれ自体として「答え」を示してい

13 因果関係を考える 319

```
┌─────────────┐        ┌─────────────┐
│構造的メカニズムに│   ⇒   │仮説をチェックする│
│ついての理論的仮説│        │ための統計的分析手法│
└─────────────┘        └─────────────┘
```

図13.5 探求の順序

るのではなく、それは「構造的メカニズム」に関する仮説に基づいて「解釈される」ことによってはじめて「答え」としての意味をもつ、ということです。たとえばアメリカ兵のデータの場合、表13.4の「友人・知人に召集猶予者がいるか否か」で分けたクロス表が「無関連である」というデータは、それ自体としては「友人・知人に召集猶予者のありなしが、媒介要因だ」という「答え」を直接には意味してはいません。それはただ単に、「データの構造はそうなっている」ということを示すだけです。「媒介要因」という概念は、データのレベルにではなく、構造的メカニズムのレベルの概念です。そして、具体的には「相対的剥奪」というような社会現象に関する理論的な仮説があってはじめて、「分割したクロス表が無関連だ」というデータの構造が、「友人・知人の召集猶予者の有無が媒介している」という答えを意味していると「解釈」することができるのです。

多くの場合、「なぜ」の答えを見つけるためにはもっと複雑な分析が必要で、しかも、それぞれの問題に応じてさまざまな分析上の創意工夫を凝らしていかなければなりません。単に、汎用性のある計量モデルをそのまま使うだけでは不十分

なこともしばしばです。また，いったんは思いついた答えの仮説が，それが本当の答えなのかを検討していくうちに，実は答えとしては間違っていたとか，不十分であるということが判明してしまうかもしれません。たとえば，社会の成績と100m走との相関が「国語が共通要因だ」という答えで一応説明されたとしても，次は「ではなぜ国語が共通要因なのか」という問いが新たに発生してくるでしょう。「なぜ」に答えようとする統計的分析には，そういう暫定性や不確実さというものが必ずつきまといます。

しかし，「なぜそうなっているのか」という問いに答えようとすることは，私たちの知的関心の核をなしています。難しいからといって避けるのではなく，想像力をおおいに働かせてそれに果敢に挑戦することこそ，統計的分析の中のきわめて創造的な部分を代表しているといえるでしょう。

14 統計のウソにだまされない

1. サンプリングと質問文

1.1 サンプリングの問題

　昔からよく読まれているダレル・ハフという人の『統計でウソをつく法』(初版 1954 年)には，統計の数字から，どれだけ誤った情報や理解が生み出されるか，ということが非常に分かりやすく書かれています。たとえば，ある有名大学卒業者の平均所得が(当時の水準からみて)極めて高いというデータについては，卒業生のうち住所が分かっていてしかも所得を喜んで答えようとするサンプルに偏っていた可能性が指摘されています。これはまさに本テキストの 8 章で，選挙の際の出口調査を例にして説明した**偏ったサンプル**の問題です。また，偏りがない場合でも統計数字には誤差がつきものであって，小さな標本では 40% と 35% との違いは誤差の範囲内だという指摘もあり，この**標本誤差**の問題もやはり 8 章で説明しました。偏りのないサンプルからでも必ず確率的な誤差が生じており，とくに標本の数が小さい場合その誤差の大きさは決して小さくはない，ということです。

　今日でも，このような標本の問題に十分配慮しないまま，一部の調査結果がそのまま母集団全体の値であるかのように報道されたり，受け取られたりすることは少なくありませ

ん。「OL 100 人に聞きました」というたぐいの調査は大体そうです。そもそもこの場合，OL の定義自体はっきりしません。したがって，母集団をどう考えればいいのかも分かりません。そして，どのようにしてこの 100 人からデータを集めたのかの方法も明らかではありません。

週刊誌などのこのような記事はあくまでも面白い話の種として読めばいいし，実際，そのように読まれていることが多いでしょう。

しかし，テレビの政治討論番組にときどきみられるような，同時進行型の世論調査となると話は別です。生の番組で，政治的な争点について政治家や評論家たちが議論していくのと並行して，電話やファックスやインターネットなどを通じて視聴者に対して質問をし，その回答分布の結果を番組の中で紹介してさらに出席者たちからそれを踏まえた議論を引き出していくというタイプの番組ですが，この場合は，なんといっても**抽出の偏り**という問題が存在しています。不特定の視聴者が誰でも参加できるタイプの討論番組では，誰でも参加できるということで，何か民主的で公正な調査になっているという錯覚があるようです。しかし，誰でも参加できるということは，むしろ偏りの危険がきわめて大きいことなのです。まず第一に，その番組を見ていない人たちは参加できません。そして第二に，番組を見ている人の中でもすべての人が調査に参加するわけではありません。こういう調査に自発的に積極的に応じようとする人とそうでない人とでは，政治的な意見の分布に大きな違いがある可能性があります。

「誰もが参加できる」調査は**無作為抽出**による調査とはまったく違います。それは，母集団に含まれるすべての人が等しい確率で選ばれる可能性を持っているのではなくて，関心のある人たちだけが選ばれる調査なのです。テーマによっては，そういう調査でもかまわないかもしれませんが，政治問題に関する世論調査はそれでは困ります。意見を表明することにそこまで熱心ではないけれども，きちんと意見を持っていて，選挙の際の投票においてその意見を表明するというタイプの人は大勢います。そうした人たちは，もしも個別面接調査で調査員から意見を求められたらそれに応じることにやぶさかではないでしょうが，テレビ番組の世論調査に自発的に参加することまではしません。誰もが参加できる調査ということは，標本が恣意的に選ばれて偏りが生じている調査なのです。

1.2 質問文

さらに社会調査に焦点を当てると，不適切な質問文によって間違った調査がなされることがよくあります。**誘導型**の質問文や回答選択肢を用いた調査がその代表です。これは，調査を行う人や組織が，調査の結果が自分にとって都合のいいものになるように対象者の回答を一定の方向へ誘導するように質問文を作ることをいいます。

たとえば，次の質問文をみて下さい。(この質問文は完全に架空のものです。原子力発電に肯定的な人が実際にこういう調査をしているのでは決してありませんので，誤解しない

で下さい。)

質問文例

> 問 最近，地球規模での環境の悪化の問題が大変深刻になってきていますが，なかでも，二酸化炭素の排出によって引き起こされる地球温暖化が世界各地に異常気象をもたらしたり，アルプスや南極の氷河を溶かしたりしているといわれており，その対策として，世界各国が協調して二酸化炭素の排出量を削減するための京都議定書が採択されたりしています。あなたは，このような環境問題に対処するための方法として，二酸化炭素排出の主原因である火力発電に代えて，原子力による発電を一層推進していくことに賛成ですか反対ですか。

これには，わざと極端に誘導型になるように二つのテクニックが使われています。まず第一は，あらかじめ質問文の中に回答に影響を与えるような情報ないし説明文を盛り込んでいることです。今の例では，地球温暖化は防がなければならない深刻な問題であって二酸化炭素の排出を抑えることが世界的にみて重要な課題であるということを強調することによって，原子力発電に対する肯定的な回答を誘導するように作られています。このとき，その情報や説明が，正しくて客観的なものかどうかは二義的な問題です。むろん，間違った情報を盛り込むことはそれ自体として大きな問題ですが，正し

い情報だからといって、誘導型が誘導型でなくなるわけではありません。正しいか正しくないかに関係なく、回答のしかたに影響を与えるような情報をあらかじめ文章の中に盛り込んでしまうと誘導型の質問文になります。

これは、社会調査の分野で質問文の「キャリーオーバー効果」と呼ばれている問題に関連しています。キャリーオーバー効果というのは、どういう質問が先に置かれるかによって、後に置かれている質問文への回答のしかたが左右されることを意味していますが、この効果を利用することによって誘導型の調査を行うことができるのです。たとえば、今の場合、地球温暖化問題の深刻さを質問文の中に記述しなくても、前もって一つの質問文として「地球温暖化問題は深刻だと思いますか」というような質問項目を入れておくことで、似たような効果を期待することができます。

ただし、厳密に言えば、この意味でのキャリーオーバー効果は完全にゼロにすることはできません。前もってどんな質問がなされるかによって後の質問の回答が影響を受けるということそれ自体は、決してなくすことができないからです。したがって重要なことは、キャリーオーバー効果そのものをなくすことではなく、それが、後に置かれた質問への回答を一定の方向にだけ誘導することをできるだけ回避することです。

そして第二のテクニックとして、もう一つ典型的な誘導法が含まれています。それは、「環境問題に対処するための方法として」という文章にあります。この文章は、原子力発電

を推進する目的ないしその結果の一部である地球温暖化の抑制という点を，あたかも原子力発電全体の目的もしくは機能であるかのように記述することによって，その一部の目的に対する肯定的な評価が，原子力発電に対する全体的な評価と結びつくように工夫されています。このような質問文は決して珍しくありません。たとえば，

「受験だけにかたよらない全人格的な教育のためのゆとり教育に賛成ですか」
「豊かな老後を保証するために，年金の支給額を維持することに賛成ですか」
「タバコによる健康被害をなくすために，公共の建物の中の喫煙は禁止すべきだと思いますか」

などがそうです。基本的には，Aという政策や考え方についての評価をたずねる質問文において，Aのもつ好ましい側面や意図された目的をあらかじめAと一体のものとして提示するという方法です。このタイプの質問文は，「ダブル・バーレル」と呼ばれて，社会調査において気をつけなければならないことが常識になっていますが，現実には非常に多いのが実情です。

2. 数値に関する誤解と誤用

2.1 平均値の意味

　数値を扱う上で、よく見かけられるのが、平均値や代表値に関するさまざまな誤解や誤使用です。

　(1) **平均値を最頻値**だと思ってしまう。たとえば、一世帯当たりの平均金融資産が 1,000 万円だ、というような記事があったりすると、「ほとんどの世帯が 1,000 万円の金融資産をもっている」と受けとってしまうことがあります。しかし 3 章で述べたように、所得や資産のような右側に長くのびた分布の場合、非常に高い所得や資産をもつ少数のケースによって、平均値は最頻値や中央値よりもかなり高い値になってしまいます。

　平均値を最頻値と勘違いしてしまうのは、分布といえば、正規分布のように中央が盛り上った左右対称なものだという思い込みがあるからですが、同じような誤解は、所得以外にもよくあります。たとえば、かつてある有名な作家は、古典ギリシャ時代の平均寿命が 20 歳代であったという記事に接して、「羨ましいことに、当時の天国は、若々しい人々でみちていたことだろう」と述べたことがありました。彼でなくても、多くの人が、「戦前日本の平均寿命は 50 歳くらいだった」と聞いて、「50 代で亡くなる人がほとんどだったのだ」と思っています。これは、大きな誤解で、前近代社会や戦前日本で平均寿命が短かった最大の要因は、乳幼児死亡率の高さです。したがって、古典ギリシャ時代の天国に満ちていたの

は，20代の青年たちではなくて，0〜2歳くらいの赤ん坊たちなのです。

(2) **平均値を正常値だと思ってしまう**。ハフの本にもありますが，とくに，子育てや健康に関しては，「平均値はこうだ」といって示された数値を，正常なものと異常なものとを区別する基準値だと思ってしまうことがよくあります。たとえば，1歳児の平均体重は10 kgだと言われたりすると，8.5 kgしかなかったり12 kgあったりする子どもの母親は大変不安になってしまいます。たしかに，低すぎたり重すぎる体重には，何らかの病気と結びついていることもあるでしょうが，もともと体重や身長はばらつきの大きいものです。私たちは，大人の男性について，平均体重が65 kgだとしても，55 kgの人や88 kgの人をみてもそれだけで異常だとは考えません。学力における偏差値もそうです。偏差値の平均が50だということは，それよりも高い人と低い人とがいることを前提にしている数値であって，たまたま70の人もいれば，40や30台の人もいてはじめて50という平均値が存在するわけです。

(3) **平均値を，要求される水準値だと思ってしまう**。これも，平均が一種の「基準」を表していると思ってしまうところからくる誤解です。1歳児の「標準体重」もしばしば「その値以上であることが正常だ」と思われていることがあります。平均所得や平均貯蓄についても，「それ以上あるのが普通の家だ」と思ってしまう人が少なくありません。

同じ誤解に，「ある有名大学の学生の親の平均所得は1,000

万円だ」というデータから,「所得が 1,000 万円以上の階層でなければその大学には入れない」と考えてしまうことがあります。平均値とは,それより上のケースだけでなくてそれより下のケースもあってはじめて平均値なのだということを頭に入れておけば,こんな誤解は生じないだろうと思いますが,どこかで「平均 = 基準値」というイメージがあるために,「平均値の高い集団」を「参入のための必要最低水準の高い集団」だと誤解してしまうのです。

2.2 比較のしかた

(1) 比較すべき対照データがないのに比較してしまう。日本の子どもたちや学生の学力が昔と比べてかなり低下してきているのではないかという学力低下論争があります。この問題それ自体は大変重要なことなのでさまざまな角度から検討すべきであり,熱心な議論があるのはいいことですが,ときどき不適切なデータの読み方がなされることもあります。たとえば,この論争のきっかけとなったのは,分数ができない大学生が多いことを指摘した本で,そこには,7/8 − 4/5 を計算するというような小学生レベルの分数・小数の計算の全問正解率が 8 割弱であったことが示されています。しかし,このデータから,「大学生の学力の低下が裏づけられた」と解釈するのは正しくありません。なぜなら,私たちは,同じ問題についての過去の大学生の正解率を知らないからです。現在のデータが問題のある事態を示しているからといって,この事態が過去よりも悪化しているとは言えません。

さきほどの，ある大学の親の所得データについても「教育機会の階層間格差が拡大していることの現れだ」と解釈する人がいますが，それも間違いです。階層間格差が**存在している**ことは，それが**拡大していることを意味するものではありません**。昔からあった格差がそのまま続いているだけかもしれないのです。

　(2) **尺度の曖昧さ**。数字の大きさを比較しようとする場合には，何らかの同一の基準や尺度が必要です。3章で述べたジニ係数などの不平等度の尺度は，そうした工夫がなされている代表的な例だといえます。しかし，ジニ係数の例から分かるように，より正確な比較のために有効な尺度は計算式が複雑なことが多く，誰でも容易に利用できるものではありません。たとえば，人口における出生の力をみようと思ったら，やはり合計特殊出生率を用いるのがいいのですが，細かなデータと面倒な計算がいらない総人口に対する出生数の割合である普通出生率が使われることも少なくありません。これでは，人口の年齢構成がコントロールされていないので，国別比較や時代間比較には不適切です。

　(3) **基礎にあるもののサイズを考えない**。よく「あの宝くじ売り場は高額の当選番号が出やすい」という話を耳にすることがありますが，そうした話はだいたい，その売り場で1等が続けて出たというようなデータが根拠になっています。しかしこれは，1等の枚数だけを問題にして，その比率をまったく考えていないということからくる誤解です。売り上げ枚数が多いところは，当然1等が1枚以上出る確率が高いと

表14.1 世代間階層移動表

	父の地位	本人の地位 高学歴・上層	その他
1985年	高学歴・上層	41	31
	その他	192	1366
1995年	高学歴・上層	65	45
	その他	193	1138

(SSM調査より)

いうだけのことにすぎません。

同じような誤解はほかにもよく見られます。たとえば、表14.1を見て下さい。

これは世代間階層移動表といって、父の階層的地位と本人(男性)の階層的地位とのクロス表を表しています。この表から、本人が高学歴・上層の人々の中で父親もまた高学歴・上層であったケースの割合を出してみると1985年は17.6%（＝41/(41＋192)）ですが1995年は25.2%（＝65/(65＋193)）へと上昇しています。この点だけみると、社会的に高いとされる層の世襲化が進んでいて、より低い層からの参入が難しくなってきているように思われるかもしれません。

しかし、それは正しくありません。この比較は、父親世代において高学歴・上層の人々の割合が増えたということを無視しているからです。ここで「高学歴・上層」と区分けされる人々の割合は、明治以降の近代化のなかで時代とともに増え続けてきました。1985年データの父親世代と1995年のそれとでは平均的に10年の違いがあり、昭和初年および戦後

の高等教育機会の拡大の影響などによって，父親が高学歴・上層のカテゴリーに属す割合は1985年の4.3%から1995年の7.6%へと，低い数字ながらも，1.8倍近く増大しています。したがって，父親の階層が高学歴・上層の人々が全体的に増えたのですから，本人が高学歴・上層であるなかで父親もそうだったという人が増えてもおかしくはありません。

こうした周辺分布の影響を何らかの形で取り除いた上で，二つの変数のあいだの関連の強さを尺度化しようとしているのが，4章に紹介したクロス表の関連度の指標です。そこに示した四つの指標をすべて計算してみると，表14.2のようになります。1985年から1995年にかけて，関連度が強くなったことを示す指標と逆に弱くなったことを示す指標とがともに存在しています。したがって，表14.1から，必ずしも「関連度が強くなった」ということはできません。

表14.2　階層移動表データ（表14.1）の関連度

	1985年	1995年
ユールの連関係数	0.808	0.790
対数オッズ比	2.242	2.142
四分点相関係数 ＝クラメールの連関係数	0.262	0.309

この例は，何かの数字を比較しようとするときには，その数字が出現している基盤となっているもののサイズの違いを考慮に入れなければ，正しい比較にはならないことを示して

14　統計のウソにだまされない　333

います。前に述べた離婚率の場合もそうでした。結婚継続期間が15年以上や20年以上のカップルの離婚の総数が増えたからといって，それだけから15年以上や20年以上のカップルの離婚率が増えたと考えるのは正しくありません。総数の増加は，単に15年以上前や20年以上前に結婚したカップルの総数が増えていたことを反映しているだけかもしれないからです。

3. 数値から推測できること

3.1 データに関する複数の解釈枠組み

13章で述べたように，私たちは「なぜ」の問いに対して，因果関係や構造的なメカニズムを用意して答えようとするのですが，それらはいつまでも「仮説」であって，直接に目で見て確認できるものではありません。その意味で，そうした仮説としての答えは，私たちが観測しているデータや出来事を理解する際の解釈枠組みです。データが仮説としての答えによってうまく解釈できるとき，私たちはその仮説を「答え」として受け入れるのです。しかしこの際忘れていけないことは，多くの場合，同一のデータに対して異なる解釈枠組みをあてはめることができるということです。むろん，どの解釈枠組みが本当に正しいのかを検討していくことが学術的研究の主目的ですが，いつも正しい解釈枠組みが提示されるとは限りません。

しばしば私たちが用意する解釈枠組みは，観測されたデー

タに先行し，データが直接に示しているものよりもはるかに多くのことを語ることがあります。過剰に意味づけてくれる解釈枠組みを提示することは別に問題ではありませんが，統計的分析としては，データから言えることがどこまでで，どこから先はデータを超えた解釈であるかをはっきりさせる必要があるでしょう。さもなければ，せっかくのデータを用いる意義もなくなってしまうからです。

たとえば，社会階層研究の中に，文化的再生産という議論があります。それは図14.1のように，「本人の階層的地位と父親の階層的地位とには関連がある」ということを説明するための一つの理論で，この関連は，出身家庭の「文化的趣味」の高さ低さが子供の教育レベルに影響するために生じたのだと考えます。

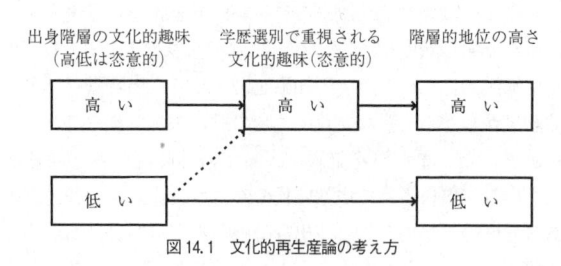

出身階層の文化的趣味 （高低は恣意的）	学歴選別で重視される 文化的趣味（恣意的）	階層的地位の高さ
高 い	高 い	高 い
低 い		低 い

図14.1 文化的再生産論の考え方

これは，たとえばアメリカのような移民社会で，英語ができるかどうかが学歴達成のレベルとそれによる職業的地位達成とに影響してくるという点では，ある程度当たっているといえるでしょう。英語を話すか日本語を話すかは単に文化の

違いであってその間に本質的な上下の違いはありませんが，アメリカで出世しようと思ったら英語が話せないと無理です。その点，もともとアメリカ生まれである方が新しい移民の子供よりも有利であって，その意味において，恣意的な文化的趣味の違いが階層的地位の再生産をもたらしていることは否定できません。

　一部の研究者は，この理論が現代のような競争社会で親子間での階層的地位の継承が存続しているという事実をうまく説明してくれるものだと考えました。とくに日本では，「文化的趣味」という概念を「受験文化」というふうに読みかえて，受験に強いタイプの家庭内文化を持つ階層が，学歴を通じて親から子への高い階層的地位の継承を支えていると主張され，いくつかの実証的データの収集と分析が行われました。たとえば，クラシックのコンサートを聴いたり美術館に行ったりする頻度や，『ブッデンブローク家の人びと』の著者や白樺派の作家についての知識をたずねて，出身階層によってわずかながら有意な文化的趣味の違いがみられることが分かりました。また出身階層によって勉強時間に差があること，出身階層によって中学時代の学力や最終的な学歴達成にある程度の差があること，出身階層と本人階層にはある程度の関連があることなどもデータから観測されます。これらによって，文化的再生産の理論の正しさが裏付けられたと考える人がいます。

　しかし，「出身階層と文化的趣味に関連がある」ということから，「文化的趣味の違いによって学歴達成に違いが生じて

きているのだ」ということを論理的に導き出すことはできません。同じデータは，別のメカニズムによっても生じうるからです。重要なのはむしろ家計にある程度の余裕がないと子供を大学へ進学させるのは困難だという問題の方である可能性が大です。そして，家計に余裕があるのはどちらかといえば，親が高学歴で階層的地位も高い家庭であり，そこでは，いわゆる「文化的趣味」もある程度高いということがありうるでしょう。そうすると，文化的趣味の違いと出身階層の関連は生じます。学歴との関連も存在するでしょう。しかし，その関連はようするに疑似相関であって，文化的趣味の違いが原因となって学歴を左右しているのではありません。

　どちらが正しいかは別として，重要なことは，データから言えることとデータを超えた解釈とを区別することです。データを超えた解釈は，データによって裏付けられたのではなくて，データを解釈する可能な仮説のうちの一つに過ぎません。複数の異なる解釈が考えられるときに，その一つだけを主張して他を無視してしまうのは，統計的データの分析としては望ましいやり方とはいえません。

　今の例では，出身階層と学歴の関連をもたらしているのは文化的な趣味の違いだという解釈と，いや経済力の違いだ，という解釈の二つが対立しています。このようなとき，文化的再生産論を主張するためには，たとえば，経済的なレベルでは同一であるにもかかわらず，文化的趣味の違いと学歴の違いが関連していることを示すデータを持ってくるというようなことを行って，それに対立する解釈が成立しないことを

立証しなければなりません。そのような分析がなされるのでないならば、一つの解釈は他にもありうる解釈の中の一つでしかないことを自覚した提示のしかたをすべきでしょう。

3.2 統計的3段論法

論理学の基本に3段論法というものがあります。「人間は死を免れない」「ソクラテスは人間である」「よってソクラテスは死を免れない」というものです。これが正しい推論のしかたであることは間違いありません。このことからの類推によってでしょうか、次のような統計的3段論法を使う議論がよく見られます。

(1) X と Y には関連がある。
(2) Y と Z にも関連がある。
(3) よって、X と Z にも関連があるはずだ。

しかし実は、統計的な関連については(1)と(2)が事実だとしても、そのことから(3)を導き出すことはできません。たとえば、相関係数について、同一サンプルについての $r_{xy}>0$ と $r_{yz}>0$ というデータから、$r_{xz}>0$ を推論することはできません。r_{xz} は0であることも負であることも可能です。(厳密に言えば、$r_{xy}^2+r_{yz}^2>1$ のときに r_{xz}^2 は必ず正になりますが、$r_{xy}^2+r_{yz}^2 \leq 1$ のときは、0であることも負であることもあります。なお、$r_{xy}=r_{yz}=1$ のときは、当然 $r_{xz}=1$ になります。)つまり、「車を運転する人は運転しない人よりも事故に遭

可能性が高い」「事故に遭う可能性の高い人は平均寿命が短い」「よって車を運転する人は平均寿命が短い」というような推論は成立しないということです。

　統計的3段論法は，より一般的には「推測の積み重ね」の一種だといえるでしょう。ここでは，推測の積み重ねという言葉で，一つひとつが確実さに欠ける命題をいくつも積み重ねることによって途方もない命題を導き出すことをさしています。ようするに，「風が吹けば桶屋が儲かる」のたぐいの推論です。統計的3段論法は「関連がある」という命題の積み重ねからなっており，相関係数で明らかなように，「関連がある」という命題は本当は積み重ねることができないのですが，これを論理学の3段論法と同じに考えてしまう人が少なくありません。たとえば，次のような例がそうです。

「詰め込み教育は，子供の自主性の発達を妨げる」
「カリキュラムがきついと詰め込み教育になりやすい」
「よって，カリキュラムを緩やかにすれば，子どもの自主性が発達する」

「自由競争は勝ち組と負け組の二極分化をうながす」
「経済のグローバル化は自由競争をますます促進させる」
「よって，グローバル化は階層の二極分化をもたらすだろう」

　統計的3段論法のもう一つの側面は「関連を積み重ねてい

くと関連は次第に弱まっていく」というのが正しいのに、逆に「関連が累積していくと、強まる」と誤解する人がいるということです。これは、階層の再生産論や固定化論にしばしばみられます。たとえば表14.1のように、父と子との階層的地位に関連があるというデータをみると、あたかも親の階層的地位が高くなければ本人が高い地位を得ることはできないという関連は、世代を経るにしたがってますます蓄積していくかのように考える人がいます。これは、きわめて単純な錯覚です。まず第一に、表14.1でもそうですが、高い地位についている人の大多数は、そうではない出身の人々です。単に関連があるということは、他からの参入を決して閉め出してはいないばかりか、むしろ参入の方が多いのです。そして第二に、かりに地位の継承度がかなり高くて6割であったとしても、三世代続けて継承される比率は3.6割、四世代続くのは2.16割というように、次第に減少していくはずです。

あるいは、「有名大学には私立の中高一貫校からの進学者が多い」「私立の中高一貫校へは○○塾で受験勉強した子が入りやすい」「したがって、有名大学へ入るためには小さいときから塾に通って受験勉強しないとだめだ」と考える人がいます。しかし、現実はといえば、小さいときから受験勉強していても有名大学に入れなかった子供はたくさんいますし、逆に、地方の県立高校から有名大学に合格する子もたくさんいます。**統計的関連の連鎖は、**連鎖が長ければ長いほど、関連を弱めていくものなのです。大学を卒業してからのことも考えると、ますますそうなります。

ステップごとにある程度の統計的関連があるからといって，長い人生の経路が小さいときの選択で決まってしまうものではありません。

4. 高齢化の負担はどれだけ増大するか

4.1 お年寄りを「担ぐ」人の減少

統計的数値から何を読みとることができるかという問題は，数値が表現している現象が社会全体あるいは地球全体に関わるような大規模なものであればあるほど，私たちにとってより重大であることは言うまでもありませんが，それと同時に，スケールが大きいがゆえに「読み間違い」ということも起こりやすくなる危険があります。マクロ経済の問題や環境問題にそうした例が少なくありませんが，少子高齢化と社会保障との関係についても，数値の意味を誤解したり，あるいは不適切な解釈をしてしまうことがあります。

たとえば，少子高齢化に伴う負担の増大について，次のような記事がしばしばみられます。

　Aさんが働き始めた[20]00年時点では，20歳から64歳の働き手3.6人で，65歳以上のお年寄り1人を支える勘定だった。大ざっぱに言えば，老夫婦2人を働き手7人で担ぐ格好だ。
　それが少子高齢化で，2025年にはお年寄り1人を担ぐ働き手は1.9人に減る。Aさんが年金を受け取る側になる

2050年には、そのAさんを担ぐ働き手は1.4人になる。

00年当時の3.6人から50年後の1.4人へ。働き手の保険料負担は重くなる一方だ。

(朝日新聞「減る担い手募る不安」2003年9月9日朝刊)

このような記事は何度となくマスコミで報じられていて、多くの人に「将来の高齢化社会は、働く人に背負わせる重荷が今より何倍も増える厳しい社会だ」というイメージを抱かせています。上の新聞記事は、「何人の働き手でお年寄り1人を担ぐか」という言い方をしていて、2000年では3.6人で1人を担げばいいのに2050年には1.4人で1人を担がなければならず、担ぎ手の負担は2.57倍(＝3.6÷1.4)にも増大すると述べています。

たしかに、65歳以上の老人1人当たりの20歳〜65歳未満の成人人口数は、2000年の3.6人から、2050年には1.4人になるだろうという予想それ自体は、間違ったものではありません。この記事のもととなった将来人口の推計値は表14.3のようになっています。この表の(B)÷(C)の値が、先ほどの「担ぎ手の数」です。これはあくまで推計値ですが、1章で述べたように、2025年の推計はほぼ確実な予測になっています。2050年については若年者の人口に不確定要素がありますが、適切な予測だといえるでしょう。いずれにしても、老人人口の比率がこれからますます増加していくことは事実です。

しかし、負担が2.57倍に増大するというのは正しくありま

表14.3 将来人口の推計値（単位千人（％））

	2000年	2025年	2050年
A 年少人口 （20歳未満）	26,007（20.5）	19,501（16.1）	14,887（14.8）
B 成人 （20〜65歳）	78,878（62.1）	66,909（55.2）	49,844（49.6）
C 64歳以上	22,041（17.4）	34,726（28.7）	35,863（35.6）
D 総人口	126,926	121,136	100,593

（国立社会保障・人口問題研究所, 2002, 『日本の将来推計人口——平成13（2001）〜62（2050）年』より。）

せん。一つの理由は, 働いているのは64歳までの人だけではないということです。65歳以上人口全体の中で働いている人は男女あわせても現在約1/4近くありますし, これからは拡大していく可能性があります。このことを考慮に入れないで, あたかも高齢者が負担ばかりかけるかのように前提するのは不適切でしょう。ただし, この点を考慮に入れたとしても, 65歳以上の年金受給者数に対する労働力人口の比率はやはり現在よりもかなり縮小してしまうのは避けられません。細かな計算法は示しませんが, 2.57倍の負担増とまではならないにしても, 2.3倍くらいにはなりそうです。

4.2 働き手は全員の生活を支えている

さて, 重要なのはもう一つの理由の方です。それは, 働く人たちが支えているのは65歳以上の高齢者の生活だけではなく, これに加えて, 20歳未満の未成年者と20〜64歳まで

14 統計のウソにだまされない 343

の成人人口も含まれるということです。

まず単純な例から説明しましょう。いま、未成年者1人、64歳以下の成人が3人、そして高齢者が1人の計5人からなる家族があり、働いている人が実際に何人かはともかく、3人の大人(高齢者を除く)で年間計1200万円稼いで生計を立てているとします。ところが30年後、世代がかわって、未成年者は1人のままですが、64歳以下の成人が2人に減って高齢者が2人に増えたとしましょう。先ほどの「担ぎ手」の考え方にしたがえば、現在は3人で1人高齢者を担いでいるのに対して、30年後には2人で2人を担がなければなりませんから、負担は3倍にも増えます。しかし、何が「3倍」になるのかが問題です。

この家族の家計と負担の構造を理解するために、図14.2を描いてみました。ここでは、家族全体の収入が大人か子供かを問わずいったん平等に配分されて、住居費などの共通経費はその後で各自から均等に徴収されると仮定しています。そうすると、現時点では、高齢者も子供も等しく、家族員1人当たり240万円の配分を受けています。

30年後の「負担」については、「成人1人当たりの収入を同じと考えるかどうか」と、「高齢者1人当たりの受け取り額を維持することを優先するか、それとも家族員1人当たりの均等配分を優先するか」の組合せによって、次のような三つの異なるシナリオを考える必要があります。

(1) 高齢者の既得権を完全保証する未来

成人1人当たりの収入は変化しないため家計全体の収入は

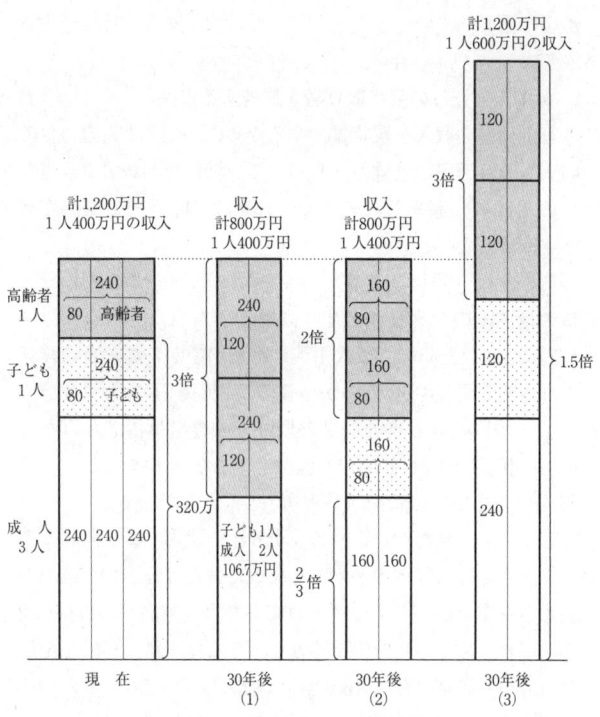

図 14.2 ある家族の現在と 30 年後の家計

2/3 に減少するが，高齢者 1 人当たりの受け取り額だけは現時点と同じ 240 万円を維持させる．

(2) 家計が縮小した分を全員で均等に負担する未来

成人 1 人当たりの収入は変化しないため家計全体の収入が

14　統計のウソにだまされない　345

減少した分，高齢者1人当たりの受け取り額も均等に減少させる。

(3) 1人当たりの受け取り額を維持する未来

家計全体の収入を現状維持するために，成人1人当たりの収入を600万円に上昇させることで，世代を問わず1人当たりの受け取り額をこれまで通り均等に240万円で維持させる。

このうち，「負担3倍増」というイメージが一番ぴったりくるのは，(1)のシナリオです。高齢者1人当たりの成人数が1/3になったために，成人1人の稼ぎの中から高齢者に移転される額が現在の80万円から3倍の240万円に増大した分，子供への移転分と自分自身の取り分の合計は計320万から1/3の106.7万円へと著しく減少してしまいます。これこそ「3倍の負担増」の恐怖のシナリオと言えるでしょう

しかし，これだけが唯一のシナリオではありません。(2)のシナリオでは，稼ぎ手が少なくなった分だけ縮小した家計の厳しさを全員が等しく受け入れており，高齢者への負担は2倍増にとどめて160万円を移転し，さらに子供に移転した後の自分自身の取り分も160万円は確保しています。1人当たりの生活費は1/1.5に減少しますが，この減少割合は「成人1人当たり家族員数」の増加率（5/3 → 5/2…1.5倍）を反映しています。

そしてさらに(3)のシナリオは，稼ぎ手が少なくなった分，成人1人当たりの稼ぎを拡大することによって現在の家計水準を維持するというシナリオで，このとき拡大しなければな

らない割合は「成人1人当たり家族員数」の増加率に等しい「1.5倍」です。このとき，高齢者へ移転される額は現在の「3倍」に増加しますが，これは単に自分の稼ぎの中から高齢者に渡される額だけに焦点をおいた「局所的な負担増」にすぎません。家族全体に対して家計の水準を維持する責任という意味での負担増は，稼ぎを400万から600万円に増やすという「1.5」倍だといえます。

このように，負担の増え方は「どういうシナリオを想定するのか」と「どこに注目するのか」によって変わってきます。「3倍」というのは，成人1人当たりがゼロ成長であるにもかかわらず高齢者の既得権だけは完全に保証するという前提での話です。

それに対して，現在と同じ1人当たりの配分比率を維持するだけであれば，働き手である成人にかかってくる負担の増加は，収入増があってもなくても，成人の人口比が減った分だけの「1.5倍」にすぎません。しかも，もしも1人当たりの収入がこの「1.5倍」に増えるのであれば，高齢者比率が増大し，働き手人口が減少していったとしても，成人の生活を犠牲にすることなくすべての成員に現在と同じ生活水準を保証することができます。

4.3 負担増の実態

この問題を表14.3の推計値をもとに，実際に考えてみましょう。どんなに高齢化が進んだとしても，国民1人当たりの所得水準を維持するためには，働き手の収入が最低どの程

度増加しなければならないかという問題です。このばあい，成人人口の減少が問題ですから，成人1人当たりのGDP額に注目することにしましょう。西暦2000年と同じ生活水準を維持するために必要な成人1人当たりのGDPの増加率は，

$$\frac{t年の総人口／t年の20〜64歳人口}{2000年の総人口／2000年の20〜64歳人口} \tag{14.1}$$

で計算できます。

　他方，成人1人当たりGDP額の増加率が，成人1人当たり高齢者数の増加率に一致するときは，高齢者1人当たりの生活水準を維持しつつ，かつGDPの中の高齢者全体の配分比率を一定に保つことが出来ます。（そのとき，成人と未成年との生活水準は現状より大きく上昇します。）

　図14.3に，これらの増加パターンをグラフで示しました。同一生活水準を維持するために必要な成人1人当たりGDP

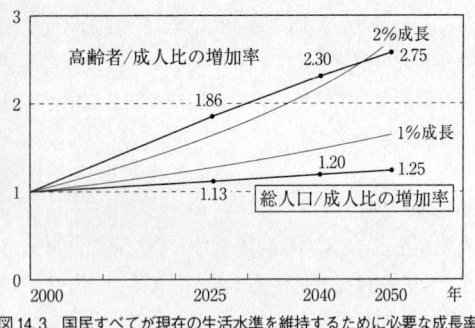

図14.3　国民すべてが現在の生活水準を維持するために必要な成長率

の増加率は，西暦 2025 年で 1.13 倍，2050 年で 1.25 倍にすぎません。同じグラフに年平均成長率が 1% のときと，2% のときの成人 1 人当たり GDP のグラフも描いてありますが，それらよりずっと下を推移しています。

以上の結果から，高齢者 1 人を「担ぐ」成人人口の数という指標は，高齢化社会が国民経済や生産人口に負わせる負担の増加のしかたをかなり過大に示している，ということが分かります。そもそも高齢者 1 人を成人 3.6 人で「担ぐ」という言い方に問題があります。

図 14.4 に示したように実際は，働く人が支えているのは高齢者の生活だけではなく，未成年者と成人との総人口の生活全体を支えているのです。2000 年には，成人 3.6 人では，彼ら自身のほかに高齢者 1 人と未成年者 1.2 人を合わせた計 5.8 人の生活を支えていることになります。そして，2050 年には 1.4 人の成人で彼ら自身と高齢者 1 人と未成年者 0.4 人の計 2.8 人を支えることになります。この増加率が，1.25 倍に対応しています。

2000 年から 2050 年にかけて負担が増えるのは事実ですが，その増え方は 2.57 倍という途方もないものではありません。50 年間で 1.25 倍というのは年平均 0.45% の増加率であって，経済成長で十分に吸収できる程度の負担増に過ぎません。むろん，成長率がそれよりも高ければ，働き手自身と高齢者を含めて 1 人ひとりが現在よりもいい生活水準を享受することができるわけです。

以上，今日のテレビや新聞等で報道されている将来の高齢

14 統計のウソにだまされない　349

(a) 高齢者1人を「担ぐ」人

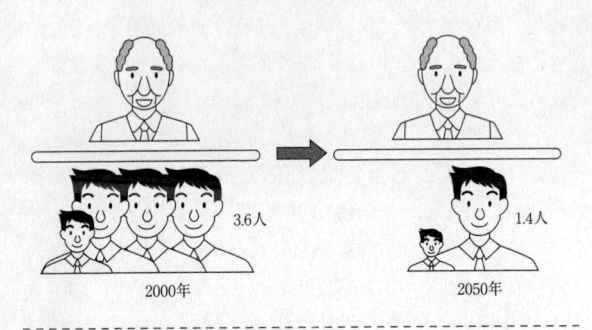

2000年 3.6人 → 2050年 1.4人

――――――――――――――――――――――――――――

(b) 総人口の全体を支える人

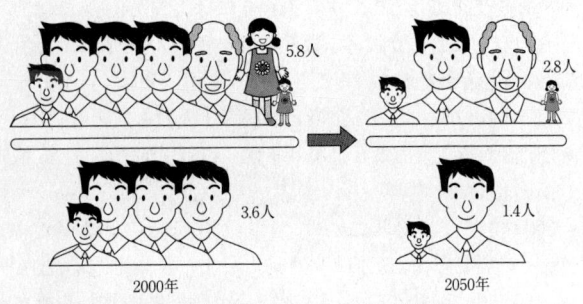

2000年 5.8人 / 3.6人 → 2050年 2.8人 / 1.4人

図14.4 高齢者だけを「担ぐ」のか総人口全体か

化社会における負担増の見通しと，その根拠とされているデータや指標の使い方についてのさまざまな問題点を，やや詳しく説明しました。

　私たちにとって，将来やってくる高齢化社会がどのような

問題をはらんでいるか，あるいは逆にどのような希望があるかということについては，問題が遠い先のことでしかも巨大であるために正確に考えることが難しく，単純化された話が流通してしまう傾向があります。このようなテーマについての統計的な議論をする場合には，かなりの丁寧さと慎重さとが求められますが，読み手の側も簡単には鵜呑みにしないような注意深さが必要だといえます。

15 社会における統計

1. 社会的統計データをめぐる問題状況

1.1 収集する立場と収集される立場

1章で述べたように、現代の社会は統計データなしには成り立ちません。学術的研究に限らず、私たちの政治や経済が統計データの収集とその分析の上に運営されているのです。社会生活にとっての統計の重要性は、いくら強調してもしたりないほどだといえるでしょう。

その一方で、今日とくに社会的な統計データをめぐる状況は大きな問題にさらされています。たとえば国勢調査について、調査票をそのまま調査員が回収していくやり方ではプライバシー保護の観点から問題があると批判され、いまでは記入した調査票は密封した形で回収されるようになりました。そのため、記入ミスや記入洩れが増えてきています。また、ふつうの世論調査などの回収率は著しい低下傾向を示しており、このままでは調査結果の有効性に深刻な影響があると心配されています。

それと同時に、「調査」と称するものが、マスコミのほか、地方自治体、民間企業、大学の研究者などによってますます盛んに行われており、中にはどんな意義があるのか分からないものもあるところから、一部で「調査公害」というような

言葉も使われたりしています。

　今日の統計をめぐるこのような問題状況は，統計データを収集することへの社会的ないし個人的な要請が強くある一方で，データとして集められる側の違和感や抵抗感もまた強くなってきたことを表しています。

　統計的データをめぐって，収集し分析する立場と，収集される立場との対立が深刻になってきているのですが，これは統計データを収集する人と収集される人が，明確に二つの陣営に分かれて対立しているという単純なものではありません。統計データを収集したり分析したりする人は，官庁や大学だけではなく，さまざまな企業や組織や個人に拡がっていますから，同一人物があるときは収集する側であり，別のときは収集される側になるということが日常的に起こっています。たとえば，私自身の例で考えても，統計的調査にたずさわっているときには，どうやって回収率を上げるか，なかなか調査に応じてくれない対象者をどうやって説得するかといったことに腐心していますが，逆に自分がある調査の対象者になった場合には，距離をおいてみてしまいます。郵送によって，将来の高齢化社会はどんな社会になると考えるかとか，将来の学術はどうあるべきだと思うか，といったテーマのアンケート調査もよく来ますが，あまり熱心な回答者とはいえません。

　また最近は，さまざまなところからデータベース作成のために個人情報の提供や確認のための依頼がありますが，どこかの機関がデータベースを作成したりホームページを整える

のは，自分自身にとっては基本的には関係ないことだと感じてしまうことが少なくありません。

　個人的なことはさておき，このような統計データをめぐるせめぎ合いの背景には，今日の電子社会化の進展によって個人情報や統計データがますます簡単に収集管理されるようになり，情報公開を要請する立場とプライバシー保護を訴える立場との緊張の高まりがあることも指摘しなければなりません。1960年代までは，住民基本台帳や選挙人名簿はすべて手書きの文書で作成されていましたが，今では完全に電子化されていて，ネットワークをつなぐことさえできれば見ることができてしまいます。(非公開のものへの不正アクセスを防ぐ措置はとられています。) 企業もまた，大量の顧客データを保管しています。クレジットカードを使ったり，図書館で本を借りたり，電話を掛けたり，インターネットのサイトを閲覧したりすると，それらの情報は少なくともいったんはコンピュータに記録されます。

　電子社会は，個人情報であれ何であれ，情報を流したり収集するという点ではこんなに便利で効率的な社会はありません。誰もが簡単にさまざまな情報にアクセスできて，簡単にそれを流すことのできる社会です。逆に，プライバシー保護という観点からはきわめて脆弱な社会です。以前事件を起こした少年の個人情報があっという間にインターネットで流れていって問題になったことがありました。また，個人のうわさ話や秘密や悪口も，昔であればせいぜい気のおけない友達との気楽なおしゃべりの中で何気なく話題になってそれっき

りで終わってしまうものでしたが，今では電子掲示板に書かれてしまうと，あっという間に何十万という人の知るところとなって，その人は大勢の前で裸でさらされるのと同じ状況になります。

これでは，人々のプライバシー感覚がますます鋭くなるのも無理はありません。ふだんからしっかりとガードしておかなければ，いつどんなふうに自分の個人情報が悪用されるか分からないからです。

その一方で，政府や企業に対する説明責任（アカウンタビリティ）の要求も高まってきて，情報の秘匿に対してはむしろ厳しい目が向けられるようにもなってきています。情報公開法（「行政機関の保有する情報の公開に関する法律」）の制定もその一つですが，一般にも医療過誤や欠陥商品の情報のすみやかな開示，受験の不合格者に対する試験成績の開示などが求められるようになってきています。

一方では，情報公開への社会的要請があり，他方ではプライバシー保護への厳重な配慮が求められている。こうした中で，データを収集する側の一方的な都合や価値観だけに基づいて社会的な統計データを収集したり分析したりすることは，許されなくなってきているのです。データの収集と分析には，社会的な承認と合意が必要になってきているともいえるでしょう。そのことは，社会的データだけではありません。医学データや薬学データも患者や被験者の同意が必要なものが増えてきました。動物実験によるデータも，社会的にみて不適切な方法で収集することは許されません。

5章で,統計学のテキストは分析方法だけに焦点を当てていて,データ収集の問題をしばしば無視していると述べましたが,今日そのようなことではもはや通用しないと言わざるをえないでしょう。統計的データを収集したり作成したりするに当たっては,社会的な規範が存在するのだということを理解しておく必要があります。

1.2 批判的な議論を受けとめて

統計学が statistics という名称で誕生し発展していった時代は,近代社会が国民国家という枠組みで形成されていった時代です。この発展を支えていたのは,科学的な実証性という価値と,近代社会を作っていくという実践的な課題でした。そのために,国勢調査を中心として官庁統計を整備していくことは,疑いなく公共的な価値を担う重要な政府の仕事だと誰もが考えていました。人口統計や経済統計はいうまでもなく,学校教育を普及させる上での教育統計,人々の健康と医療のための保健衛生統計,労働行政のための賃金・労働統計などが整備されていったほか,都市や農村で貧困その他の社会問題が大きくなると,さまざまな生活実態調査や小作慣行調査などが行われてきました。

統計的データを収集することの第一義的な目的は,より良い政策や問題解決のための基礎資料として役立てるということでした。それは政府には限りません。たとえば地方自治体は行政の基本目標を作成しようとする際に市民意識調査を実施することがありますし,大学が外国人留学生のために何を

なすべきかを検討しようとする際には、留学生に対する大々的なアンケート調査を実施したりしています。

しかしながら、今日こうした統計データの収集の目的そのものに対しても、主に三つの観点から批判的な議論が生じてきています。第一は単純に、お節介だ、ということです。政府が国民の一人ひとりの生活の状況を把握して支援するような体制を維持する必要はないという議論が、主にリバタリアニズムという強く個人の自由と自己責任を尊重する思想的立場から提出されています。

第二の議論は、統計的データの収集が人々の選別や差別化に繋がるという批判です。たとえば、精神医学の分野では、精神的疾患や神経症に関する大規模で包括的な実態調査が必要だと考える人々と、そうした調査は精神的な疾患を持つ人々を差別したり隔離することを正当化するのではないかとして激しく反対する人々とが対立しています。かつては、知能テストは人々の潜在的な能力を発見したり、能力にあった職業を見つけたり、あるいは知的能力に劣る子供を早期に見つけて特別な教育機関を用意するために、大々的に行われていましたが、今ではその選別主義的な発想が批判の対象になっています。

第三の議論は、統計データの収集が国家による国民の監視が日常化する管理社会あるいは監視社会を意味しているという批判です。ジョージ・オーウェルの『1984年』やオルダス・ハックスリーの『すばらしい新世界』が到来しかねないということです。『1984年』のビッグブラザーが使っていた

のはテレビと監視カメラですが、今日では、電子化された情報のやりとりの監視でそれに代えることができるという危険が指摘されています。

こうした批判はそれぞれ傾聴すべきものだと思われますが、だからといって、社会的な統計的データの収集と分析をなくすことができるかと言えばそうはできません。何度も強調しているように、経済、年金、社会保障等々、社会的な統計データは、私たちの現代生活にとって、工場や道路や鉄道と同じように重要な社会基盤をなしています。

したがって、上のような批判が指摘している懸念や危険には十分に注意しながら、社会にとって意義のある形で統計的データを収集分析することを考えるのが妥当でしょう。社会保障のことを考えると、政府の仕事を一概にお節介だとは決していえませんが、経済的規制や健康管理の中にはお節介なものがあるかもしれません。また、不当な差別につながるようなデータ収集は厳しくチェックして、そのような使われかたがされないようにする必要があります。個人に対する監視の問題についても同様です。

1.3　統計データ収集への理解をえるために必要なこと

近代社会において統計学が成立して、国勢調査をはじめとする数多くの社会的な統計データが収集されるようになってから、調査データの収集は長いあいだ比較的支障なく行われてきました。しかし、最近の20年くらいで状況が急速に変化してきました。マスコミの行う世論調査でも回収率がどん

どん低下してきています。誰でも見ず知らずの他人に自分の生活をのぞかれることは好みませんから、ある意味では当然だと考えることもできます。しかし、回収率が低いと標本の偏りの問題が生じますので、決してそのままにしておいていいことではありません。

それにしても、こうなる以前は多くの人々が調査に協力的だったのはなぜなのでしょうか。それには主に二つの要因が考えられます。第一は、近代的な国民国家を作っていくという理念が多くの人々に共有されていて、政府をはじめとするさまざまな調査がそうした社会の目的にかなったものだということが広く承認されていたことです。統計データの収集が社会的な意義を担っているのだという了解が分かちもたれていたと言えるでしょう。

第二は、それと関連していますが、統計データの収集とそれを用いた分析とが学術的ないし実務的に高い価値を持つ仕事だと考えられていたということです。学問にたずさわる研究者あるいは言論と報道にたずさわるマスコミが行う調査は、それ自体として価値があることに違いないという意識が浸透していたと考えられます。

今日、こうした政府や国家の価値と学問やマスコミの権威は大きく揺らいでいます。そのため、単に政府が行う調査だから、大学やマスコミが行う調査だからというだけでは、必ずしも、その調査に価値があるとは考えられなくなりました。これが回収率が低下していることの最大の理由ではないでしょうか。それに加えて、調査の種類や量が増大した結

果，全体としての質の低下が起こるとともに調査の希少価値も薄れてしまったということも挙げられます。

これらは簡単に言えば，政府やマスコミや研究者が行う統計的データの収集に対する人々の評価が低下した，ということです。もちろん，回収率低下の要因はほかにも，単独世帯の増加や遅い帰宅時間やオートロック式マンションなどのライフスタイルの変化もありますが，それらは時代の流れなのでしかたありません。しかし，評価の低下という点については，データを収集分析する側が責任を引き受けて考えなければならないことがいろいろとあります。

2. 調査する側の責任

2.1 統計データは正確に示す

調査をして統計データを収集し，それを分析して利用するにあたって守るべき第一の条件は，分析結果やその活用方法について，徹底的に正確を期さねばならない，ということです。この条件は客観性や科学性を重視せよということですから，きわめて当然のことだと思われるでしょうが，残念ながら必ずしも十分に守られているとはいえません。

これまでいくつか紹介したように，統計データの不正確な収集や分析はしばしばみられます。「OL 100人に聞きました」のたぐいの調査は依然として横行していますし，誘導型の質問も見かけられます。8章で述べた選挙の際の出口調査における間違いは大勢の人が注視しているなかで起こってし

まいました。こうした間違いが起こると，出口調査への信頼がなくなり，ひいては，世論調査そのものの信用が損なわれます。

また14章で述べた，高齢者1人を何人の成人で担ぐかという話も，間違いというほどではないにしても，正確さを欠いた数字であったと言わなければなりません。これでは，社会保障にかかる負担を国民経済のマクロな水準で理解するものにはなりえません。経済全体がどういう課題を担わなければならないかが正確に示されておらず，ただいたずらに将来不安をかき立てるだけのものになっていました。

統計データを正しく活用して社会に警鐘を鳴らすことは，調査の大切な役割といえますが，必要以上に不安をあおってしまったり，さらにはそれが目的であるものも目立ちます。たとえば，1970年代のはじめにローマ・クラブという知識人グループが発表した『成長の限界』という本は，石油や石炭・鉄・銅などの地球の資源が21世紀になるかならないかのうちに枯渇してしまうと予測して，世界中に大きな反響を巻きおこしました。この本は，資源の効率的な利用の大切さや環境問題の重大さを訴えるという点では，非常に重要な役割を果たしましたが，他方で，利用可能な資源の量に関する推定が大きく間違っていたため，未来の予測という点ではことごとく間違えてしまいました。私たちは予測された期限を過ぎた今でもなお十分な利用可能資源の恩恵にあずかっています。

人々に警鐘を鳴らし，政府の政策に基本的な方向転換をう

ながすという点では，統計的データを将来不安をあおる形で用いることは有効かもしれません。しかし，データの扱い方において，科学的な厳密さや誠実さを欠くということは，原則として決してよいことではありません。統計学という立場からは，政治的な効果の大きさに第一義的な価値をおくわけにはいきません。なぜなら，そのようなことをすると，どんなウソであっても方便として許されてしまうからです。

バブル崩壊以降1990年代からの日本社会では，統計的データによって危機意識をあおるような言論や報道が多くみられるようになりました。失業率が5%の後半にさしかかると，今にも失業者10%の時代が来るかのような論調が幅をきかせますし，所得不平等のジニ係数が少し上昇すれば，ただちに「中流崩壊」というような見出し記事が多くの雑誌を賑わせました。そして何よりも最大のものは，年金崩壊という破滅の物語でしょう。

2.2 説明責任（年金に関するデータ）

ここでは，この物語の内容まで検討はしませんが，統計的データの活用という点から，二つだけは指摘しておきたいと思います。

第一に，この議論は年金という制度があたかも一民間企業のように市場競争の荒波の中で破綻してしまうものであるかのように論じていますが，年金制度が政策によって変更しうるものだということが完全に無視されています。たしかに民間企業であれば，売れる商品やサービスを提供できなくなっ

て，売り上げ高よりも仕入れ経費と経営経費とが上回ればいずれは破綻せざるをえません。しかし年金制度は売れる商品やサービスに依存しているのではありません。それは，基本的に単なる所得移転の制度です。つまり所得のある個人や企業から，所得の一部を高齢者に譲渡するというだけのことです。したがって，会計上のバランスをとることは，じつに簡単なことです。働いている人々が支払いうる範囲内で高齢者に移転すればいいのです。いいかえれば，年金の会計がどうなるのかという統計的な数字は，年金制度がどうなっているかに完全に依存している数字であって，変わりようのない確定した数字ではありません。統計的な数字を示されると，あたかも客観的で確実なものであるかのように思われがちですが，制度に依存している数字は，制度が変わればいくらでも変わりうるのだということを理解する必要があります。

　第二に，将来の年金会計は，制度にだけではなく，国民経済のマクロ的な水準にも依存しているということにまったく触れられていません。たとえば，2003年の8月に厚生労働省は公的年金の保険料負担と年金受給額についての世代ごとの試算を発表していますが，そこには2025年に生まれる世代の試算まであって，この世代は保険料の個人負担の総額が1億1900万円で，受け取り年金の総額が2億5700万円だとされています。しかし，2025年に生まれる世代は働き始めるのが2045年頃で，年金を受け取り始めるのは2090年，そして亡くなるのがだいたい2105年前後になります。このような遠い将来に関する試算は，さまざまな仮定をおかなければと

ても導き出すことはできません。どんな仮定をおいたのか，そして，その仮定はどの程度もっともらしいのかが明らかでなければ，試算としての意味がないのです。たとえば人口の年齢構成にしても，1章で述べたように2025年くらいまでの予測は仮定の違いの影響をあまり受けませんが，それ以降になると合理的な予測は次第に不可能に近くなっていきます。ましてや2090年以降の人口構成などというものは，ほとんどがこれから生まれてくる人たちのことですから，それがどうなっているかなどはまったく予想できません。

さらに，経済規模がどうなっているかについても合理的に予想することはできません。たとえば，西暦2000年以降2105年までの105年間で，勤労者1人当たりの実質賃金の伸びは平均的にゼロ成長なのか，それとも平均的に1%成長なのか，あるいは多めに2%成長なのかによって，2025年に生まれた世代の生涯の実質所得も，そしてその中から拠出される個人負担分の保険料総額も大きく変わってしまいます。0%成長か1%成長かは僅かな違いのようにしかみえませんが，2000年から2045年（2025年生まれが20歳）までの45年間に，もしも平均1%で成長していけば，そのときの収入は

コラム　世代ごとの保険料負担額と年金給付額

厚生年金に保険料固定方式を導入した場合の厚労省試算

　本文で取り上げている厚生労働省の試算は，次の図の形でマスコミでも広く報道されました。この種の試算は二度目の

もので，かつて 1997 年にも当時の厚生省は「試算」を発表しています。そこでは，「給付／本人負担」の倍率が 1924 年生まれは 20.3 倍であるのに対して 2004 年生まれは 1.9 倍で，事業主負担も含めると若い世代はマイナスにもなるという「世代間格差」が強調されていました。それに対して，2003 年の試算はむしろ「(2004 年の改革で厚労省案を採用すれば) 長期的にはどの世代も 2.1 倍だ」という世代間の公平性が強調されているようです。前の試算で「世代間格差」を煽りすぎたことへの反省があるようですが，人々の本当の心配は「格差」よりも「はたして年金制度は維持できるのか」ということであることには，依然として十分な配慮がなされていないようです。

生年	05年時点の年齢	年金給付額/保険料負担額 ( )は現行方式	保険料負担額	年金給付額
1935年	70歳	8.4倍 (8.5)	700万円	5800万円
45	60歳	4.9倍 (5.1)	1100	5600
55	50歳	3.5倍 (3.8)	1800	6300
65	40歳	2.7倍 (3.1)	2700	7500
75	30歳	2.4倍 (2.6)	3900	9300
85	20歳	2.2倍 (2.3)	5100	11500
95	10歳	2.2倍 (2.2)	6500	14200
2005	0歳	2.1倍 (2.1)	8000	17300
15	−10歳	2.1倍 (2.1)	9800	21100
25	−20歳	2.1倍 (2.1)	11900	25700

基礎年金の国庫負担割合1/2　　［現行1/3］
保険料負担額には事業主負担を含まず本人のみ。
金額は賃金上昇率を用いて換算

(朝日新聞「厚生年金　95年生まれ　給付2.2倍」2003年8月27日朝刊)

0％の1.56倍，2％成長では，実に2.44倍にもなります。むろん，経済成長の度合いによって，彼らが老人になったときに受け取ることのできる年金受給総額もまったく違ってきます。したがって，2025年生まれの世代の保険料の総額が1億1900万円で，受給総額が2億5700万円だという話は，きわめて特殊な仮定の積み重ねの上にある話であって，その仮定には何ら合理的な根拠はありません。

このような，不確かなデータをさももっともらしく提示するということは，官庁だけではなくマスコミや研究者にもときどき見かけられますが，ここにはデータを単純化して示すことによって印象強く訴えるという戦略だけではなく，一つのある誤った前提があるように思われます。それは，「一般の人々は統計的データを厳密に読んだり分析したりしないだろうし，どうせできもしないのだから，とにかく分かりやすく提示すればよい」という考え方です。正確さよりも印象深さや分かりやすさが重要だ，とされるのです。

これは完全に間違った考え方だと思います。たしかに，どんなデータ分析の結果も，できるだけ誰にでも分かるような形で示されることは必要です。専門家はそのためにできる限りの努力をしなければなりません。それによってこそ，データを収集した人は，そのデータを使った統計的分析の意義を社会に証明してみせることができるのです。しかしだからといって，正確さを犠牲にしてもいいということにはなりません。通常の世論調査にも統計的誤差があるように，統計的データを用いたさまざまな推論には，不確かなところや，仮定

に依存しているところが数多くあります。たとえ一般の人々向けのメディアであっても、社会的な統計データを示すに当たっては、どこまでが正確でどこからが不確かな推論なのか、どんな仮定が置かれているのか、計算方法はどうなっているのかなどについて、できる限りの説明を加えるべきだと思います。そうすることこそが、まさに情報公開の原則に沿って、統計データの説明責任を果たすということであり、そうすることではじめて、統計的データに対する信頼と評価を高めることができるだろうと思われます。

2.3 データ収集の倫理

　社会的な統計データのほとんどは、個人や企業などの属性、意識や態度、そして実際の行動などに関する情報からなっています。それらは調査票を配布したり読み上げたりして収集したものか、あるいは法律にしたがって個人や企業などから担当官庁に提出された届け出や報告に基づいて記録されたものです。法律の裏付けがあるかないかにかかわらず、そして民間や研究者によるか官庁によるかにかかわらず、最終的には情報を提供してくれる人々の協力なしには、そうした統計データを集めることはできません。幸いにして、多くの対象者や対象集団は、統計データを収集する目的に理解を示して自発的な協力をしてくれます。しかしそれはあくまで収集されたデータが社会的に意義のある目的のために活用されると信頼してのことです。データ収集の目的が社会にあまり意味のないものだと思われたり、単なる一企業の私的利益の

ためのものだと疑われたり、あるいは、データ収集の真の目的が最初の公式説明とは別のところにあるのではないかと感じられたりした場合には、協力してもらうのは非常に難しくなります。

実際、アンケート調査と称して商品を売り込もうとしたり、宗教に勧誘したりするといったことが巷にあふれるようになったことも、調査そのものに対する人々の信用が著しく低下してきた大きな原因でしょう。しかし、こうした意図的な一種の詐欺行為だけが問題なのではありません。ごく普通の調査やデータ集めであっても、往々にして対象者の信頼を損なうようなことがあります。個人情報の収集にあたっては、食品会社やスーパーが商品の品質管理に細心の注意をはらったり、あるいは鉄道や航空が厳重な安全管理につとめているのと同じように、人々の信頼を確保するための徹底した注意が必要です。

その際の基本事項は次のようにまとめられます。

(1) 内密性の保持

統計的分析のための個人情報は、あくまで統計的な分析のためのものです。それは芸能リポーターや新聞記者の調査取材とはまったく違います。後者のような調査は、特定の個人や組織に関する情報を徹底的に収集して、いずれは個人名や組織名を明らかにしながらその内容を世の中に公表することを目的としており、公表されることによって、当該の個人や組織に対する社会的な評価や制裁がもたらされます。なかに

はノーベル賞受賞者についての取材や隠れた社会的功績を検証する番組や記事のための取材のようなものもありますが，多くの場合はネガティブな制裁を世に求めるものです。

しかし，統計的データの収集はこのようなタイプの個人情報の収集とは目的がまったく違います。統計的分析にとっての個人情報は，あくまでも匿名のものであって，個人が特定される必要はまったくないものです。集めるときは特定の個人から集めますが，いったんデータとして記録されたら，その個人が具体的に誰であるかはもはや忘れられてかまいません。このことは，統計的分析の第一歩である度数や比率や平均の計算を考えてみれば分かります。たとえば所得の分布を調べるためには，どの所得額のカテゴリーに何％の人が存在しているかが分かればいいのであって，誰がどの所得額のカテゴリーに属しているかを知る必要はありません。

統計的データの中の個人情報は100％匿名のものであること。したがって，データの分析結果の中で個人が同定できたり，同定可能な個人情報が外部に漏れたりしてはならないのはもちろん，分析のためにデータを扱っている途中でもその匿名性が守られていなければなりません。このことは，データを収集する側が完璧に守らなければならない基本ルールです。

実際にはこのルールはよく守られていると思われますが，次のような問題があります。それは，大量の個人情報が統計的分析ではない目的のためにも収集されていて，それが統計的分析目的のものと見分けがつきにくいということです。た

とえば，企業の顧客情報リストや同窓会名簿などは個人が同定できる形で保存されています。さもなければ，顧客からの問い合わせに対応できませんし，個人に連絡をすることもできません。しかし，こうしたデータが何かのきっかけで流出してしまい，不愉快な思いをさせられた人は少なくありません。統計的分析のためのデータリストとこうしたデータリストとは，形式的にはほとんど区別がつきません。そのため後者に対するさまざまな懸念が，統計的データに対しても向けられることになります。

この懸念はさまざまな機会に払拭していく努力を行っていくしかありませんが，その懸念が現実のものになるような事態は絶対に防止しなければなりません。

(2) 同意の上での調査

当たりまえのことですが，データ収集のための調査は調査対象者の自発的な協力があってはじめて可能です。ただその場合に，単に調査をすることについての同意を得るだけではなく，その調査の目的，収集されたデータの利用のしかた，そして，分析された結果がどのように公表されるかについて，あらかじめ対象者に正確に説明し，それを了解してもらった上で調査に入らなければなりません。むろん，データの内密性の保持に万全を期すことや，目的外の利用はしないことなども説明する必要があります。ただし，統計的データは，回収時の短期的な分析目的のためだけでなく，ゆくゆくは他のデータと組み合わせて比較したりさらに複雑な分析の

ために使われることもあります。たとえば，1920年の第一回以降の国勢調査データは，何度も繰り返してさまざまに利用されてきています。統計データには，そうした形での利用があるということも，あわせて理解してもらわなければなりません。

(3) 調査内容の意義

統計データの収集が他の個人情報の収集と異なるところは，これまで述べてきたように，データを統計的に分析することが第一の目的だということにあります。そのために重要なことは，データ収集の目的が対象者にとって明確で分かりやすいように，調査の項目や質問文が組み立てられていることです。そのための指針の一部は，すでに14章で述べましたが，次のようになるでしょう。

(イ) 調査テーマが明確に特定化されている。
(ロ) 調査テーマに沿った質問項目を厳選し，余分な質問項目は設けない。
(ハ) 質問文は問いの意味がはっきりと伝わるよう簡潔に，かつ分かりやすく。
(ニ) 誘導型の質問はしない。
(ホ) 当然のことながら，差別的表現や対象者に不快な印象を与える表現は避けるように注意する。
(ヘ) 質問は，対象者がすでに持っている知識で判断できるような一般的な内容を心がけ，さもなければあらかじめ

調査票に記載されている情報や前提の範囲内で答えることができるものであること。原則的に対象者を当惑させたり，知識や判断力を試すような質問はしない。

　最後の点について，補足しておきましょう。世の中の質問紙調査の中には，調査する側があまりにも欲張った質問をしていることがよくあります。
　たとえば，ある調査に次のような質問文がありました。

問　あなたは今から50年後や100年後に生まれてくる将来世代に対する責任について，どうお考えですか。あなたの考えに一番近いものに〇印（1つ）をお付け下さい。また，その理由，ご意見をお書き下さい。

1. 現在の世代こそが重要であり，また現在の世代の幸福が将来世代の幸福につながる。
2. 現在の世代の幸福をなるべく犠牲にせずに，将来世代の幸福にも少しは配慮する責任がある。
3. 現在の世代の幸福を多少は犠牲にしても，将来世代の幸福に配慮する責任がある。
4. 現在の世代の幸福をかなり犠牲にしても，将来世代の幸福に配慮する責任がある。

（理由・ご意見）

この質問文は，生命倫理や環境倫理について専門家のあいだで論議されている問題を，そのまま対象者にぶつけたもので，対象者自身がそうした倫理問題の専門研究者であるという前提の質問になっています。こうした質問文は望ましいものではありません。専門家以外の対象者についてはもちろんですが，専門家の場合でも，専門的議論の争点になるほどのものについての意見を，一片のアンケート調査でたずねるのは安易すぎるでしょう。

　一般的に言って，個人の意見や行動や生活状況などをたずねる社会調査は，対象者が日常的に考えたり行動したり生活していることをデータとして収集することに主眼があります。対象者が考えたり意識したりしてもいないことを聞くと，多くの対象者は真面目に答えようとはしてくれますが，回答がえられたとしても，収集されたデータにはあまり意味はありません。

　質問紙をもちいた統計データ収集にあたっては，質問の文章と用意された選択肢とが死活的な役割を果たします。質問文は調査する人から対象者へのメッセージを含みます。調査の目的と意義は何か，どういう考えや前提のもとで調査をしようとしているか，集められたデータはどのように活かされるのか。対象者は質問文を通じて調査の意義を理解しようとします。

　質問文の作り方に限らず，内密性の保持や同意の上での調査のためには，調査の企画と設計の段階で，十分な時間をかけてさまざまな角度から検討しておくことが重要です。時間

がないからとかコストがかかるからとかの理由でそれを怠ることは、ちょうど商品の製造販売において拙速のために欠陥のあるものをそのまま市場に出してしまうのと似たような行為だと考えなければなりません。調査の企画に十分な時間をかけることは、貴重なデータを提供してくれる対象者に対する当然の礼儀であり、そうすることによって調査への信頼が確保できるのだと考える必要があります。

以上、いくつかの点において、統計データへの信頼と評価を維持し高めるために、データを収集し分析する側ができることおよびなすべきことについて説明しました。しかしその前に、もっと基本的なことがあります。それはあまりにも当たり前にすぎることですが、統計的データとその分析は、実際に社会にとって意義のある働きをするということです。本書で何度も強調してきたように、現実に統計に関わる仕事の多くが、社会にとって大変重要な役割をはたしています。したがって、統計にたずさわる人たちはもっと自信を持って統計データと分析の社会的意義をアピールしてもいいでしょう。ただそれと同時に、現状に満足することなく、統計的研究や分析の総合的な水準をさらに高める内発的な努力を重ねることによって、社会的信頼と評価の回復ひいては向上をめざすことが必要でしょう。

統計学は決して単なる分析の技術ではありません。それは、さまざまな学術と実務の実践的な目的に関わる学問です。とりわけ、現代社会の重要な基盤をなしている統計につ

いての学問，それが統計学です。本書を通じて，そのことを理解していただけることを願っています。

参考文献

一般的な統計学入門のテキスト

松原　望『わかりやすい統計学［第2版］』丸善株式会社，2009年.
　　統計学についての非常にやさしい入門書。

東京大学教養学部統計学教室編『統計学入門』東京大学出版会，1991年.
　　数理統計学を学ぶ上で，大変よく書かれた教科書だが，後半は少し難しい。

松原　望『改訂版　統計の考え方』放送大学教育振興会，2000年.
　　統計学の歴史から検定と主要な多変量解析（生存時間分析を含む）まで，数値例も豊富な総合的な教科書。

池田　央『統計的方法 I　基礎』新曜社，1976年.
　　心理学や社会学でよく使う関連度の指標について詳しい紹介がある。

芝　祐順・渡部　洋『統計的方法 II　推測［増訂版］』新曜社，1984年.
　　心理学や社会学を念頭においた，統計的検定についてのよい入門書。

南風原朝和『心理統計学の基礎』有斐閣，2002年.
　　因子分析と共分散構造分析とが分かりやすく解説されている。

中村隆英・新家健精・美添泰人・豊田　敬『経済統計入門［第2

版]』東京大学出版会, 1992 年.

　　人口, 労働, 家計, 国民経済計算など, 官庁統計を中心とする統計の実態.

浜田知久馬『新版　学会・論文発表のための統計学』真興交易医書出版部, 2012 年.

　　主として医学・薬学系の研究者を対象とする入門書.

石村貞夫＋デズモンド・アレン『すぐわかる統計用語』東京図書, 1997 年.

　　用語の意味を簡潔に知りたいときには, 大変便利.

統計学と確率論の歴史

ピーター・バーンスタイン『リスク』日経ビジネス人文庫, 2001 年.

　　古代ギリシャから今日まで, 確率と統計の探求の壮大な歴史を一般向けに物語風に叙述したもの.

ラプラス『確率の哲学的試論』岩波文庫, 1997 年.

　　確率とは何かについての 19 世紀初頭の大数学者による古典的著作.

イアン・ハッキング『偶然を飼いならす——統計学と第二次科学革命』木鐸社, 1999 年.

　　やや専門的だが, 近代における統計学の成立について詳しく考察したもの.

社会調査について

大谷信介・木下栄二・後藤範章・小松　洋『新・社会調査へのアプローチ——論理と方法』ミネルヴァ書房, 2013 年.

　　調査票の作り方, サンプリングと実査, および質的調査につ

いて分かりやすい。
盛山和夫『社会調査法入門』有斐閣，2004 年.
岩永雅也・大塚雄作・高橋一男『社会調査の基礎』放送大学教育振興会，2003 年.
豊田秀樹『調査法講義』朝倉書店，1998 年.
　　標本抽出法が詳しく説明されているほか，分散分析も紹介されている。
東京大学教養学部統計学教室編『人文・社会科学の統計学』東京大学出版会，1994 年.
　　標本調査法，官庁統計，経済統計，尺度構成法など，経済学，社会学および心理学を中心とする統計調査と分析法について概略を知るのに大変便利。
杉山明子『社会調査の基本』朝倉書店，1984 年.
飽戸　弘『社会調査ハンドブック』日本経済新聞社，1987 年.
盛山和夫・近藤博之・岩永雅也『社会調査法』放送大学教育振興会，1992 年.

統計の誤った用い方について

ダレル・ハフ『統計でウソをつく法』講談社ブルーバックス，1968 年.
谷岡一郎『「社会調査」のウソ』文春新書，2000 年.
ジョエル・ベスト『統計はこうしてウソをつく』白揚社，2002 年.
宮川公男『統計学でリスクと向き合う［新版］』東洋経済新報社，2007 年.

多変量解析の主な手法について

佐和隆光『回帰分析』朝倉書店，1979 年.〈回帰分析〉

久米　均・飯塚悦功『回帰分析』岩波書店, 1987年.〈回帰分析〉

高橋行雄・大橋靖雄・芳賀敏郎『SASによる実験データの解析』東京大学出版会, 1989年.〈実験データの**分散分析**〉

アプトン『調査分類データの解析法』朝倉書店, 1980年.〈**ログリニア分析**〉

豊田秀樹『SASによる共分散構造分析』東京大学出版会, 1992年.〈共分散構造分析〉

丹後俊郎・山岡和枝・高木晴良『ロジスティック回帰分析』朝倉書店, 1996年.〈**ロジット分析**〉

中村　剛『Cox比例ハザードモデル』朝倉書店, 2001年.〈**生存時間分析**〉

その他，本書で扱った統計分析の応用に関する文献

阿藤　誠『現代人口学』日本評論社, 2000年.〈**人口研究**〉

村上征勝『文化を計る：文化計量学序説』朝倉書店, 2002年.〈**計量文献学**〉

原　純輔・盛山和夫『社会階層——豊かさの中の不平等』東京大学出版会, 1999年.〈**階層研究**〉

付録　主要な確率分布における上側確率やパーセント点の求め方——エクセルを使って

　統計的分析では，データからえられた数値について統計的検定を行うことが重要な役割を果たします。その統計的検定では，正規分布をはじめとするさまざまな確率分布を利用することになりますが，必要な数値を手計算で求めることは困難です。

　今日では，実際の統計的なデータ分析には統計ソフトを使いますから，その際には，必要な数値は自動的に算出してくれます。そのため，手計算をする必要は一般にはありません。

　しかし，統計的検定のしくみややり方を学ぶときには，事例として与えられたデータについて，具体的に「そのデータから，検討している帰無仮説を棄却しうるかどうか」といった問題を考察することが必要になります。そのためには，データからえられた検定統計量が，検定で用いる確率分布において出現する確率（上側確率や下側確率）の値を求めなければなりません。

　これまでの統計学の教科書では，こうした確率の値は「数表」として付録につけられていました。読者は，その数表から，必要な確率の値を求めたり，帰無仮説を棄却するかどうかの判断を下したりすることができたわけです。

本書も，もとの放送大学教育振興会版では，主要な確率分布について数表の付録を巻末に掲載していました。しかし，残念ながら，そうした数表は細かい数字がびっしりと並んでいて，本書のような文庫版に掲載することは困難です。かりに掲載するとすれば，虫眼鏡を使わなければならないほど小さなサイズにするか，それとも一つの数表を3ページ以上に分けて掲載するといった，きわめて使いにくい体裁をとらざるをえません。

　そこで本書では，そうした数表を具体的に掲載する代わりに，必要な確率に関わる数値をエクセルを用いて簡単に求める方法を紹介することにしました。

　じつは，本書の放送大学教育振興会版を執筆する際に，本文の記述や説明に必要な数値を求めるのに使ったのもエクセルでした。今では，エクセルを使ってさまざまな統計的データをまとめたり，そこからグラフを作成したりすることは普通になっていますから，多くの読者にとって，以下に説明する計算方法を用いることは難しくないだろうと思われます。

1. 標準正規分布

(1) 標準正規分布の復習

　標準正規分布の密度関数は，次のようになっており，グラフで示すと図 A.1 のようになります。

$$f(z) = \frac{1}{\sqrt{2\pi}} \exp\left(-\frac{z^2}{2}\right)$$

　また，分布関数を $F(z)$ とすると，

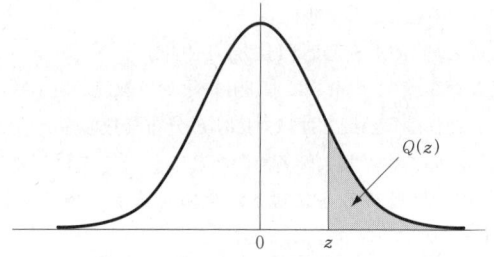

図A.1 標準正規分布の密度関数のグラフ

$$F(z) = \int_{-\infty}^{z} f(x)dx$$

です。ここから、標準正規分布している確率変数Zにおいて、ある値z以上の範囲の値が出現する「上側確率」を$Q(z)$とおけば、

$Q(z) = 1 - F(z)$

となります。$Q(z)$の大きさは、図A.1における網掛け部分の面積になります。

(2) 上側確率の求め方

さて、ある値zが与えられたときに、上側確率$Q(z)$の大きさをエクセルを用いて求める仕方を説明しましょう。

それには、NORM.S.DIST という関数を使います。（エクセルのワークシート上で「数式」のタブをクリックすると、関数のリストを見ることができます。）この関数は、値zに対応する分布関数$F(z)$の値を表すもので、たとえば、ワーク

シート上のどこかのセルに
　　　= NORM. S. DIST(1.234, TRUE)
と記入すると，そのセルに「0.8914」という数値が表示されますが，これは，$z = 1.234$ に対応する分布関数の値 $F(1.234)$ を示しています。関数の名前のあとに（　）をつけ，カンマで区切った最初の方には z の数値を入れ，後の方には「TRUE」という文字を入れます。

　最初の数値を入れている部分には，ワークシート上のどこかのセルを参照したり，複数のセルの値を組み合わせた何らかの数式を代入することもできます。また，TRUE のところを FALSE に置き換えると，分布関数ではなく，密度関数 $f(z)$ の値を表示します。

　（　）の中の要素を「引数」といいますが，この関数には，二つの引数があって，最初の引数は z に対応する数値，第二の引数には，分布関数の値を求めるのかそれとも密度関数の値を求めるのかによって，TRUE か FALSE かの文字を入れることになります。これには大文字・小文字の区別はありません。

　ある値 z に対応する分布関数の値 $F(z)$ は，当該の確率変数が z 以下の値をとる確率を表していますが，これは「下側確率」（エクセルでは「左側確率」）と言えます。それに対して，上側確率（右側確率ともいう）は，$1 - F(z)$ で求まることになります。

　これより，標準正規分布において，ある値 z の上側確率は，
　　　$1 - $ NORM. S. DIST$(z,$ TRUE$)$

で，求まります。

(3) 上側確率に対応する z の値（パーセント点ともいう）の求め方

次に，ある上側確率 α が与えられたときに，上側確率がちょうど α になるような点 z_α の値を求めることを考えましょう。これはたとえば，上側確率が 0.001 になるような z の値はいくらかを求めるようなときに使います。このような値を「上側確率 0.001 のパーセント点」と呼んだりします。図 A.1 でいえば，あらかじめ $Q(z)$ の値が α だと決められているときに，z の値がいくらであるかを求めることになります。

これには，NORM. S. INV という関数を用います。この関数は，分布関数の逆関数を表しています。逆関数というのは，ある関数 $g(x)$ があって，その値がたとえば $y=g(x)$ として y であることが分かっているときに，逆に，$g(x)$ の値がちょうど y になるような x の値を示すものです。したがって，たとえば NORM. S. INV(0.8914) とすると，結果として 1.234 という数値が表示されますが，これは，標準正規分布の分布関数の値が 0.8914 であるときに，その値をもたらす z の値が 1.234 であることを示しているわけです。

この関数の引数は一つで，（　）内には与えられた分布関数の値が数値として入ります。

上で述べたように，分布関数の値は下側確率を表していますから，上側確率 α に対応する z の値を求めるためには，引数として（　）の中には，下側確率である $1-\alpha$ を入れなけれ

ばなりません。

したがって，上側確率 α に対応する z の値は，
　　NORM. S. INV$(1-\alpha)$
で求められます。

(4) 一般的な正規分布

エクセルには，標準正規分布だけでなく，一般的な正規分布に関しても，分布関数と密度関数の値を表す関数 NORM. DIST が用意されています。この関数の引数は四つあって，
　　NORM. DIST(x の値, 平均の値, 標準偏差の値,
　　　　　　　　TRUE ないし FALSE)
で指定します。標準正規分布の場合と同様に，最後の引数を TRUE とすれば分布関数の値を，FALSE とすれば密度関数の値を示してくれます。この関数を使えば，確率変数をいちいち標準化しなくても，必要な上側確率などを求めることができます。

なお，これには逆関数として NORM. DIST. INV もありますが，この引数は三つで，
　　NORM. DIST. INV(確率の値, 平均の値, 標準偏差の値)
となっており，示されるのは分布関数の逆関数の値です。

2. t 分布

t 分布の密度関数の式はきわめて複雑なので，ここには示しませんが，密度関数のグラフはたとえば図 A.2 のようになっています。

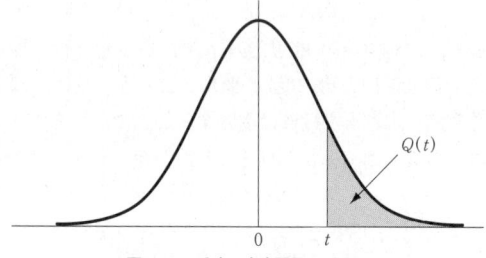

図A.2 t分布の密度関数のグラフ

　t分布の分布関数の値は，エクセルではT. DISTという関数で求めることができます。T. DISTの引数は三つで，T. DIST(tの値, 自由度の値, TRUEないしFALSE)となっています。TRUEが分布関数を，FALSEが密度関数を指定している点は，正規分布と同様です。

　値tが出現したときの上側確率$Q(t)$を求めるためには，標準正規分布の場合には，1からこの関数の値を引くという操作が必要でしたが，t分布には，直接上側確率を求める関数として，T. DIST. RTという関数が用意されています。T. DIST. RTの引数は二つで，T. DIST. RT(tの値, 自由度の値)です。したがって，ある値tに対応する上側確率を$Q(t)$で表すとしますと，

　　$Q(t)$ = T. DIST. RT(t, 自由度)

で求めることができます。

　なお，t分布には，両側確率を求める関数として，T. DIST. 2Tという関数もあり，T. DIST. 2T(t, 自由度)を指定する

と，$-t$以下と$+t$以上の範囲に入る確率が示されます。したがって，t分布について危険率αで両側検定を行う場合には，T. DIST. 2T(t, 自由度)の値がαよりも小さければ帰無仮説を棄却し，さもなければ受容することになります。

次に，ある上側確率αが与えられたとき，それに対応するtの値（パーセント点）を求めることを考えてみましょう。T. DIST と T. DIST. 2T には，それぞれ逆関数として，T. INV と T. INV. 2T という関数が用意されていますが，T. DIST. RT の逆関数は用意されていません。ここでは T. INV を使うことにします。

これを用いると，上側確率αに対応する値t_αは，

$$t_\alpha = \text{T. INV}(1-\alpha, 自由度)$$

で求められます。

3. χ^2分布

χ^2分布の密度関数のグラフは，自由度によって多少異なりますが，だいたい図 A.3 のような形をしています。αは値$\chi^2\alpha$が出現したときの上側確率とします。（図では，自由度をギリシャ文字のν（ニュー）で表しています。）

ある値xに対応する分布関数ないし密度関数の値は，CHISQ. DIST (x, 自由度, TRUE ないし FALSE)で求まります。

χ^2分布にも，直接上側確率を求める関数として，CHISQ. DIST. RT が用意されています。これを用いると，値xが出現したときの上側確率$Q(x)$は，

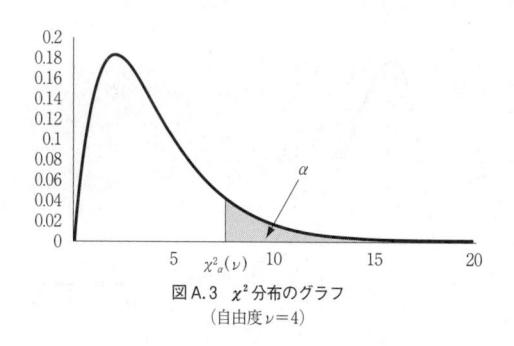

図A.3 χ^2分布のグラフ
(自由度$\nu=4$)

$$Q(x) = \text{CHISQ. DIST. RT}(x, 自由度)$$

で求めることができます。

逆に，上側確率がαだと与えられたときの値$\chi^2{}_\alpha$であるパーセント点は，逆関数 CHISQ. INV. RT を用いて，

$$\chi^2{}_\alpha = \text{CHISQ. INV. RT}(\alpha, 自由度)$$

で求まります。

4. F分布

F分布には，自由度が二つあります。自由度を明示して，$F(自由度1, 自由度2)$と表すこともあります。自由度の順番にも意味があって，たとえば$F(10, 20)$と$F(20, 10)$とでは，異なる分布を表していることになります。

図 A.4 は，自由度が$(10, 20)$のときのF分布の密度関数のグラフを表しています。

F分布をしている確率変数がxの値をとったときの分布関数と密度関数の値は，F. DIST という関数を用いて，F.

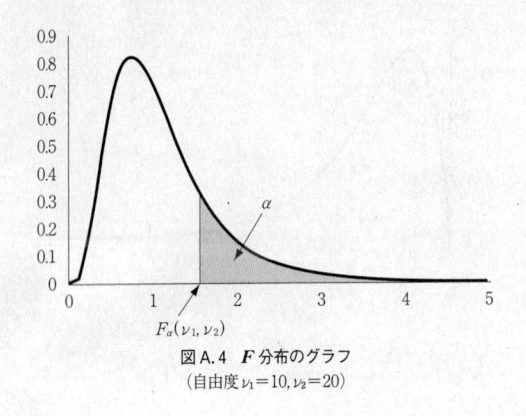

図A.4　F分布のグラフ
(自由度 $\nu_1=10, \nu_2=20$)

DIST(x, 自由度1, 自由度2, TRUEないしFALSE)で求められます。

上側確率を求めるには，直接にF. DIST. RT という関数が用意されていますので，それを用いて，

値 x が出現したときの上側確率

= F. DIST. RT(x, 自由度1, 自由度2)

で求めることができます。

逆に，ある上側確率 α が与えられているときの対応する値 F_α を求めるためには，この逆関数を用いて，

F_α = F. INV. RT(α, 自由度1, 自由度2)

で求めることができます。

5. 二項分布

二項分布は，それぞれ同一の確率 π（円周率ではなく，0〜1

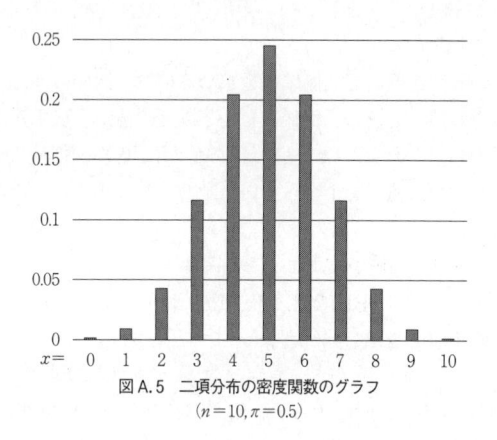

図A.5 二項分布の密度関数のグラフ
($n=10, \pi=0.5$)

のある数値です）で1の値が出現するような独立な確率変数がn個あるときの，その合計値の分布を表しています。図A.5は，$n=10$，$\pi=0.5$のときの密度関数のグラフを示しています。当然のことながら，とりうる値は0からnまでの整数値に限られます。

二項分布についても，エクセルに関数が用意されています。エクセルでは，nを「試行数」，πを「成功率」，そしてとりうる値xを「成功数」と呼んでいます。

まず，分布関数と密度関数の値は，BINOM. DIST(x, n, π, TRUEないしFALSE)で求められます。ここでTRUEとしたときの分布関数の値は，x以下の数値が出現する確率を表しています。

(1) 上側確率の求め方

この関数を用いて上側確率を求めるには，次のようにします。ある値xを含む上側確率は，x以上の値が出現する確率ですから，これは，$(x-1)$以下の値が出現する確率（$x-1$の分布関数の値）を1から引いた数値になります。したがって，

　　x以上の値が出現する上側確率
　　　　$= 1 - \mathrm{BINOM.DIST}(x-1, n, \pi, \mathrm{TRUE})$

となります。ただし，xは1〜nまでとします。

(2) 上側確率αに対応するxの値（パーセント点）の求め方

次に，ある上側確率αが与えられたとき，ある値xもしくはそれ以上の値が出現する確率がα未満（「以下」ではなく）となるような値xを求めることにしましょう。

ここで「以下」ではなく「未満」で考えるのは，二項分布が離散型の分布だからです。これまでの正規分布からF分布まではすべて連続型の分布でしたから，上側確率が「α以下」になる値と「α未満」になる値とは実質的に区別できませんでした。エクセル関数が導き出すのは基本的に「α以下」となる数値ですが，値は連続していますから，「α未満」となる数値を具体的に示すことはできません。たとえば，標準正規分布で上側確率が0.5「以下」となるzの値は0ですが，「0.5未満」となるzの値は，0よりも少しだけ大きければ何でもよく，その数値は一義的には定まりません。したがって，「以下」で考えるしかないのです。

それに対して、二項分布は離散型で、求めるべきxの値は整数値ですから、「α未満」としても、具体的な数値xを指定することができます。そして、危険率、つまり第一種の誤りを起こす確率を考えたとき、その確率を「できるだけ小さくしたい」という観点からすると、「α未満とする」という条件を設定することが理にかなっています。

 さて、上側確率αに対応するxの値を求めるには、逆関数であるBINOM.INVを使います。この引数は$(n, \pi, 下側確率)$の三つで、ある下側確率が与えられたとき、累積確率つまり下側確率がその値以上となるような最小のxを示します。たとえば、$n=10$、$\pi=0.5$のとき、下側確率を0.2と指定すれば、BINOM.INVは4という値を示します。これは、$x=3$までの累積確率が0.172、$x=4$までの累積確率が0.377なので、累積確率が0.2以上となるのは$x=4$となるからです。

 この関数を用いると、上側確率がα未満となる最小のxは、

　　上側確率がα未満となる最小のx
　　　　$= 1 + \text{BINOM.INV}(n, \pi, 1-\alpha)$

で求まります。なお、BINOM.INV$(n, \pi, 1-\alpha)$の値がちょうどnであるときは、「上側確率がα未満となる」ような値xは「存在しない」ことを意味します。

(3) 1を加える理由

 ここで1を加えているのは、二項分布は離散型の分布なの

で，BINOM. INV が示すある整数値（かりにyとしましょう）が出現する確率は必ず0を超えているからです。yよりも一つ小さい$y-1$までの値が出現する累積確率をaとし，yまでの累積確率をbとすると，下側確率$1-\alpha$は区間$[a,b]$の間に入っています。つまり，

$a \leq 1-\alpha \leq b$

という関係が成立しています。ここから，

$1-b \leq \alpha \leq 1-a$

となっていることが分かります。そうすると，yを含みそれ以上の値が出現する確率は$1-a$となり，これは必ずα以上で，α未満にはなりません。したがって，上側確率がα未満となるよう最小のxはyではなく，それより一つ大きい$y+1$でなければならないのです。

(4) 下側確率がα未満である最大のxの求め方

下側確率がα未満であるような最大のxを求めたい，ということもあります。これは，

下側確率がα未満となる最大のx
　　= BINOM. INV$(n,\pi,\alpha)-1$

で求めることができます。（1を引いている理由は，さきほどとおなじです。）もし，BINOM. INV(n,π,α)の値が0であれば，該当するようなxは存在しないことになります。

文庫版へのあとがき

　本書はもともと放送大学の授業科目「統計学入門」のテキストとして、2004年に放送大学教育振興会より刊行されたものである。放送メディアはラジオで、授業は数年間放送された。

　当初、この授業企画の申し出を受けたとき、はたしてラジオという媒体で統計学という学問をうまく教えることができるものかどうか、かなり不安を感じた記憶がある。本書をご覧になって分かるように、統計学には、数式や図表が不可欠で、それは音声で伝えることがきわめて難しいものだからである。ただ、それ以前、放送大学でテレビをメディアとする別の授業を担当したとき、テレビ収録にたいへん苦労した経験があったものだから、こんどはラジオにしてみようと引き受けたのであった。放送そのものは音声だけであるが、受講する学生はテキストを見ながら聴講するという前提なので、テレビだと画面で表示される数式や図表を、あらかじめテキストに掲載しておけば、ラジオの授業でも何とか教えることができるかもしれない。そう考えたのである。

　今から振り返ってみると、この点は本書の執筆スタイルにとって、結果として好ましい効果をもたらしたように思われる。ラジオでの授業だと、音声を聞きながら目でテキストを追っていけば何とか内容が理解できるようになっていなけれ

ばならない。それはほとんど「自習」に近いものとなる。統計学が自習で修得できる。そうしたことが可能なテキストでなければならない。少なくとも書き手の側としては，そうしたテキストを執筆することが求められたのである。

それに，もともと「統計学入門」という授業で放送大学から期待されたのが，「とにかく文系の学生にも分かるように統計学を教えてほしい」ということだった。したがって，ふだん数式や数学的思考になれていない学生を対象に，統計学固有の概念や世界観やロジックを，どうやってうまく伝え，習得してもらえるか。このことは，文系学生を相手に社会調査法や統計学の授業を行っている人なら誰でも苦労していることなのだが，本書の執筆においてもやはり常に念頭にあったことである。

はたして，実際にどの程度分かりやすいものになっているかは，むろん読者のみなさんの判断にゆだねたいと思う。読み直してみると，ところどころ分かりにくいなと自分でも思われる箇所がないわけではない。しかし，全体としては，ある程度「読んでいけば分かる」書き方になっているのではないかという気がする。

もっとも，分かりやすく書くといっても，それは「難しいけれども本質的な事柄を説明することを避ける」ことではない。どんな学問も，概念，基本前提，それらから導かれる諸命題や理論，それらの活用のしかた，データとそれについての説明や解釈，などからなっているが，そこには「その学問としての世界のとらえ方」が基底的に備わっている。統計学

にもそうした学問としての世界観がある。そのことは、社会学の研究者として階層・階級や家族などを統計学的に分析する際に、たびたび感じることであった。なぜなら、たとえば「階層的不平等は拡大しているか？」というような社会学的な問題関心をデータから統計学的に探求しようとすると、利用しうる統計学的分析手法に合わせてデータを収集したり加工したりするとともに、分析結果をふたたび社会学的な地平に差し戻して、その結果を社会学の言葉で表現しなければならないからである。

　最近になって、いわゆるビッグデータの分析を中心に、統計学への関心がにわかに高まってきた。それと相前後して、小中高の教育課程においても統計教育が大幅に拡充強化されてきた。これは大変慶んでいい傾向だといえる。本書の冒頭に記したように、現代社会は、統計データとその分析なしには成立しないと言っていいのである。政治や経済のありとあらゆる分野・部門・組織で日夜膨大な統計データの収集と分析が行われ、その結果を踏まえながらさまざまな意思決定が下されている。このような現代社会において重要なことは、統計的データの取り扱いや解釈を一部の専門家や組織・行政の担当者だけにまかせるのではなく、広く一般の人びとが統計的に示されたデータや分析結果を「読んで理解し、その上で議論に参加する」ことができるということである。これは、高度に情報化が進んだ現代社会を民主的に運営する上で不可欠の条件だと思われる。この意味で、普通の人びとが、これまでの「読み書きそろばん」と同じように一定の統計学

的知識を身につけることは，就職や仕事という個人的利害のためだけではなく，公共的社会空間を構成する一員として期待されている基礎的素養になってきていると言えるだろう。

本書が，そうした観点のもと，正しい統計的知識の普及に貢献することができれば幸いである。

文庫への収録にあたっては，基本的に，誤字脱字のたぐいの修正にとどめて，やや古くなったデータもそのままにするという方針で臨んだが，一カ所，13章の相対的剝奪に関する記述に不正確なところがあったため，該当する数頁分だけ書き直してある。また，放送大学のテキストに載せていた主要な確率分布数表の掲載をあきらめ，その代わりにエクセルで必要な数値を求める方法の解説を附した。

誤字脱字の修正にとどめると書いたが，今回，文庫版の刊行に際しては，非常に丁寧な校閲をしていただいて，放送大学版では見過ごしていた数字やグラフの誤りをかなり徹底的に修正することができた。

このことを含め，文庫版の刊行へご尽力いただいた，ちくま学芸文庫の増田健史氏と田所健太郎氏には深く感謝申し上げたい。

2015年6月

盛山和夫

索 引

0 次の相関係数 307
1.57 ショック 45, 52
2 変量正規分布 215, 216
χ^2 検定 196, 200
χ^2 値 86, 188, 198, 200, 251
χ^2 分布 197, 198, 200
F 検定 186, 260
F 分布 185, 237, 238
SSM 調査 78, 189
t 検定 180, 182, 186, 235
t 分布 180, 181, 182, 185, 216, 235

ア 行

アメリカ兵 308, 319
アンケート調査 353, 368, 373
一次変換 91
意味 39, 44
因果関係 298, 334
因果的関係 306
因果的法則 33, 51
因子分析 243
上側確率 172

カ 行

回帰係数 221
回帰式 217, 219, 221
回帰直線 217
回帰分析 211, 243
回帰分析ファミリー 259
回帰平方和 228, 238
階級値 60, 64, 70, 75

解釈 33, 38, 320, 334, 338
回収率 116, 359
確率 103, 118, 122, 124, 134, 331
確率事象 123, 166
確率抽出 103
確率変数 134, 136, 166, 167, 233
確率変数の独立 147
確率変数の分散 139
確率変数の平均 139
確率変数の和 146
仮説 40, 301, 320, 334, 337
片側検定 174, 181, 185
偏り 114, 164, 322
カテゴリー 243
カテゴリー変数 48, 260, 294, 308
カプラン=マイヤー (Kaplan-Meier) 法 291
観測値 99, 161, 166, 222, 263
観測変数 266, 267
官庁統計 29, 114, 117
関連度の指標 83, 251, 333
関連の連鎖 340
棄却 170, 258
棄却域 171, 209
危険率 171, 204, 209
疑似相関 305, 306, 307, 337
記述統計学 99
基準変数 194, 195
期待値 140, 141, 149, 214
期待度数 86, 198, 200
帰無仮説 169, 170, 197, 204, 232,

索 引 399

235, 258
客観性 34, 40, 41
客観的 32, 33, 35
キャリーオーバー効果 326
共通要因 306, 307, 315, 321
共分散 88, 214, 226, 266, 267
共分散構造分析 243, 266
共分散分析 243, 259
共変量 293, 294, 295
空事象 124
グッドマンとクラスカルの順序連関係数（γ） 94
クラスター分析 243
グラフ 54
クラメールの連関係数 87, 188, 189, 333
クロス表 77, 188, 251, 260, 308, 314, 319, 332, 333
クロス表の独立 80, 81, 86, 110, 132
クロス表の独立性の検定 196, 199
経験的データ 41, 43, 44, 52
計量文献学 50
計量モデル 240, 242, 252, 253, 254, 257, 258, 301, 320
結合分布 211, 213
結合分布関数 212
結合密度関数 147, 212
結婚コーホート 276, 277, 278
結婚生存率 276, 277, 279, 282
決定係数 226, 228, 236, 238, 245, 257
研究の意義 256
検出力 172, 209
検定 161, 196, 204, 211, 231, 257
検定統計量 171, 187, 292
合計特殊出生率 21, 45, 52, 300, 331

交互作用効果 261
交互作用独立モデル 262
構造方程式 267
高齢化 21, 341, 347
高齢化社会 342
高齢者比率 23
国勢調査 16, 17, 18, 47, 114, 117, 352, 356, 358, 371
誤差 164, 218, 226, 260
誤差項 233, 254, 306
個人情報 353, 354, 368
戸籍調査 17
コックス回帰（Cox Regression） 292
五分位数 68
個別面接調査 324

サ 行

サイエンス・ウォーズ 34
最小二乗解 219, 221
最小二乗法 218, 219, 223, 229, 254
採択域 173, 205
最頻値 58, 328
最尤推定法 262, 265, 268
残差平方和 228, 238
3重クロス表 260, 316
散布図 88, 217
サンプリング（抽出） 322
事象の独立 130
指数関数 287
指数分布 285, 295
下側確率 172
悉皆調査 112
実験 106, 107
実体的な構造 245
質的データ 32, 48

400

質的変数 251	真の値 98, 99, 114, 161, 162
質問紙 373	真の偏回帰係数 233
質問文 322, 324, 373	信頼区間 236
ジニ係数 74, 331	信頼水準 174
四分位数 68	推測統計学 99
四分位偏差 71	推定値 234, 235
四分点相関係数（φ係数） 84, 333	「推定無罪」の原則 209
社会階層 247, 332, 335	数量化Ⅱ類 243
社会調査 32, 107, 326, 373	数量化Ⅲ類 243
社会的データ 352, 355	スケール・フリー 71, 91, 230
尺度 48, 331	スピアマンの順位相関係数 95
重回帰式 222, 225, 246, 247	生起時間 252, 288-294
重回帰分析 222, 245, 252, 261, 300	正規分布 135, 151, 156, 167, 234
重回帰分析における検定 232	正規分布の密度関数 156
重回帰モデル 222, 233, 248, 250	生存関数 279, 280, 283, 293, 295
重相関係数 228	生存時間分析 243, 252, 269, 288
従属変数 221, 259	性別役割分業意識 77, 93, 188, 189, 315, 316
周辺確率 133	世代間階層移動表 332
周辺度数 77	切片 221, 224, 225
周辺比率 197	説明 33, 254
周辺密度関数 213	説明力 244
住民基本台帳 21, 354	選挙 28, 29, 161
主観確率 119	選挙人名簿 354
主観的 33	潜在変数 266
主効果 261	センサリング 290
主成分分析 243	全事象 123, 130
出生率 22	全数調査 111, 113, 114, 116
順位相関 91, 251	全平方和 228
順序変数 92	相関係数 88, 90, 188, 189, 214, 215, 228, 231, 267, 338
条件付き確率 130, 132	相関係数行列 307
条件付き独立モデル 262, 315	相関係数の検定 211, 215
少子高齢化 21, 298, 341	双対尺度法 243
召集猶予 308-314, 319	相対的剝奪 310, 311, 320
将来推計人口 23, 342	相対度数 53
人口動態統計 19, 20, 46, 117, 269, 270, 275	

索引 401

測定誤差 100, 101, 113, 116, 164
測定方程式 267

タ 行

第一種の誤り 170, 209
対応分析 243
第三の変数 314, 315
対数オッズ比 85, 333
対数四分位比 71
大数の法則 135
対数分散 74
第二種の誤り 170, 209
代表値 58
対立仮説 172
多次元尺度法 243
ダブル・バーレル 327
多変量解析 240, 242, 250, 259, 292
多変量正規分布 211
短期死亡率 281, 282, 286
単純集計表 53
炭素14 26, 103, 119, 285
単相関係数 307
中央値 63, 64, 293
抽出 165
抽出台帳 114, 117
抽出バイアス(の偏り) 164, 165, 323
中心極限定理 135, 137, 159, 167, 180
調査 106
調査公害 352
調査の企画 373
調査票 352
ディルタイ 33, 39, 49
適合度 260
適合度検定 263, 268

出口調査 161, 162, 163, 164, 174, 322
データ収集 98, 99, 100, 356
データ収集の倫理 367
統計学 15, 16, 30, 356, 374
統計ソフト 186, 187
統計量 83
等高線図 212, 214
独立 81, 110, 129, 132, 143, 167, 215, 258, 262
独立変数 221, 222, 259
度数 53, 77

ナ 行

内閣支持率 15, 102, 178
内密性の保持 368, 373
「なぜ」のための統計分析 300, 304
二項分布 142, 143, 145, 148, 166

ハ 行

パーセンタイル 68
媒介変数 315
媒介要因 305
排反 116, 125
ハザード関数 287, 293, 294
ハザード率 287, 294
外れ値 62, 63
パラメター 156, 233
汎用性 242, 248, 250, 252, 320
ピアソンの積率相関係数 95, 251
百分位数 68
標準化 158, 169, 228
標準化偏回帰係数 228, 229, 231
標準誤差 239, 293
標準正規分布 158, 168, 175, 265
標準正規分布の密度関数 158

標準偏差　70, 88, 213, 229
標本　98, 100, 102, 104, 163, 164, 166
標本誤差　113, 164, 165, 174, 322
標本相関係数　216
標本調査　18, 112, 113, 116
標本の値　163
標本の大きさ　205
標本の偏り　359
標本比率　166-170
比率　53, 118, 134
比率の差の検定　176, 207
比例ハザードモデル　295
プールされた標本不偏分散　183
不平等度　73, 303, 331
不偏分散　181
プライバシー　117, 354
プロビット分析　243, 263, 265
分位数　68
分割表　77
文化的再生産　335, 337
分散　69, 142, 226, 267
分散分析　238, 239, 243, 261
分布関数　152, 153, 212, 279
平均　58, 61, 139, 293
平均寿命　19, 21, 279, 284, 285, 328, 339
平均値　328
平均の検定　179
平均の差の検定　182, 293
平均平方和　239
平均余命　284, 285
平方和　227, 239
ベルヌーイ分布　138, 139, 146, 148
偏回帰係数　222, 224, 225, 228
偏回帰係数の検定　233, 239
偏回帰係数の性質　228

偏回帰係数の標準誤差　235
偏差値　329
変数　48
偏相関係数　305, 307, 308, 318
変動係数　73
法則定立　35
母集団　98, 99, 162, 165, 166, 169, 322
母集団における相関係数　211
母集団の構造　233
母比率　166, 169, 170, 173, 177
母分散　183, 184
母平均　183

マ 行

未知のパラメター　253
密度関数　136, 142, 145, 152, 153, 213, 279, 283, 287
無限母集団　111
無作為抽出　101, 103, 105, 106, 113, 165, 324
メカニズム　42, 43, 99, 246, 247, 249, 253, 258, 298, 301, 319, 320, 334
メディアン偏差　71
モデル　245
モデルの説明力　256
モード　58

ヤ 行

有意　257
有意水準　187, 239, 293
有意性検定　257
有限母集団　111
誘導型　324, 325
尤度比検定統計量　263

ユールの連関係数　84, 95, 333
要因　261
要因のコントロール　106, 315, 318
要因分解法　315, 318
要素事象　127
要約統計量　58, 188
予測値　221, 227
世論調査　15, 18, 28, 47, 102, 104, 161, 162, 164, 323, 352, 358

ラ 行

ラプラス　119
理解　33, 39
離婚確率　274, 275, 279
離婚件数　270, 274
離婚率　274, 275, 276, 278, 334
離散型の確率変数　152

両側検定　172, 185
量的　32, 243
量的データ　44
量的変数　49, 211, 260
理論値　260
累積相対度数　53, 65
累積相対度数曲線　65
連続型の確率変数　151
連続型変数　211
ログリニア分析　243, 260, 263, 314
ロジスティック回帰分析　243, 265
ロジスティック曲線　265
ロジット分析　243, 263
ローレンツ曲線　74

ワ 行

ワイブル分布　295

本書は二〇〇四年三月、放送大学教育振興会より刊行された。
文庫化に際しては、旧版にあった「付表」を割愛し、「付録　主要な確率分布における上側確率やパーセント点の求め方」を増補した。

和算の歴史
平山諦

関孝和や建部賢弘らのすごさと弱点とは。そして和算がたどった充実の歴史とは――和算研究の第一人者による簡潔にして充実の入門書。（鈴木武雄）

素粒子と物理法則
R・P・ファインマン／S・ワインバーグ／小林澈郎訳

量子論と相対論を結びつけるディラックのテーマを対照的に展開したノーベル賞学者による追悼記念講演。現代物理学の本質を堪能させる三重奏。

ゲームの理論と経済行動 I〈全3巻〉
ノイマン／モルゲンシュテルン／阿部／橋本／宮本監訳／橋本訳

今やさまざまな分野への応用いちじるしい「ゲーム理論」の嚆矢とされる記念碑的著作。第Ⅰ巻はゲームの形式的記述とゼロ和2人ゲームについて。

ゲームの理論と経済行動 II
ノイマン／モルゲンシュテルン／銀林／橋本／宮本監訳／下島訳

第Ⅰ巻でのゼロ和2人ゲームの考察を踏まえ、第Ⅱ巻ではプレイヤーが3人以上のゼロ和ゲーム、およびゲームの合成分解について論じる。

ゲームの理論と経済行動 III
ノイマン／モルゲンシュテルン／銀林／橋本／宮本監訳

第Ⅲ巻では非ゼロ和ゲームにまで理論を拡張。これまでの数学的結果をもとにいよいよ経済学的解釈を試みる。全3巻完結。（中山幹夫）

計算機と脳
J・フォン・ノイマン／柴田裕之訳

脳の振る舞いを数学で記述することは可能か？ 現代のコンピュータの生みの親でもあるフォン・ノイマン最晩年の考察。新訳。（野﨑昭弘）

数理物理学の方法
J・フォン・ノイマン／伊東恵一編訳

多岐にわたるノイマンの業績を展望するための文庫オリジナル編集。本巻は量子力学・統計力学など物理学の重要論文四篇を収録。全篇新訳。

作用素環の数理
J・フォン・ノイマン／長田まりゑ編訳

終戦直後に行われた講演「数学者」と、「作用素環について」Ⅰ〜Ⅳの計五篇を収録。一分野としての作用素環論を確立した記念碑的業績を網羅する。

フンボルト 自然の諸相
アレクサンダー・フォン・フンボルト／木村直司編訳

中南米オリノコ川で見たものとは？ 植生と気候、緯度と地磁気などの関係を初めて認識した、ゲーテ自然学を継ぐ博物・地理学者の探検紀行。

エキゾチックな球面	野口 廣	7次元球面には相異なる28通りの微分構造が可能！ フィールズ賞受賞者を輩出したトポロジーを 臨場感ゆたかに解説。(竹内薫)
数学の楽しみ	テオニ・パパス	ここにも数学があった！ 石鹸の泡、くもの巣、雪片曲線、一筆書き、パズル、魔方陣、DNAらせん……。イラストも楽しい数学入門150篇。
相対性理論（下）	W・パウリ 内山龍雄訳	アインシュタインが絶賛し、物理学者内山龍雄をして、研究を、物理学者内山龍雄をしめた相対論三大名著の一冊。(細谷暁夫)
物理学に生きて	W・ハイゼンベルクほか 青木薫訳	「わたしの物理学は……」ハイゼンベルク、ディラック、ウィグナーら六人の巨人たちが集い、それぞれの歩んだ現代物理学の軌跡や展望を語る。
調査の科学	林 知己夫	消費者の嗜好や政治意識を測定するとは？ 集団特性の数量的表現の解析手法を開発した統計学者による社会調査の論理と方法の入門書。(吉野諒三)
ポール・ディラック	アブラハム・パイスほか 藤井昭彦訳	「反物質」なるアイディアはいかに生まれたのか、そしてその存在はいかに発見されたのか。天才の生涯と業績を三人の物理学者が紹介した講演録。
近世の数学	原 亨吉	ケプラーの無限小幾何学からニュートン、ライプニッツの微積分学誕生に至る過程を、原典資料を駆使して考証した世界水準の作品。(三浦伸夫)
パスカル 数学論文集	ブレーズ・パスカル 原亨吉訳	「パスカルの三角形」で有名な「数三角形論」ほか、「円錐曲線論」「幾何学的精神について」など十数篇の論考を収録。(佐々木力)
幾何学基礎論	D・ヒルベルト 中村幸四郎訳	20世紀数学全般の公理化への出発点となった記念碑的著作。ユークリッド幾何学を根源まで遡り、斬新な観点から厳密に基礎づける。

現代数学への道	中野茂男	抽象的・論理的な思考法はいかに生まれ、何を生む数学の基礎を軽妙にレクチャー。（一松信）
生物学の歴史	中村禎里	進化論や遺伝の法則は、どのような論争を経て決着したのだろうか。生物学とその歴史を高い水準でまとめあげた壮大な通史。充実した資料を付す。
不完全性定理	野﨑昭弘	理屈っぽいとケムたがられ事実・推論・証明……。理屈っぽいとケムたがられながらも、なるほどと納得させながら、ユーモアたっぷりにひもといたゲーデルへの超入門。
数学的センス	野﨑昭弘	美しい数学とは詩なのです。いまさら数学者にはなたっぷりに話題でも、なるほどと納得させながら、ユーモア応えてくれる心やさしいエッセイ風数学再入門。
高等学校の確率・統計	黒田孝郎/森毅/小島順/野﨑昭弘ほか	成績の平均や偏差値はおなじみでも、実務の水準とは隔たりが！ 基礎からやり直したい人のためにれないけれどそれを楽しめたら……。そんな期待に説の検定教科書を指導書付きで復活。
高等学校の基礎解析	黒田孝郎/森毅/小島順/野﨑昭弘ほか	わかってしまえば日常感覚に近いものながら、数学挫折のきっかけとなる微分・積分。その基礎を丁寧にひもといた再入門のための検定教科書第2弾。
高等学校の微分・積分	黒田孝郎/森毅/小島順/野﨑昭弘ほか	高校数学のハイライト「微分・積分」！ その入門コース「基礎解析」に続く本格コース。公式暗記の学習からほど遠い特色ある教科書の文庫化第3弾。
トポロジー	野口廣	現代数学に必須のトポロジー的な考え方とは？ 集合・写像・関係・位相などの基礎から、ていねいに図説した定評ある入門者向け学習書。
トポロジーの世界	野口廣	ものごとを大づかみに捉える！ その極意を、数式ものに不慣れな読者との対話形式で、図を多用し平易かつ直感的に解き明かす入門書。（松本幸夫）

物理学入門
武谷三男

科学とはどんなものか。ギリシャの力学から惑星の運動解明まで、理論変革の跡をひも解いた科学論。三段階論で知られる著者の入門書。（上條隆志）

一般相対性理論
P・A・M・ディラック　江沢洋訳

一般相対性理論の核心に最短距離で到達すべく、卓抜した数学的記述で簡明直截に書かれた天才ディラックによる入門書。詳細な解説を付す。

ディラック現代物理学講義
P・A・M・ディラック　岡村浩訳

永久に膨張し続ける宇宙像とは？モノポールは実在するか？想像力と予言に満ちたディラック晩年の名講義が新訳で甦る。付録＝荒船次郎

幾何学
ルネ・デカルト　原亨吉訳

哲学のみならず数学においても不朽の功績を遺したデカルト。『方法序説』の本論として発表された『幾何学』、初の文庫化！

不変量と対称性
リヒャルト・デデキント／渕野昌訳・解説
今井淳／寺尾宏明／中村博昭

変えても変わらない不変量とは？そしてその意味や用途とは？ガロア理論や結び目の現代数学に現われる、上級の数学センスをさぐる7講義。

物理の歴史
朝永振一郎編

「数とは何かそして何であるべきか？」「連続性と無理数」の二論文を収録。現代の視点から数学の基礎付けを試みた充実の訳者解説を付す。新訳。

湯川秀樹のノーベル賞受賞。その中間子論とはいかなるものだろう。日本の素粒子論を支えてきた第一線の学者たちによる平明な解説書。（江沢洋）

代数的構造
遠山啓

群・環・体など代数の基本概念の構造を、構造主義の歴史をおりまぜつつ、卓抜な比喩とていねいな計算で確かめていく抽象代数学入門。（銀林浩）

現代数学入門
遠山啓

現代数学、恐るるに足らず！学校数学より日常の感覚の中に集合や構造、関数や群、位相の考え方を探る大人のための入門書。（エッセイ　亀井哲治郎）

飛行機物語　鈴木真二

幾何物語　瀬山士郎

集合論入門　赤攝也

確率論入門　赤攝也

新式算術講義　高木貞治

数学の自由性　高木貞治

ガウスの数論　高瀬正仁

量子論の発展史　高林武彦

高橋秀俊の物理学講義　藤村靖

なぜ金属製の重い機体が自由に空を飛べるのか？　その工学と技術を、リリエンタール、ライト兄弟などのエピソードをまじえ歴史的にひもとく。

作図不能の証明に二千年もかかったとは！　柔らかな発想で大きく飛躍してきた歴史をたどりつつ、現代幾何学の不思議な世界を探る。図版多数。

「もの集まり」という素朴な概念が生んだ奇妙な世界、部分集合・空集合などの基礎から、丁寧な叙述で連続体や順序数の深みへと誘う。

ラプラス流の古典確率論とボレル―コルモゴロフ流の現代確率論。両者の関係性を意識しつつ、確率の基礎概念と数理を多数の例とともに丁寧に解説。

算術は現代でいう数論。数の自明を疑わない明治の読者にその基礎を当時の最新学説で説く。『解析概論』の著者若き日の意欲作。

大数学者が軽妙洒脱に学生たちに数学を語る！　年ぶりに復刊された人柄のにじむ幻の同名エッセイ集を含む文庫オリジナル。〔高瀬正仁〕60

青年ガウスは目覚めとともに正十七角形の作図法を思いついた。初等幾何に露頭した数論の一端！　創造の世界の不思議に迫る原典講読第2弾。

世界の研究者と交流した著者による量子理論史。その物理の核心をみごとに射抜き、理論探求の醍醐味を生き生きと伝える。新組。〔江沢洋〕

ロゲルギストを主宰した研究者の物理的センスとル変換、変分原理などの汎論四〇講。〔田崎晴明〕力について。示量変数と示強変数、ルジャンド

数学で何が重要か	志村五郎	ピタゴラスの定理とヒルベルトの第三問題、数学オリンピック、ガロア理論のことなど、文庫オリジナル書き下ろし第三弾。
数学をいかに教えるか	志村五郎	日米両国で長年教えてきた著者が日本の教育を斬る！掛け算の順序問題、悪い証明と間違えやすい公式。外国語での教え方まで。
通信の数学的理論	C・E・シャノン／W・ウィーバー 植松友彦 訳	IT社会の根幹をなす情報理論はここから始まった。発展いちじるしい最先端の分野に、今なお根源的な洞察をもたらす古典的論文が新訳で復刊。
数学という学問 I	志賀浩二	ひとつの学問として、広がり、深まりゆく数学。数・微積分・無限などの「概念」の誕生と発展を軸にその歩みを辿る。オリジナル書き下ろし。全3巻。
数学という学問 II	志賀浩二	第2巻では19世紀の数学を展望。数概念の拡張による複素解析のほか、フーリエ解析、非ユークリッド幾何誕生の過程を追う。
数学という学問 III	志賀浩二	19世紀後半、「無限」概念の登場とともに数学は大転換を迎える。カントルとハウスドルフの集合論、そしてユダヤ人数学者の寄与について。全3巻完結。
現代数学への招待	志賀浩二	「多様体」は今や現代数学必須の概念。「位相」「微分」などの基礎概念を丁寧に解説・図説しながら、多様体のもつ深い意味を探ってゆく。
シュヴァレー リー群論	クロード・シュヴァレー 齋藤正彦 訳	現代的な視点から、リー群を初めて大局的に論じた古典的名作。著者の導いた諸定理はいまなお有用性を失わない。本邦初訳。
現代数学の考え方	イアン・スチュアート 芹沢正三 訳	現代数学は怖くない！「集合」「関数」「確率」などの基本概念をイメージ豊かに解説。直観で現代数学の全体を見渡せる入門書。図版多数。（平井武）

花物語　牧野富太郎

自らを「植物の精」と呼ぶほどの草木への愛情。その眼差しは学問知識にとどまらず、植物を社会に生かす道へと広がる。碩学晩年の愉しい随筆集。

クオリア入門　茂木健一郎

〈心〉を支えるクオリアとは何か。ニューロンの発火から意識が生まれるまでの過程の解明に挑む。心脳問題について具体的な見取り図を描く好著。

柳宗民の雑草ノオト　柳宗民・文／三品隆司・画

雑草は花壇や畑では厄介者。でも、よく見れば健気で可愛い。美味しいもの、薬効を秘めるものもある。カラー図版と文で60の草花を紹介する。　（澤口俊之）

唯脳論　養老孟司

人工物に囲まれた現代人は脳の中に住む。情報器官としての脳を解剖し、ヒトとは何かを問うスリリングな論考。

ローマ帝国衰亡史（全10巻）　E・ギボン　中野好夫／朱牟田夏雄／中野好之訳

ローマが倒れる時、世界もまた倒れるといわれた強大な帝国は、なぜ滅亡したのか。一世紀がかりで一五世紀までの壮大なドラマを、最高・最適の訳でおくる。

史記（全8巻）　司馬遷　小竹文夫／小竹武夫訳

中国歴史書の第一に位する「史記」全訳。帝王の本紀十二巻、封建諸侯の世家三十巻、庶民の列伝七十巻。さらに書・表十八巻より成る。

正史 三国志（全8巻）　陳寿　裴松之注　今鷹真ほか訳

後漢末の大乱から呉の滅亡に至る疾風怒濤の百年弱を列伝体で活写する。厖大な裴注をも全訳し、詳注、解説、地図、年表、人名索引ほかを付す。

作家の日記1　一八七三年　ドストエフスキー　小沼文彦訳

定期刊行物「市民」に連載された一六篇の文章。珠玉の短篇「ボボーク」も収録。「現代的欺瞞のひとつ」は作家の心の内部ののぞき見られる。

作家の日記2　一八七六年一月～六月　ドストエフスキー　小沼文彦訳

多くの社会政治評論と「キリストのヨールカに召された少年」「百姓マレイ」「百歳の老婆」など短篇作品三本も収める。

デカルトの誤り	アントニオ・R・ダマシオ 田中三彦訳	脳と身体は強く関わり合っている。脳の障害がもたらす情動の変化を検証し「我思う、ゆえに我あり」というデカルトの心身二元論に挑戦する。
動物と人間の世界認識	日髙敏隆	人間含め動物の世界認識は、固有の主体をもって客観的世界から抽出・抽象化した主観的なものである。動物行動学からの認識論。 (村上陽一郎)
人間はどういう動物か	日髙敏隆	動物行動学の見地から見た人間の「生き方」と「論理」とは。身近な問題から、人を紛争へ駆りたてる「美学」まで、やさしく深く読み解く。 (絲山秋子)
心の仕組み(上)	スティーブン・ピンカー 椋田直子訳	心とは自然淘汰を経て設計されたニューラル・コンピュータだ! 鬼才ピンカーが言語、認識、情動、恋愛や芸術など、心と脳の謎に鋭く切り込む!
心の仕組み(下)	スティーブン・ピンカー 山下篤子訳	人はなぜ、どうやって世界を認識し、言語を使い、愛を育み、宗教や芸術など精神活動をするのか? 進化心理学の立場から、心の謎の極北に迫る。
宇宙船地球号 操縦マニュアル	バックミンスター・フラー 芹沢高志訳	地球と人類を一体の全地球主義の思考宣言の書。発想の大転換を刺激するジー・ムーブメントの原点となる! エコロ
ペンローズの〈量子脳〉理論	ロジャー・ペンローズ 竹内薫/茂木健一郎訳・解説	心と意識の成り立ちを最終的に説明するのは、人工知能ではなく〈量子脳〉理論だ! 天才物理学者ペンローズのスリリングな論争の現場。
植物一日一題	牧野富太郎	世界的な植物学者が、学識を背景に、植物名の起源を辿り、分類の俗説に熱く異を唱え、稀有な蘊蓄をのびやかな随筆100題。
植物記	牧野富太郎	万葉集の草花から「満州国」の紋章まで、博識な著者の珠玉の自選エッセイ集。独学で植物学を学んだ日々など自らの生涯もユーモアを交えて振り返る。

クルーグマン教授の経済学入門
ポール・クルーグマン　山形浩生訳

経済にとって本当に大事な問題って何？ 実は、生産性・所得分配・失業の3つだけ!? 楽しく読めてきちんと分かる、経済テキスト決定版！

自己組織化の経済学
ポール・クルーグマン　北村行伸／妹尾美起訳

複雑な自己組織化している経済というシステムに、複雑系の概念を応用すると何が見えるか？ 不況発生の謎も解ける？ 経済学に新地平を開く意欲作。

貨幣と欲望
佐伯啓思

無限に増殖する人間の欲望と貨幣を動かすものは何か。経済史、思想史的観点から多角的に迫り、グローバル資本主義を根源から考察する。（三浦雅士）

シュタイナー経済学講座
ルドルフ・シュタイナー　西川隆範訳

利他主義、使用期限のある貨幣、文化への贈与等々。シュタイナーの経済理論は、私たちの世界をよりよくするヒントに満ちている！

発展する地域　衰退する地域
ジェイン・ジェイコブズ　中村達也訳

地方は衰退するのか？ 日本をはじめ世界各地の地方都市を実例に真に有効な再生法を説く地域経済論の先駆的名著！（福田邦夫）

ドーキンス vs. グールド
キム・ステルレルニー　狩野秀之訳

「利己的な遺伝子」か「断続平衡説」か？ 両者の視点を公正かつ徹底的に検証して、生物進化における大論争に決着をつける。（新妻昭夫）

自己組織化と進化の論理
スチュアート・カウフマン　米沢富美子ほか監訳

すべての秩序は自然発生的に生まれる、この「自己組織化」に則り、進化や生命のネットワーク、さらに経済や民主主義にいたるまでを解明。（片山善博、塩沢由典）

不思議の国の論理学
ルイス・キャロル　柳瀬尚紀編訳

アナグラム、暗号、初等幾何や論理ゲームなど、キャロルの諸作品から精選したパズル集。華麗なる"離れ技"をご堪能あれ。（佐倉統）

私の植物散歩
木村陽二郎

日本の四季を彩る樹木や草木。本書は、植物学者が故事を織り交ぜつつ書き綴った随筆集である。美麗な植物画を多数収録。（坂崎重盛）

論理学入門	丹治信春	大学で定番の教科書として愛用されてきた名著がつ いに文庫化！完全に自力でマスターできる「タブ ロー」を用いた学習法で、思考と議論の技を鍛える！
論理的思考のレッスン	内井惣七	どうすれば正しく推論し、議論に勝てるのか？ なぜ、どこで推理を誤るのか？ 推理のプロから15のレッスンを通して学ぶ思考の整理法と論理学の基礎。
スピノザ『神学政治論』を読む	上野修	聖書の信仰と理性の自由は果たして両立できるか。スピノザはこの難問を、大いなる逆説をもって考え抜いた。『神学政治論』の謎をあざやかに読み解く。
日本の哲学をよむ	田中久文	近代を根本から問う日本独自の哲学は一九三〇年代に生まれた。西田幾多郎・田辺元・和辻哲郎・九鬼周造・三木清による「無」の思想の意義を平明に説く。
時間論	中島義道	「過ぎ去ったもの」と捉えられて初めて〈現在〉は成立している。無意識的な現在中心主義に疑義を唱える新しい時間論。オリジナル書下ろし！
先哲の学問	内藤湖南	途轍もなく凄い日本の学者たち！ 江戸期に画期的な研究を成した富永仲基、新井白石、山崎闇斎ら10人の独創性と先見性に迫る。(永田紀久、佐藤正英)
思考の用語辞典	中山元	今日を生きる思考を鍛えるための用語集。時代の変遷とともに永い眠りから覚め、新しい意味をになって冒険の旅に出る哲学概念一〇〇の物語。
翔太と猫のインサイトの夏休み	永井均	「私」が存在することの奇跡性など哲学の諸問題を、自分の頭で考え抜こうと誘う。予備知識不要の「子ども」のための哲学入門。(中島義道)
倫理とは何か	永井均	「道徳的に善く生きる」ことを無条件には勧めず、道徳的な善悪そのものを哲学の問いとして考究する、不道徳な倫理学の教科書。(大澤真幸)

統計学入門

二〇一五年七月十日　第一刷発行

著　者　盛山和夫（せいやま・かずお）

発行者　熊沢敏之

発行所　株式会社　筑摩書房
　　　　東京都台東区蔵前二‐五‐三　〒一一一‐八七五五
　　　　振替〇〇一六〇‐八‐四二三三

装幀者　安野光雅

印刷所　株式会社精興社

製本所　株式会社積信堂

乱丁・落丁本の場合は、左記宛に御送付下さい。
送料小社負担でお取り替えいたします。
ご注文・お問い合わせも左記へお願いします。
筑摩書房サービスセンター
埼玉県さいたま市北区櫛引町二‐一六〇四　〒三三一‐八五〇七
電話番号　〇四八‐六五一‐〇〇五三

©KAZUO SEIYAMA 2015　Printed in Japan
ISBN978-4-480-09672-2 C0141